FUYANG RANSHAO TANBUJI
GUANJIAN JISHU

富氧燃烧碳捕集
关键技术

宋 畅 主编

中国电力出版社
CHINA ELECTRIC POWER PRESS

内 容 提 要

化石燃料燃烧排放的 CO_2 加速了全球的气候变暖，已成为当前国际社会关注的热点问题。富氧燃烧被认为是一种很有发展潜力的碳减排技术，逐步成为世界各国碳减排领域研究的重心之一。

本书共分 9 章，以富氧燃烧碳捕集基础理论及试验研究、锅炉及关键设备研发、电厂系统集成及设计技术研究等方面进行介绍。主要内容包括富氧燃烧概述、富氧燃烧技术研究现状、富氧燃烧基本概念及锅炉性能设计、富氧燃烧锅炉辅助系统及设备、200MW 富氧燃烧锅炉燃烧特性、富氧燃烧空气分离与压缩纯化系统、富氧燃烧方式下污染物生成及控制、富氧燃烧控制系统及系统经济性分析等。

本书可供碳减排与捕集技术研究人员及工程实施人员参考，也可作为大中专院校学生和燃煤低碳排放技术研究者的参考书。

图书在版编目（CIP）数据

富氧燃烧碳捕集关键技术/宋畅主编. —北京：中国电力出版社，2020.1
ISBN 978-7-5198-4267-3

Ⅰ.①富…　Ⅱ.①宋…　Ⅲ.①富氧燃烧－二氧化碳－收集－研究　Ⅳ.①X701.7

中国版本图书馆 CIP 数据核字（2020）第 026888 号

出版发行：中国电力出版社
地　　址：北京市东城区北京站西街 19 号（邮政编码 100005）
网　　址：http://www.cepp.sgcc.com.cn
责任编辑：娄雪芳（010-63412375）
责任校对：黄　蓓　朱丽芳
装帧设计：王红柳
责任印制：吴　迪

印　　刷：北京天宇星印刷厂
版　　次：2020 年 1 月第一版
印　　次：2020 年 1 月北京第一次印刷
开　　本：787 毫米×1092 毫米　16 开本
印　　张：13.75
字　　数：293 千字
印　　数：0001—1500 册
定　　价：88.00 元

编 委 会

主 要 鸣 谢 单 位

华中科技大学
东方电气集团东方锅炉股份有限公司
中国电力工程顾问集团西南电力设计院
四川空分设备（集团）有限责任公司
杭州快凯高效节能新技术有限公司
东南大学
浙江菲达环保科技股份有限公司

序　言

我们正面临历史上从未有过的全球气候危机，这已是无可争议的事实。《巴黎协定》的成功签署是全球应对气候变化的重要里程碑，实现《巴黎协定》的减排目标以及 21 世纪末零排放的愿景，不仅需要能源结构变化，还必须实现化石能源低碳利用技术的突破。

碳捕集、利用与封存（carbon capture, utilization and storage, CCUS）是化石能源低碳利用的决定性支撑技术。国际能源署（IEA）认为"煤炭未来的可持续发展取决于 CCUS""没有 CCUS 就没有煤炭的未来"。IEA 反复强调了 CCUS 对实现《巴黎协定》至关重要，因为没有其他技术方案可以在保证未来电力供给的情况下显著降低来自燃煤和天然气的排放，也没有其他的技术方案可以有效降低钢铁、水泥和化工等关键工业过程的排放量。2018 年联合国气候变化大会（COP24）还将 CCUS 技术评述为"应对气候变化的重要生命线"。

近二十年来，国内高等学校、科研院所和大型骨干企业对 CCUS 技术开展了大量的基础研究、技术开发和工程示范，已基本涵盖了燃烧前、富氧（O_2/CO_2）燃烧、燃烧后碳捕集，以及强化石油采收率、咸水层封存等主流技术领域。其中，富氧燃烧被认为是最具大规模商业化应用潜力的碳捕集技术之一。近十年，也是国内富氧燃烧技术不断突破和日趋成熟的关键十年，华中科技大学牵头完成的"0.3MW–3MW–35MW"的研发和示范，与国家能源集团（原神华集团）牵头完成的百万吨级（200MW）大型示范的预可行性研究，共同形成了富氧燃烧技术研发和示范路线图。这一系列成果，标志着我国在富氧燃烧的关键装备研发、系统集成等方面的能力总体达到国际领先，为该技术的进一步推广奠定了坚实基础。

本书是国家能源集团牵头实施的"基于富氧燃烧的百万吨级碳捕集燃煤电厂技术研发及系统集成"项目成果的系统总结，是国内电力生产、设计和装备制造等骨干企业和高等学校协作完成的，是首次从工程技术视角，对富氧燃烧关键技术装备和集成系统等进行全面探讨，对于富氧燃烧技术在国内未来的工程应用和商业化推广别具参考意义。

《中国碳捕集利用与封存技术发展路线图（2019）》为包括富氧燃烧在内的 CCUS 技术 2020—2050 年的发展路径进行了规划。未来十年，将是 CCUS 技术大型示范和商业化推广的关键时期。本书的出版，正当其时。

郑楚光

华中科技大学

2019 年 12 月

前言

　　气候变化是人类面临的严峻挑战。我国高度重视应对气候变化，习近平总书记多次强调，应对气候变化是中国可持续发展的内在需要，也是推动构建人类命运共同体的责任担当。党的十九大报告指出，中国成为全球生态文明建设的重要参与者、贡献者、引领者，要求加快推进绿色发展，建立健全绿色低碳循环发展的经济体系，构建清洁低碳的能源体系，落实减排承诺，与各方合作应对气候变化，保护好人类赖以生存的地球家园。

　　随着经济的发展，二氧化碳的排放量不断增加。目前，碳排放已成为全球普遍关注的问题。我国碳排放量大，减排压力大，由化石燃料燃烧排放的二氧化碳尤其加速了全球的气候变暖，已成为当前国际社会关注的热点问题。作为全球最大以煤炭为主要能源的国家，我国已把发展低碳经济，应对气候变化作为国家经济社会发展的重大战略。国家能源集团作为中央直管企业之一，目前是全国最大的煤炭企业、全球最大的煤炭供应商，因此承担着减排二氧化碳的重要使命。

　　CCUS 技术是应对气候变化的最可行的技术之一，我国政府十分重视 CCUS 技术的发展。富氧燃烧被认为是一种极具发展潜力的燃煤电厂大规模碳减排技术之一，逐步成为碳减排领域研究的重心。

　　基于这样的背景，2011 年 9 月中国神华能源股份有限公司总裁办公会批准"基于富氧燃烧的百万吨级碳捕集燃煤电厂技术研发及系统集成"科技创新项目立项。该项目的目标是通过相关基础理论研究和试验研究、关键设备研发和系统集成研究等课题的开展，为自主设计、建造和运营 200MW 等级富氧燃烧碳捕集示范项目奠定技术基础。该项目采用企业为主导、产学研用相结合的协同创新模式，以国华电力公司为总体组织实施单位，神华国华（北京）电力研究院有限公司（以下简称国华研究院）为总体技术负责单位，联合华中科技大学、东方电气集团东方锅炉股份有限公司、中国电力工程顾问集团西南电力设计院等国内优势技术资源共同实施。经过多年的艰辛研究，富氧燃烧技术研究工作取得了显著成果。

本书内容涵盖了国内外富氧燃烧技术研究和发展现状，及近年来在富氧燃烧关键技术、系统及其关键设备等领域取得的研究成果。对相关技术人员，尤其燃煤企业全面了解富氧燃烧技术具有极好的参考价值。本书可作为从事煤电碳减排工作技术人员的培训教材，也可作为大中专院校学生和燃煤低碳排放技术研究者的参考书。

编者

2019 年 12 月

目 录

富氧燃烧概述

能源是人类赖以生存和发展的基础。随着经济和社会的发展，人类对化石燃料的需求量迅速增加，由此排放的有害物质造成了越来越严重的环境污染。由于我国的资源禀赋，以煤为主的能源结构在未来相当长的时间内不会改变。煤燃烧产生大量的温室气体二氧化碳（CO_2）及烟尘、硫氧化物（SO_x）、氮氧化物（NO_x）等污染物。

NO_x 和 SO_2 会对人体造成多方面的危害，如对人的眼、鼻、喉和肺部产生强烈刺激，导致各种呼吸系统疾病的发生；空气层中的臭氧分子会被 NO_x 消耗，紫外线照射下 NO_x 会与碳氢化合物形成光化学烟雾；可形成严重的酸雨沉降，造成森林、水生物生态平衡破坏及土壤酸性贫瘠等。随着对气候变化相关科学问题认识的逐渐加深，人们越来越认识到气候变化对人类生存环境和经济社会发展的危害，同时也逐步确认了人类活动是最近几十年气候变暖的主要原因。温室气体的大量排放（主要包括二氧化碳、甲烷和氧化亚氮等）导致全球气候变暖。国际社会就控制温室气体排放采取过多次政治和技术方面的行动。2015 年 12 月，《联合国气候变化框架公约》近 200 个缔约方在巴黎气候变化大会上一致通过《巴黎协定》。2016 年 11 月，《巴黎协定》正式生效，这是继《京都议定书》后第二份有法律约束力的全球气候协议，为 2020 年后全球应对气候变化行动作出了安排。2018 年 12 月，联合国气候变化卡托维兹大会完成了《巴黎协定》实施细则谈判。因此，必须早作准备，开展化石燃料二氧化碳减排的基础研究和前期技术储备及开发。

1.1 二氧化碳捕集技术介绍

目前，国际上现有几种不同类型的化石燃料二氧化碳减排技术，包括燃烧前、燃烧后及富氧燃烧技术。

1.1.1 燃烧后分离二氧化碳

燃烧后分离 CO_2 是能源系统集成 CO_2 回收的最简单的方式，在动力发电系统的尾部即热力循环的排气中分离和回收 CO_2，一般采用化学吸收法进行烟气尾气 CO_2 分离。由于可从已建成电厂排烟中直接回收 CO_2 而无需对动力发电系统本身做太多的改造，这种集成方式的优势在于可行性较好，但是，由于尾部烟气中 CO_2 浓度通常较低（一般天然气燃烧后的尾部烟气中 CO_2 体积浓度为 3%～5%，煤燃烧后尾部烟气中 CO_2 体积浓度低于 15%），处理烟气量大，同时，适合低浓度 CO_2 分离的化学吸收工艺需要消耗较多的中低温饱和蒸汽用于吸收剂再生，这部分蒸汽通常取自蒸汽透平，从而导致蒸汽循环有效输出功损失很多（约 20%）。一般燃烧后分离 CO_2 将使能源动力系统热转功效率下降 8%～13%。

1.1.2 燃烧前分离二氧化碳

利用煤气化或天然气重整可以将化石燃料转化为合成气，其主要成分为一氧化碳（CO）和氢气（H_2），进一步通过水煤气变换反应可以将合成气中的 CO 气体转化为 CO_2 和 H_2，再通过分离工艺将 CO_2 分离出来，从而得到相对洁净的富氢燃料气。这种 CO_2 回收方式由于 CO_2 分离是在燃烧过程前进行的，燃料气尚未被氮气稀释，待分离合成气中的 CO_2 浓度可以高达 30%，分离能耗相对于燃烧后分离有所下降。而且燃烧前 CO_2 分离过程可以采用物理或化学吸收方法。但燃烧前分离也存在着它自身的缺陷：合成气的产生过程与水煤气变换反应均会带来燃料化学能的损失，因此，采用燃烧前二氧化碳分离的动力发电系统热转功效率仍然会下降 7%～10%，其代价与燃烧后分离方式相比减小十分有限。

1.1.3 富氧燃烧技术

富氧燃烧系统是用纯氧或富氧代替空气作为化石燃料燃烧的介质。燃烧产物主要是 CO_2 和水蒸气，以及为保证燃烧完全的多余的氧气、燃料组分中的氧化产物、与泄漏进入系统的空气中的惰性气体等。经过冷凝后，烟气中 CO_2 含量在 80%以上。这样高浓度的 CO_2 经过压缩纯化处理后可进行存储。该技术不仅便于回收烟气中 CO_2，还能大幅度地减少 SO_2 和 NO_x 的排放，实现污染物一体化协同脱除，是一种清洁、高效的燃煤发电技术。

1.2 富氧燃烧技术概述

富氧燃烧技术原理为利用空气分离技术来获取纯氧并与部分锅炉烟气混合代替空气作为氧化剂，从而在烟气中获得高浓度的 CO_2，这有利于将 CO_2 从烟气中回收。富氧燃烧技术流程示意如图 1-1 所示。

富氧燃烧是在现有电站锅炉系统的基础上，用高纯度的氧代替助燃空气，同时采用烟气再循环调节炉膛内的介质流量和传热特性，同时以较小的代价冷凝压缩后实现 CO_2 的永久封存或资源化利用，容易实现规模化 CO_2 富集和减排。这种燃烧方式的主要特点是采用烟气再循环，以烟气中的 CO_2 替代助燃空气中的氮气，与氧气一起参与燃烧，这样可大幅度提高烟气中的 CO_2 浓度，CO_2 无需额外分离即可利用和处理。与此同时，烟气再循环使燃烧装置的排烟量大为减少，从而大大减少排烟热损失，锅炉的运行效率可提高 2%～3%。这种新型燃烧方式与现有电站燃烧方式在技术上具有良好的承接性，同时还具有高效的脱硫脱硝能力，有望形成一种污染物综合排放低的发电方式。

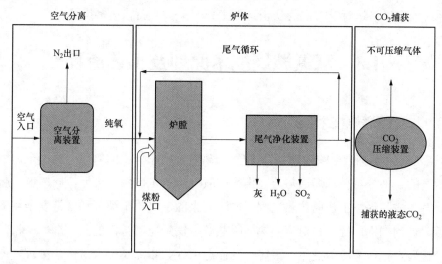

图 1-1　富氧燃烧技术流程示意图

1. 富氧燃烧方式的优点

在富氧燃烧方式下，燃料在空气分离后获得的氧气与循环烟气的混合气中燃烧，主要燃烧产物为 CO_2 和 H_2O，富氧燃烧方式具有以下几个优点：

（1）尾气 CO_2 浓度极高，省去了 CO_2 分离装置，使得燃烧系统更加紧凑和简洁，电厂的热效率明显提高。

（2）由于富氧燃烧烟气再循环，排放的烟气量减少，使排烟热损失降低。

（3）压缩回收 CO_2 尾气时，SO_2 能够被同时液化回收。由于空气中 N_2 的混入较少，其 NO_x 生成量大大降低。

（4）通过烟气再循环能够更灵活地控制锅炉温度并能够灵活地适应煤种变化。

2. 富氧技术存在的问题

（1）燃烧需要大量的纯氧，增加了空气分离系统，其耗能较大。

（2）富氧燃烧方式下，燃烧介质的物性参数（比热容、导热性等）与常规空气燃烧有较大的不同，同时再循环烟气中的水蒸气含量也高，其着火等特性发生较大变化，需对燃烧系统进行改进。

（3）煤粉颗粒在富氧环境下的热解和燃烧的反应动力学特性与常规空气中的燃烧有显著区别。

（4）腐蚀气体以及杂质浓度在烟气再循环中会变得很高。

（5）富氧燃烧方式下，辐射换热、对流换热等与常规燃烧差别较大，受热面布置需进一步优化。

（6）富氧燃烧过程中污染物的生成与排放控制特性需要深入研究。

迄今为止，国内外已经开展了大量针对富氧燃烧技术的研究，但是仍然还有许多问题亟待解决。作为一种高效低污染的新型燃烧方式，其燃烧特性、传热特性，污染物生成和破坏机理，特别是专用富氧燃烧器、富氧燃烧锅炉、发电系统、空气分离系统、压缩纯化系统、系统安全经济运行等方面的认识是不充分的，仍然面临很多挑战。

1.3　富氧燃烧技术原理及工艺流程

1.3.1　富氧燃烧技术原理

富氧燃烧技术原理如图 1-2 所示。空气分离装置将空气中的氧气分离出来，锅炉尾部排出的烟气的一部分再循环烟气与分离出来的氧气按一定比例混合后，同燃煤一起送入炉膛燃烧，并完成与锅炉工质的传热过程。循环回来的烟气用于调节和维持安全经济的炉膛火焰温度、合理的锅炉辐射与对流受热面吸热等。锅炉尾部排出的其余烟气产物，部分或全部经净化后直接压缩冷凝液化，最终得到液态 CO_2，以备运输及进一步处理，剩余烟气经烟囱排放。

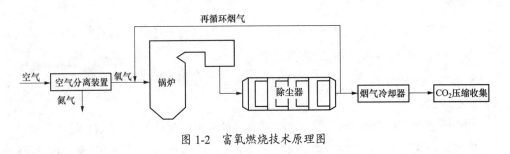

图 1-2　富氧燃烧技术原理图

1.3.2　富氧燃烧燃煤电厂工艺流程

富氧燃烧燃煤电厂的汽水系统部分与常规空气燃烧燃煤电厂基本相同，主要区别在于富氧燃烧电厂锅炉侧系统前端增设了空气分离系统；烟风系统部分新增了烟气再循环系统及其相关的辅助系统；烟气末端增加了 CO_2 压缩纯化系统。按照二次循环烟气抽取位置不同，富氧燃烧的烟气循环系统又分为干循环和湿循环两种类型。下面就几个研究方案的烟风系统做一下简单介绍。

1. 空气燃烧基准方案

空气燃烧基准方案锅炉尾部设 SCR 脱硝装置、回转式空气预热器，烟气从空气预热器出来后进入静电除尘器，经引风机升压后，烟气送入烟气换热器、脱硫装置分别进行降温和脱硫处理，成为可排放的净烟气；净烟气再经烟气换热器加热后进入烟囱排至大气环境。一次风系统采用就地吸风的方式，将空气升压后送入空气预热器加热后再进入制粉系统，用于干燥和输送煤粉。二次风系统也采用就地吸风方式，空气经送风机升压后，进入空气预热器进行加热，然后送入炉膛助燃。

2. 富氧燃烧干循环兼容方案

富氧燃烧干循环的烟气系统中，主要设备与空气燃烧基准方案相同，由于循环烟气中水蒸气含量较高，为防止制粉系统结露引起腐蚀和堵粉，所以在脱硫后增设一级烟气冷凝装置。烟气经脱硝、除尘、烟气换热器和脱硫后，进入烟气冷凝装置，使烟气中的部分水蒸气冷凝下来，从而达到干燥烟气的目的。干燥后的净烟气一部分经烟气换热器加热后进入烟气循环系统，剩余部分进入 CO_2 压缩捕集系统或烟囱。

烟气换热器出口净烟气的一部分注入氧气后接至一次烟气再循环风机入口（对应空气燃烧的一次风机），经一次烟气再循环风机升压，一路进入空气预热器加热后进入制粉系统，另一路作为调温风和密封风源也进入制粉系统。烟气再通过制粉系统送回炉膛，形成一次循环烟气系统。

二次烟气循环系统的烟气也取自烟气换热器净烟气出口，循环烟气注氧后，经二次烟气再循环风机（对应空气燃烧的送风机）升压，然后经空气预热器加热后，送入炉膛助燃。干烟气循环系统示意图如图 1-3 所示。

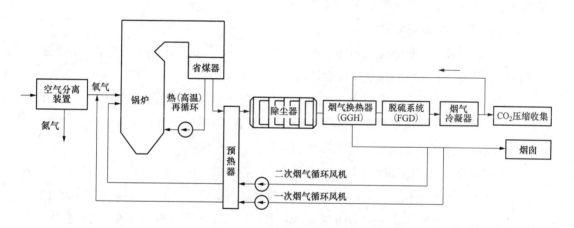

图 1-3 干烟气循环系统示意图

在干烟气循环系统中，由于所有的再循环烟气都要经过烟气冷凝器的干燥，充分保证了再循环烟气中较低的含水量。所以流经烟气冷凝器的烟气量较大。

3. 富氧燃烧湿循环兼容方案

富氧燃烧湿循环的烟气系统设置基本与富氧燃烧干循环系统相同，唯一的区别是富氧干循环的二次循环烟气是从烟气冷凝器后引出，而富氧湿循环的二次循环烟气是从引风机后、烟气换热器之前的原烟气烟道上引出，循环烟气注氧后，经送风机升压，然后经空气预热器加热后，送入炉膛助燃。由于引风机后的烟气没有经过冷凝，所以带回炉膛的水蒸气含量比富氧干循环系统的高，经过烟气循环累积后，烟气中的水蒸气含量一般要比干循环的高 10%左右。湿烟气循环系统简图如图 1-4 所示。

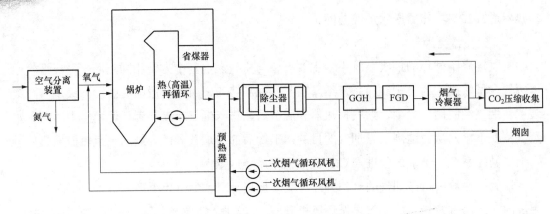

图 1-4 湿烟气循环系统简图

在湿烟气循环系统中，仅进入一次风的再循环烟气需要经过烟气冷凝器的干燥。因此烟气冷凝器所需要干燥的烟气体积较小，设备体积也相应较小。

4. 富氧燃烧干循环新建方案

该方案的系统与富氧燃烧干循环兼容方案相同，不同的仅在于系统中的锅炉、燃烧器、烟气净化等设备是基于富氧燃烧工况设计的。

5. 富氧燃烧湿循环新建方案

该方案的系统与富氧燃烧湿循环兼容方案相同，不同的仅在于系统中的锅炉、燃烧器、烟气净化等设备是基于富氧燃烧工况设计的。

综上所述，可以发现在富氧燃烧工况下，不管是干循环系统还是湿循环系统，制粉系统所需的干燥风、密封风都是取自烟气冷凝器脱水后的再循环烟气。区别仅在于二次循环烟气的抽取点干循环是在烟气冷凝器后，而湿循环是在引风机后。

对于富氧兼容空气燃烧的方案，由于系统中各设备的选型只能以某一工况为基准，若富氧与空气工况的参数相差较大，则无法做到兼顾。例如锅炉本体，若以富氧燃烧为基准设计，则在空气工况时无法达到 BMCR 工况；若以空气工况为基准，富氧燃烧时会因为减温水量过大，也无法达到 BMCR 工况点。因此，本书中提到的兼容方案均以富氧燃烧为基准，空气燃烧只作为校核工况。

1.4 富氧燃烧系统

典型富氧燃烧技术的系统流程如图 1-5 所示。由空气分离装置制取的高纯度氧气（O_2 纯度 95%以上），按一定的比例与循环烟气混合，一部分作为煤粉输运介质，与燃料一起送入炉膛；另一部分作为助燃介质进入炉膛，完成与常规空气燃烧方式类似的燃烧过程，并完成炉内传热过程。循环烟气用于维持较高的炉内温度、合理的锅炉辐射和对流受热面吸热等。锅炉尾部最终排出具有高浓度 CO_2 的烟气产物，经烟气净化系统（FGCD）净化处理后，再进入压缩纯化系统，最终得到高纯度的液态 CO_2，以备运输及利用和埋存。下面对几个主要的分系统进行简要介绍。

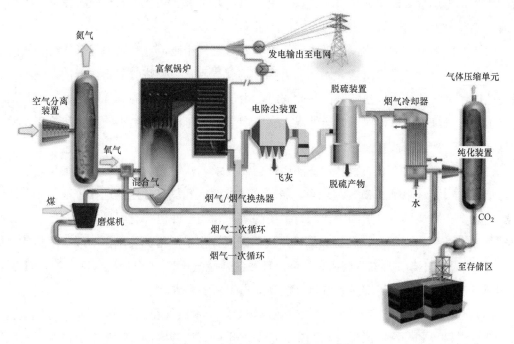

图 1-5 典型富氧燃烧技术的系统流程

1.4.1 空气分离系统

为满足需要大规模供氧的富氧燃烧技术要求，现在最可行的商业技术主要是深冷空气分离技术（CAS），即低温精馏的分离方式。其先将空气冷凝为液体，然后再按各组分蒸发温度的不同将它们分离。深冷空气分离技术是一种技术较为成熟、适合大规模工业化生产的空气分离技术。

目前，深冷空气分离技术的制氧能耗较高，制氧能耗约占富氧燃烧电站新增能耗的一半以上，典型深冷空气分离技术的变负荷速率远低于电站的变负荷速率。因此，设计新的低能耗和具有快速响应能力的空气分离流程是其重点研发方向。与此同时，为大幅度降低制氧能耗，目前还在研发多种新型制氧方式，其中主要包括化学链氧解耦制氧（CLOU）、陶瓷膜分离（ITM）和陶瓷自热回收制氧（CAR），这些技术目前还处于研发阶段。

1.4.2 锅炉系统

常规电站锅炉已发展到 1000MW 等级及以上的超超临界参数，更高参数的 700℃先进超临界锅炉也已在研发中。富氧燃烧的锅炉系统总体上虽然与常规空气燃烧锅炉相近，但也具有以下新的特点：

（1）燃烧调节更为灵活。常规燃烧方式下，注入炉膛的助燃气为空气，其成分组成稳定，不可调节；富氧燃烧情况下注入炉膛的助燃气为空气分离制得的纯氧与一部分循环烟气的混合气，氧气的浓度可以通过调节烟气循环倍率来进行调节。这有利于调整炉膛内煤粉的燃烧和传热状况，使锅炉适应的煤种更广泛，并带来换热能力的相应改变。由于排烟量的大幅减少，从而降低了排烟损失，提高了锅炉效率。

（2）可采用更小的炉膛设计以降低初投资。与空气相比，富氧燃烧气氛下混合气的三原子气体含量（尤其是 CO_2 含量）大大升高，这就导致富氧燃烧气氛下生成的烟气具有更高的热容、更强的辐射换热特性；与此同时，由于通常采用较高的氧分压，烟气的总体积流量也略有下降。所以，对弱结渣性煤，富氧燃烧锅炉可以采用更小的炉膛和更瘦长的尾部烟道设计，从而降低初投资。

（3）较为复杂的系统布置和较高的运行控制要求。富氧燃烧的烟风系统比较复杂，氧气与烟气的预混/非预混、氧气注入点、循环烟气抽取点和氧气分压的选择等都会显著影响风机的选型和燃烧器、管道的设计，对系统的效率和安全性也都有明显影响；为达到较高的烟气 CO_2 浓度，对锅炉、辅机和烟风系统的漏风提出了严格的要求，一般要求整体漏风率为 2%，最大不超过 5%；烟风系统为闭环系统，空气-富氧工况切换、富氧-空气工况运行切换、富氧工况整定等都对系统运行控制提出了新的要求。

（4）新增设备技术上无障碍。富氧燃烧锅炉烟气中水蒸气和三氧化硫（SO_3）含量较高，为保证磨煤粉机和一次风风道输粉稳定、避免严重的管道酸腐蚀，通常至少需对一次风风道的循环烟气进行脱水干燥处理，因此需要引入新的设备，即烟气冷凝器（FGC）。目前，间接管式 FGC 作为低温余热回收装置和直接喷淋 FGC 作为烟气洗涤装置都已有工业应用。

1.4.3 压缩纯化系统

富氧燃烧产生的烟气中富含高浓度的 CO_2，烟气处理可将富含 CO_2 的烟气经过压缩、冷凝、纯化等一系列操作最终达到大规模 CO_2 输送和储运的要求。这一系列过程主要是低温冷凝分离的物理过程，将烟气经过多次压缩和冷凝，以引起 CO_2 的相变，从而达到从烟气中分离出 CO_2 的目的。为了避免烟气中水蒸气在运输过程发生相变造成对管道的阻塞，以及与其他成分结合生成对管道或瓶罐产生腐蚀作用的有害物质，故需要将烟气中的水分脱除到百万分之一量级。

目前研发的富氧燃烧 CO_2 的压缩纯化工艺一般都经过除尘-自然冷却-多级压缩多级冷凝-脱水-提纯等过程，主要差别在提纯工艺上。

压缩纯化系统的附加能耗约占富氧燃烧系统新增加能耗的 30% 左右，主要是 CO_2 压缩机的能耗，因此，高效率的 CO_2 压缩机是目前研发的重点。与此同时，将 NO_x 和 SO_x 等酸性气体的脱除过程和烟气的压缩纯化过程相耦合，可免除庞大和高投资成本的烟气净化设备，从而显著降低富氧燃烧的总体投资和运行成本，也是目前的研发重点。

富氧燃烧技术研究现状

2.1 富氧燃烧技术的发展历程

富氧燃烧的概念首次出现于 Yaverbaum 在 1977 的著作《Fluidized bed combustion of coal and waste materials》，富氧燃烧技术再次提出是由 Abraham 于 1982 年提出，目的是为了产出 CO_2，用来提高石油采收率。

富氧燃烧技术主要在美国，日本、加拿大、澳大利亚、英国、西班牙、法国、德国、荷兰等国家得到长足的发展和研究。主要的研究机构和公司包括美国的 EERC 和 ANL、B&W 公司和 AIR LIQUIDE 公司以及 ALSTOM 美国分公司，日本的 IHI，加拿大的 CANMET，荷兰的 IFRF，澳大利亚的 BHP 和 NEWCASTLE 大学，CS Energy，西班牙的 CIUDEN，法国的 Alstom，英国的 Doosan Babcock，以及德国的 Vattenfall 等。

2.2 富氧燃烧技术的基础研究

富氧燃烧条件下火焰辐射特性的变化很早就引起了研究者们的关注，美国 MIT 的 Sarofim 研究组，澳大利亚纽卡斯特尔大学的 Wall 研究组，葡萄牙 IST 的 Azevedo 等都开展了相应的研究工作。在富氧燃烧条件下，CO_2 和 H_2O 的分压比也跨越了从 0 到 5 的很大范围，CO_2 和 H_2O 的总分压从 0.2 增加到大于 0.9，因此，火焰的总体发射率从常规空气燃烧的 0.2～0.3 增加到 0.4～0.5，与此同时，由于 CO_2 和 H_2O 的分压比有别于常规的煤粉燃烧与气化，炉内辐射传热计算中通常采用的灰气体加权模型（WSGG）的系数不能够采用。Wall 等采用的是修正模型参数的方法，IST 及 ACERC 等则转而采用更精确的气体辐射特性模型，如基于谱带的灰气体加权模型（SLW）或宽带模型（WB）。烟气循环比、循环烟气的含湿率等都将显著影响炉内的辐射特性和辐射传热；在选择富氧燃烧工况时，若优先保证火焰的绝热燃烧温度不变，则炉内的辐射传热将增强，烟道的对流传热则减弱。少量的全尺寸数值模拟结果表明，采用常规的燃烧器运行富氧燃烧工况时，尽管炉内的总传热量可通过选择合适的氧分压得到保证，但炉墙上辐射热流的分布特性可能因燃烧器气动场组织不善而发生根本性的改变。迄今为止，文献中公开报道的较大规模的台架上的辐射热流测量数据还很罕见，如瑞典 Chalmers 大学对 0.1MW 的气体富氧燃烧的测量，在自主建立的台架上开展不同运行工况下的辐射热流测量与分析，也是富氧燃烧技术研发的迫切需要。表 2-1 为实验研究的基础研究结果。

表 2-1 基 础 研 究

研究方向	研究者	研究内容	试验情况
火焰特性研究	Andersson 等人	火焰辐射特性	采用 100kW 燃烧器，使用两种气氛：空气和富氧 [21%O_2（体积分数）、79%CO_2（体积分数）及 27%O_2（体积分数）、73%CO_2（体积分数）]
	Paula 等人	燃尽时间	使用烟煤、褐煤以及合成颗粒，温度在 1400K 和 1600K，气氛为 O_2/N_2 和富氧
	Toshiyuki Suda 等人	火焰温度、火焰稳定性	使用内径为 200mm 的球形反应器，在微重力条件下研究火焰的传播速度，同时使用蒙特卡洛法记录辐射换热
	Kaoru Maruta 等人	熄火特性	在压力为 0.7MPa 下，比较 CH_4/CO_2 和富氧的逆流辐射非预混火焰的熄火特性
污染物排放特性研究	Liu，L.等人	污染物生成量	气氛为空气和富氧，采用 20kW 燃烧器
	Liu，Hao 等人	燃尽，NO_x 排放性质	20kW 垂直反应器，空气和富氧与 NO_x 混合再循环
	陈传敏等人	脱硫特性	石灰石煅烧和烧结特性，脱硫模拟
	Kim，Ho Keun 等人	减少 NO	采用 0.03MW 和 0.2MW 两种燃烧器，烟气再循环比控制在 40%
	Jyh-Cheng Chen 等人	CO_2、SO_2 和 NO_x 的排放特性	富氧循环燃烧中 CO_2、SO_2 和 NO_x 的排放特性
矿物质以及灰层形成	Changdong Sheng 等人	矿物质的变换与灰层的形成	滴管炉
	盛昌栋等人	灰层	滴管炉，气氛为富氧和 O_2/N_2
	Achariya Suriyawong 等人	灰层的形成	圆柱形静电沉淀器，气氛为富氧和 O_2/N_2
燃烧特性	加拿大 CANMET 实验室	煤粉氧燃烧行为	0.3MW 竖直燃烧炉上大下小圆柱形炉体

2.3　富氧燃烧技术的试验研究

实验室规模的小试研究在对燃烧特性的影响等研究方面具有一定理论意义，但对于这种技术的大规模应用而言仍具有局限性，如热传递特性和污染物的形成等，需要借助大规模设备台架才更有效。美国、日本、加拿大等国（Air Liquide-US、CANMET-Canada、国际火焰研究基金-IFRF 和石川岛磨重工-IHI 等机构）已经开展了中试及以上规模的试验研究，并对其可行性和经济性进行了评估。相关的可行性研究还将富氧循环燃烧技术与烟气分离技术、整体煤气化联合循环发电系统（IGCC）技术进行了评估比较，研究显示富氧循环燃烧具有明显优势。其国内外部分中小试验研究内容总结如表 2-2、表 2-3 所示。

表 2-2 　　　　　　　　　　　　　　　中 小 试 验 研 究

研究机构/文献	国别	系统特点	研究内容
阿贡试验室能源与环境研究协会	美国	工业炉（1000kJ/h）	CO_2 循环锅炉技术可行性；热传递相似空气燃烧的循环烟气/氧气比值；火焰稳定、产物排放、燃尽度；放大中试试验
国际燃烧火焰中心	荷兰	IFRF 1 号炉膛（2.5MW）	改造的燃煤锅炉富氧燃烧时最大富集 CO_2 程度；辐射对流热传递相似空气运行条件；氧火焰点火、稳定性、热传递、生成
石川岛播磨重工业株式会社	日本	卧室圆柱炉（1.2MW）	氧燃烧特性
巴威公司	美国	中试炉子（1.5MW）	大型锅炉氧燃烧技术可行性；氧燃烧对污染物排放、炉效率影响
必和必拓	澳大利亚	—	不同发电技术的成本、发电效率和 CO_2 消除费用
加拿大洁净发电联盟	加拿大	—	CO_2 捕集技术成本经济性
黑泵电站	德国	30MW 下行火焰，单燃烧器	燃烧特性、运行稳定性、CO_2 富集、火焰行为
阿贡试验室	美国	ASPEN Plus 建立系统，分析能质流特性、设备运行费用	
华中科技大学	中国	竖直煤粉（0.3MW）、前墙煤粉（3MW）、对冲煤粉（35MW）	富氧燃烧关键技术、工艺流程、工业放大规律等
清华大学		竖直一维炉煤粉（0.025MW）	污染物尤其是颗粒物的生成特性
浙江大学		流化床烟气未循环（0.02MW）、石油焦、窑炉（2MW）	主要致力于研发新的技术和多种新型燃烧器
华北电力大学		增压鼓泡床煤（0.025MW）	燃烧特性、床内辐射、对流传热特性和污染物生成特性
东南大学		流化床（0.05MW）、流化床（2.5MW）	燃烧特性、排放特性等
中科院工程热物理所		循环流化床（0.15MW）、循环流化床烟气再循环（1MW）	燃烧特性、传热特性和排放特性

表 2-3 　　　　　　　　　　　已建成和在建的富氧燃烧工业示范项目

序号	示范/试验电厂名称	规模	容量（MW）	新建/改造	启动时间	主要燃料	是否发电	CO_2是否浓缩	CO_2是否分离利用	CO_2纯度	烟气净化
1	Vattenfall 试验电厂（德国）	中试	30	新建	2008 年	煤	否	是	是	99.90%	SCR ESP
2	Callide（澳大利亚）	中试	30	改造	2010 年	煤	是	是	否		FF
3	TOTAL（法国）	中试	30	改造	2009 年	天然气	是	是	是	99.90%	FGD
4	CIUDEN（西班牙）	中试	30	新建	2010 年	煤	是	是	否		SCR FF
5	Jupiter Pearl 电厂（美国）	中试	22	改造	2009 年	煤	否	否			
6	Babcock&Wilcox 示范电厂（美国）	中试	40	改造	2008 年	煤	否		否	70% 干燥	SCR FF
7	Doosan Babcock（英国）	中试	40	改造	2008 年	煤	否		否		
8	应城九大（中国）	示范	35	改造	2011 年	煤	否	是	是	85%	

2.4 富氧燃烧技术工业化示范项目进展及展望

表 2-4 所示为大规模 CO_2 捕集、分离技术。欧盟、美国、英国等已宣布将在未来对多座电厂进行富氧燃烧商业示范。在接下来的几年内，富氧燃烧将进行全尺寸工业示范，如 ALSTOM、Dosan Babcock 等均计划在 2030 年前进行大规模商业应用。

表 2-4   大规模 CO_2 捕集、分离技术

投资者	国家	规模	研究重点
石川岛播磨重工业株式会社	日本	1000MW 超临界煤燃烧电站	氧燃烧时热效率和热电站 CO_2 富集回收经济性
液化空气公司	美国	30、100、200、500MW 煤粉锅炉改造	污染物控制成本、运行费用
查尔姆斯理工大学	瑞典	VEAG 2×933MW 褐煤燃烧电站	富氧电站全流程能量优化
阿尔斯通	美国	AEP 450MW 俄亥俄州 Conesville 5 号机	煤粉电站 CO_2 捕集、分离技术性能
CANMET 公司	加拿大	400MW 燃煤电站	捕集技术经济性
日本经济贸易产业省	日本	600MW	发电、CO_2 捕集和分离技术性能

2.4.1 国华电力公司富氧燃烧百万吨级碳捕集技术研究进展

自 2011 年，国华电力公司利用"产学研"合作研发模式，与华中科技大学、东方锅炉公司、西南电力设计院以及东南大学等多个单位合作，进行了大量扎实的研究工作，包括富氧燃烧碳捕集基础理论、锅炉及关键设备研发、富氧燃烧碳捕集燃煤电厂系统集成及设计技术研究等。截至目前，已经完成 3MW 富氧燃烧试验、CO_2 压缩纯化和富氧燃烧下石灰石-石膏湿法脱硫工艺适应性研究基本试验等基础研究工作，取得了创新性技术研究成果，完成 200MW 等级富氧燃烧系统初步概念设计。作为项目的重要技术支撑，35MW 富氧燃烧工业平台在 2015 年开展了大量试验研究，其获得的试验数据为进一步完善关键设备的设计方法、运行规程等提供参考。

在国华电力公司开展的 200MW 等级富氧燃烧项目研究基础上，国内相关单位和机构构建了几乎与国际同步的富氧燃烧技术发展路线图，在国内外引起广泛关注。完成具有自身特色的富氧燃烧技术储备与示范，推动和引领国际碳捕获技术发展。

2.4.2 英国 448MW 富氧燃烧项目进展

英国 Drax 电力公司 448MW 超超临界富氧燃烧项目受到国际社会的广泛关注，该项目原计划规模是 426MW，现已更新为 448MW。阿尔斯通通过竞标的方式获得了位于英国白玫瑰的 Drax 448MW 富氧燃烧示范项目，除了空气分离、CO_2 运输和封存外，其余工作由阿尔斯通以 EPC 形式来负责，包括锅炉、汽轮机、脱硫、脱硝、除尘 CO_2 压缩纯化等。参

与开发、投资和执行该项目的公司有阿尔斯通、林德和英国国家电网公司等。

阿尔斯通一直在做可研和初步设计工作。2013 年 3 月 20 日，该项目获得英国政府的支持和批准进行可研；2013 年 12 月 20 日，与英国政府签订合同进行示范项目的 Feed 工作（介于初步设计和详细设计之间的工作）；2015 年进行了项目整体研究工作评估。该项目与壳牌公司负责的一个燃烧后碳捕集项目共获英国政府资助 10 亿英镑，该资助将根据项目进展情况分批次支付。

该项目资本金预计在 12 亿~15 亿英镑之间，股权和赠款为 40%~60%，本项目捕集下来的 CO_2，一期将用于深海埋存，二期将用来驱油。项目投资中包括将 CO_2 输送管网修到北海，进行每年 200 万 t 的封存或驱油。

2.4.3 美国 200MW（168MW）富氧燃烧项目进展

2010 年 8 月美国能源部授权将原来计划的 IGCC 项目计划更改为富氧燃烧项目（即"未来电力 2.0"），能源部和"未来电力联盟"计划投入 13 亿美元，其中能源部计划投入 10 亿美元，B&W、Air liquid 等公司参与。项目选址在伊利诺伊州的摩根县（Meredosia），计划对 Ameren 公司 200MW 机组进行改造，起初计划发电 200MW，为了充分利用现有的系统和设备，减少投资，项目规模已由 200MW 变更为 168MW，产生 CO_2 为 110 万 t/年，埋存 CO_2 为 100 万 t/年。项目原计划 2012 年中期开始建设，2015 年完成项目建设，2016 年开始进行试验。

已经完成的工作包括可研工作、CO_2 管道运输和埋存选址勘测，以及与州商业委员会签订购电计划、环境影响评价工作，总体研究进度比原计划推迟 2 年。2014 年 1 月，美国能源部通过项目建设的环评许可，意味着富氧燃烧对环境没有重大负面影响；此外，将 CO_2 从电厂输送到埋存地点的 48km 地下管道建设获得批准。项目预计总投资 16.8 亿美元，美国能源部开始决定投资 10 亿美元，但随后由于"未来电力 2.0"存在成本超出预算，且项目不能按时完成、延期严重等问题，美国能源局论证"未来电力 2.0"不能按时完成项目和经费花费，且不符合美国的经济复苏法案规定，同时，煤企业联盟也没办法筹到剩余部分资金，因此，该项目的建设暂时搁浅。

富氧燃烧基本概念及锅炉性能设计

3.1 富氧燃烧基本概念

1. 干循环

干循环是指所有循环烟气（包括一次风、二次风、燃尽风）都经过冷凝处理的循环燃烧方式。

2. 湿循环

湿循环是指一次风、燃尽风经过冷凝处理，二次风未经过冷凝处理，且二次风抽取点温度低于 200℃（在除尘器后，需要烟气-烟气换热器进行预热）的烟气循环燃烧方式。

3. 低温湿循环、中温湿循环

低温湿循环、中温湿循环是指一次风、燃尽风（如果有）经过冷凝处理，二次风未经过冷凝处理，且二次风抽取点温度一般为 350～400℃（在省煤器后，对应烟气无须烟-烟气换热）的烟气循环燃烧方式。

4. 循环倍率

循环倍率是富氧燃烧技术设计和运行控制的关键参数，简单言之，就是体现循环烟气相对比例的一个参考量。但文献中的具体定义差别较大，有基于容积（摩尔）流量的，也有基于质量流量的；有相对于总烟气流量的，也有相对于氧气流量的；几个较常用的定义有基于炉膛出口流量、基于锅炉尾部烟气分配、基于质量流量以及采用氧气流量为参考量的循环倍率。

5. 绝热火焰温度

绝热火焰温度是指在一定的初始温度和压力下，给定的燃料（包含燃料和氧化剂）在等压绝热条件下进行化学反应，燃烧系统（属于封闭系统）所达到的终态温度。

6. 过剩氧量系数

过剩氧量系数计算式为

$$\alpha_{ox} = \frac{M}{M_f} = \frac{M_k + M_g}{M_{total}} \tag{3-1}$$

式中　M——折算到单位千克煤粉所供给的氧气量，kg；

M_f——单位千克煤粉完全燃烧所需要氧气量，kg；

M_k——单位时间内空气分离供氧量，kg；

M_g——单位时间内循环烟气所携带的氧量，kg；

M_{total}——单位时间煤粉完全燃烧所需要氧量，kg。

7. 漏风系数

在工程中采用以下公式计算富氧燃烧锅炉设备系统漏风系数：

$$L_i = \frac{C_{o_2}^{i+1} - C_{o_2}^{i}}{21 - C_{o_2}^{i+1}} \quad i = 0,\ 1,\ 2,\ 3,\ \cdots,\ N \tag{3-2}$$

其中，L_i 为第 i 个设备的漏风率；$C_{o_2}^{i}$ 为第 i 个设备入口处的监测点的氧浓度测量值；$C_{o_2}^{i+1}$ 为第 i 个设备出口处的监测点的氧浓度测量值；N 为自然数。

锅炉设备系统的总漏风系数：

$$L = \frac{C_{o_2}^{N} - C_{o_2}^{0}}{21 - C_{o_2}^{N}} \quad i = 0,\ 1,\ 2,\ 3,\ \cdots,\ N \tag{3-3}$$

其中，L 为锅炉设备系统的总漏风率；$C_{o_2}^{0}$ 为第一个设备入口处的监测点的氧浓度测量值；$C_{o_2}^{N}$ 为第 N 个设备出口处的监测点的氧浓度测量值；N 为自然数。

3.2　200MW 锅炉热力计算

3.2.1　锅炉热力计算方法

锅炉热力计算是锅炉设计的基础，锅炉富氧燃烧方式下的助燃气是循环烟气和氧气组成的混合气体，在烟气循环运行时补充的是纯度较高的氧气。这部分由过剩氧量系数来确定，是一个定值。循环烟气中氧浓度确定之后，可以计算得到烟气的循环倍率。因此，循环烟气中氧浓度一旦确定，富氧燃烧工况的具体工况也就确定了。研究锅炉系统时，首先需要计算出平衡时气体中各个组分的比例。

锅炉以空气热力计算的原理和步骤（苏标）为基础，锅炉空气工况热力计算按照苏联标准《锅炉机组热力计算标准方法》（1973 年）热力计算方法，锅炉富氧燃烧时，在不同含氧浓度下的烟气成分差距较大，与锅炉空气工况的差距更加明显，突出的差异就是 CO_2 达到 80% 甚至更高的浓度，这种变化影响了烟气的换热性能。助燃气因为循环烟气的影响也具有类似的性质。多种的差异性决定了锅炉富氧燃烧时的热力计算需要在锅炉空气燃烧时的热力计算的基础上进行相应的修正。修正除了在气体组分及物量方面的平衡，更主要的体现在各处辐射与对流换热系数的变化，锅炉富氧燃烧工况主要对烟气密度、三原子气体辐射减弱系数、灰粒辐射减弱系数、对流换热系数进行修正，其余计算仍参考苏联标准《锅炉机组热力计算标准方法》（1973 年）。

1. 理论需氧量

富氧循环方式下燃料完全燃烧所需要的理论氧气量为

$$V = 1/1.4286 \times (8/3 \times C_{ar}/100 + S_{ar}/100 + 8 \times H_{ar}/100 - O_{ar}/100) \tag{3-4}$$

2. 烟气密度

标准状况下富氧循环方式下烟气密度为

$$\rho_y = \frac{M_{O_2}}{22.4}\gamma_{O_2} + \frac{M_{CO_2}}{22.4}\gamma_{CO_2} + \frac{M_{H_2O}}{22.4}\gamma_{H_2O} + \frac{M_{N_2}}{22.4}\gamma_{N_2} \tag{3-5}$$

式中 ρ_y——烟气密度;

M、r——循环气氛下烟气中各组分的分子量和体积比。

3. 三原子气体辐射减弱系数

在富氧循环方式下烟气中 CO_2 体积比发生了很大的变化,因此,在计算三原子气体辐射减弱系数时必须考虑 CO_2 和 H_2O 光带部分重叠所带来的影响,通常对该辐射减弱系数的修正量采用 Lechner 的宽带模型修正式,即

$$\Delta k = \left\{ \frac{\zeta}{10.7 + 101\zeta} - 0.089\zeta^{10.4} \right\} \lambda^{2.76} \tag{3-6}$$

$$\zeta = \frac{p_{H_2O}}{p_{H_2O} + p_{CO_2}} \tag{3-7}$$

$$\lambda = \log[(p_{H_2O} + p_{CO_2})d] \tag{3-8}$$

式中 p_{H_2O}、p_{CO_2}——水蒸气和 CO_2 的分压;

d——有效辐射层厚度,cm。

传统锅炉中大部分的计算都直接将 p_{H_2O} 作为 $p_{H_2O} + p_{CO_2}$ 的值代入公式,而在富氧循环方式下 CO_2 体积比很大,因此不能省略 p_{CO_2} 的作用,修正后的三原子气体辐射减弱系数 k_{qxz} 为常规燃烧气氛下的减弱系数 k_q 减去修正量 Δk,即

$$k_{qxz} = k_q - \Delta k = \left(\frac{7.8 + 16\gamma_{H_2O} + \gamma_{CO_2}}{3.16\sqrt{p_{H_2O} + p_{CO_2}d}} - 1 \right)\left(1 - 0.37\frac{\theta_l'' + 273}{1000} \right)$$
$$- \left(\frac{\zeta}{10.7 + 101\zeta} - 0.089\zeta^{10.4} \right)\lambda^{2.76} \tag{3-9}$$

式中 θ_l''——辐射层温度。

4. 灰粒辐射减弱系数

因为传统空气气氛下烟气的密度一般处在一个相对不变的水平,所以涉及烟气密度的公式中通常将密度当作常量,然而在富氧循环方式下烟气组分体积比的巨大变化导致烟气的密度发生了相当大的变化,因此,烟气的密度不能作为常量来计算。空气情况下灰粒辐射减弱系数 k_h 公式为

$$k_h = \frac{55900}{\sqrt[3]{(\theta_{pj} + 273)^2 d_h^2}} \quad (d_h \text{取} 13) \tag{3-10}$$

富氧循环方式下使用公式为

$$k_{h} = \frac{43850\rho_{y}}{\sqrt[3]{(\theta_{pj} + 273)^{2} d_{h}^{2}}} = \frac{43850 G_{y}}{V_{y} \sqrt[3]{(\theta_{pj} + 273)^{2} d_{h}^{2}}}, (d_{h}\text{取}13) \tag{3-11}$$

式中　θ_{pj}——烟气平均温度，℃；

　　　d_{h}——飞灰颗粒的平均直径，μm；

　　　ρ_{y}——标准状态下烟气密度，kg/m^{3}；

　　　G_{y}——烟气质量，kg；

　　　V_{y}——标准状态下烟气体积，m^{3}。

5. 对流换热计算的修正

锅炉空气燃烧气氛下对流换热系数是以平均成分的烟气为基础计算的，该情况下烟气的导热系数及黏度等大部分物性参数主要取决于水蒸气的体积比。而在富氧循环方式下，烟气中水蒸气体积比要比空气下高很多且 CO_2 浓度剧增，导致富氧循环方式下烟气的传热与空气气氛下有很大的差别。因此，在富氧循环方式下对流换热系数仍然按照苏联标准《锅炉机组热力计算标准方法》（1973年）计算且通过唯一的物性参数修正系数——烟气中水蒸气体积比来进行修正，势必会导致很大的误差。

不同方式下对流换热系数 α_{d} 的通式为

$$\alpha_{d} = X \frac{\lambda}{d} \left(\frac{\omega d}{\upsilon} \right)^{m} Pr^{n} \tag{3-12}$$

式中　X——与锅炉结构相关的常量；

　　　λ——导热系数，W/（m·℃）；

　　　d——管径，m；

　　　ω——烟气流速，m/s；

　　　υ——运动黏度，m^{2}/s；

　　　Pr——普朗特数；

　　m、n——指数常量。

富氧循环方式下烟气和循环烟气中各成分份额与空气下的差别非常大，特别是 CO_2 的份额，由于各成分性质不同，不同气氛下产生的烟气的性质也必然不同，因此在富氧循环方式下导热系数 λ、运动黏度 υ 和普朗特数 Pr 等物性参数的计算需采用新的计算公式或对空气下的公式进行修正，采取先组分后混合的方式对这些参数进行计算。

纯气体常压下运动黏度 υ 计算式为

$$\upsilon = \mu v = \mu \frac{R_{g} T}{p} \tag{3-13}$$

式中　v——比体积，在常压情况下将气体当作理想气体计算比体积误差很小；

　　　μ——动力黏度；

R_g——气体常数；

T——温度；

p——压力。

纯气体常压下采用 Thodos 法进行计算，计算式为

$$\mu = T_c^{-1/6} p_c^{2/3} Z_c^m M^{1/2} a(bT_r + c)^n \times 10^{-5} \tag{3-14}$$

$$T_r = T/T_c$$

式中　T_c、p_c、Z_c——临界参数；

M——气体摩尔质量；

a、b、c、m、n——常数。

纯气体常压下导热系数 λ 的计算式为

$$\lambda = 0.36 \times 10^5 \mu(c_p + 2.48/M) \tag{3-15}$$

式中　μ——气体的动力黏度；

c_p——气体恒压热容。

混合气体动力黏度计算公式为

$$\mu_m = \Sigma y_i \mu_i M_i^{1/2} / \Sigma y_i M_i^{1/2} \tag{3-16}$$

混合气体导热系数的计算公式为

$$\lambda_m = \Sigma y_i \lambda_i M_i^{1/3} / \Sigma y_i M_i^{1/3} \tag{3-17}$$

式中　y_i——混合物中 i 组分的摩尔分数或体积分数；

μ_i——常压下纯 i 组分的动力黏度；

M_i——混合物中 i 组分的摩尔质量；

λ_i——常压下纯 i 组分的导热系数。

混合气体常压下普朗特数的计算式为

$$Pr_m = \frac{\mu_m c_{pm}}{\lambda_m} \tag{3-18}$$

式中　c_{pm}——混合气体恒压热容，根据各纯气体恒压热容进行计算。

3.2.2　计算控制逻辑

计算控制逻辑流程如图 3-1 所示。

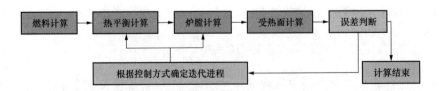

图 3-1　计算控制逻辑流程图

3.2.3 锅炉富氧燃烧主要参数选取

1. 锅炉富氧燃烧工况循环烟气中氧浓度和烟气循环倍率的选取

对于锅炉富氧燃烧，循环烟气中氧浓度和烟气循环倍率是重要的设计参数。从图 3-2 可以看出，当循环烟气中氧气浓度由 30% 逐渐降低时，煤粉的理论燃烧温度呈降低的趋势，常规锅炉空气燃烧时，空气中的氧浓度约为 21%（$O_2/N_2=21/79$），锅炉富氧燃烧工况若采用同比例的 CO_2 替代 N_2，使得送入炉膛的循环烟气中的氧浓度为 21%（$O_2/CO_2=21/79$）时，煤粉理论燃烧温度与常规空气燃烧工况相差较大，对炉内辐射传热会造成影响。从图 3-2 可以看出，送入炉膛的循环烟气中氧浓度为 26%～29% 时，煤粉理论燃烧温度与空气燃烧工况比较接近。

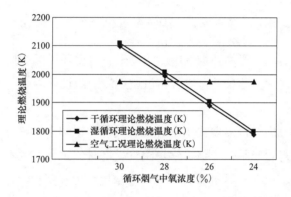

图 3-2 循环烟气中的氧浓度与煤粉理论燃烧温度关系曲线图

2. 锅炉富氧工况循环烟气中氧浓度对对流受热面传热系数的影响

锅炉的对流受热面，烟气主要以对流传热方式把热量传给受热面中的工质，但是烟气中的三原子气体如水蒸气（H_2O）、二氧化碳（CO_2）、二氧化硫（SO_2）等气体以及烟气中悬浮的飞灰都有辐射能力，能够辐射热量给受热面，因此，在对流受热面中是对流与辐射传热过程同时存在，不过以对流传热为主。受热面传热系数主要与受热面烟气速度、管子规格、沾污系数、烟气温度等有关，富氧工况由于烟气成分发生变化，水蒸气和二氧化碳浓度都有所增加，因此在富氧燃烧工况，需根据烟气成分比例的变化，重新拟合烟气的比热，对导热系数 λ、运动黏度 υ 和普朗特数 Pr 等物性参数进行修正。

以下以高温过热器为例，分析富氧燃烧对锅炉受热面传热系数的影响。如图 3-3 所示，采用同一炉型，计算高温过热器的传热系数，循环烟气中氧浓度越高，富氧工况传热系数越低，主要是由于循环烟气中氧浓度增加后，循环烟气量减少，受热面烟气速度降低，其传热系数降低，在循环烟气中氧浓度为 27%～24% 时，富氧工况传热系数与空气工况接近。

另外，若富氧工况与空气工况受热面烟气速度在同一水平，如图 3-3 所示，富氧工况传热系数与空气工况传热系数（常规炉型）比较，富氧工况比空气工况传热系数高出许多，因此，富氧锅炉设计时，若受热面布置主要参数，如烟气流速、工质流速与常规空气工况相当时，在温压相当的情况下，富氧工况受热面传热系数高于空气工况，可节省受热面积，降低成本。

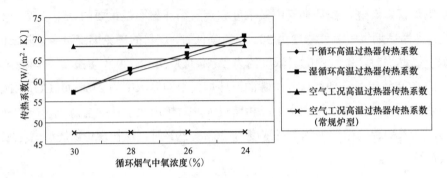

图 3-3　循环烟气中的氧浓度与传热系数关系曲线图

综合以上分析，富氧工况循环烟气中氧浓度干、湿循环工况均按 26%，锅炉布置受热面主要参数参考常规锅炉推荐参数，进行富氧燃烧的锅炉设计。

3. 过剩氧量系数

为保证煤粉的充分燃烧，需要提供足够的氧气量，锅炉富氧燃烧采用过剩氧量系数来表征炉内燃烧供氧量是否充足，类似于锅炉空气燃烧时的过量空气系数，虽然理论上过剩氧量系数可低至 1.05，以获得尽量高的烟气 CO_2 浓度；但在工程上，考虑到燃烧器配风的不均匀性，选取过剩氧量系数 1.15 进行设计；在实际运行时，则以炉膛出口氧分压 2%～3%为控制参量，此时实际过剩氧量系数略低于 1.15。

电厂的实际运行过程中，由于居民的用电量存在着峰谷差，所以不可能总是满负荷运行，电厂有必要在用电波谷期降负荷运行。同时，锅炉从空气燃烧切换到富氧燃烧时也会在低负荷下进行，低负荷燃烧时，燃烧所需风量会大大减小。为保证稳定燃烧，炉膛过剩氧量系数以及出口氧分压都会有所改变，低负荷时炉膛出口氧分压较满负荷时应该有所提高，且保证空气工况和富氧工况的炉膛出口氧分压相当。

200MW 超高压锅炉 50%负荷运行时，锅炉空气燃烧工况下选取的过量空气系数通常取 1.46（烟煤），此时炉膛出口的氧量都维持在 6.3%左右。按照炉膛出口烟气氧浓度和空气燃烧时一致的原则，锅炉富氧燃烧工况 50%负荷选取过剩氧量系数为 1.35。

3.2.4　重要过程规律

3.2.4.1　绝热火焰温度与循环倍率的关系

在富氧燃烧过程中，正确、完善地计算绝热理论火焰温度至关重要。原因在于富氧燃烧和空气燃烧是极其不同的两种燃烧方式，常规燃烧时，由于气相混合物所含 H_2O、CO_2 份额较少，对整个封闭系统复杂化学反应过程热量变化影响甚小可予以不计。而在富氧燃烧过程中，高浓度组分 H_2O、CO_2 对燃料的气化反应作用尤为重要，两者气化反应需在计算中予以考虑；此两者气体自身的可逆分解、化合作用也需重点考虑；更为重要的 CO_2 对 H_2 的可逆氧化作用；以及在高温火焰温度时，H_2O、CO_2 本身的离解、化合也不能忽略。而在富氧燃烧中，这些化学反应作用在绝热火焰理论温度计算中需予以重点考虑。因此，常规的空气/燃料燃烧绝热火焰温度理论计算公式难以准确计算富氧燃烧绝热火焰温度；现构建绝热、封闭体系下新的计算绝热理论火焰温度的能量平衡方程，此能量平衡方程包含了煤粉自身所含低位发热量，煤粉和助燃混合物系热焓，H_2O 和 CO_2 参与的化学离解、化合和可逆反应，CO_2 对 H_2 可逆氧化过程等，其总焓效应使得反应物系温度上升至绝热理论火焰温度。

为了对比分析其气化等作用，计算了未离解、可逆等化学反应的绝热火焰温度。图 3-4 显示了有限循环倍率范围内 CO_2、H_2O 离解、可逆和化合分解等反应的绝热火焰温度随循环倍率变化规律。

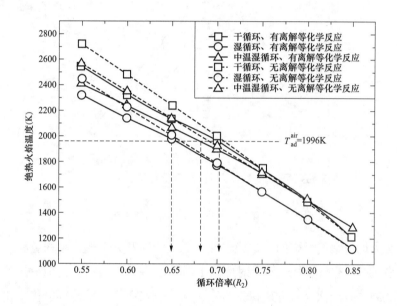

图 3-4 绝热火焰温度随循环倍率变化规律

从图 3-4 可知，随着循环倍率增大，干循环、湿循环和中温湿循对应的绝热火焰温度逐渐降低；对于干循环、湿循环和中温湿循，较之没有计算离解等化学反应所得的绝热温度，富氧燃烧考虑了离解、可逆和化合等计算所得的绝热温度会对应的有所降低。对于相同与空气燃烧的绝热火焰温度 T_{ad}^{air} 为 1966K，干循环、湿循环和中温湿循环对应的循环倍率 R_2（基于体积流率）分别为 0.70、0.65 和 0.68，对应的循环倍率 R_1（基于炉腔入口流量）分别为 0.65、0.63 和 0.66。循环倍率越低，绝热火焰温度越高，考虑离解等化学作用得到的绝热火焰温度越低，最大相差约 200K；循环倍率越高，绝热火焰温度走越低，离解等化学反应作用影响越小。富氧燃烧循环倍率 R_2 在 0.70 以下或者绝热温度在 1800K 以上需考虑对应的离解、化合和可逆等化学反应。

3.2.4.2 总氧分压、二次风氧分压与循环倍率之间的关系

富氧燃烧条件下，为保证一次风管的运行安全，通常一次风氧分压维持在 0.21 以下（如 0.18），二次风氧分压则随着循环倍率和过剩氧量系数要求而有显著变化。保持一次流射流特性、氧分压和总过剩氧量系数不变，总氧分压随着循环倍率增加而减小，对应的二次风氧分压随着逐渐增加的循环烟气量也逐渐减小，如图 3-5 所示。

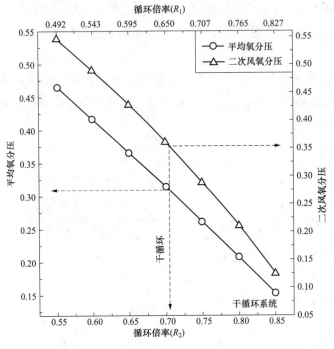

图 3-5 干循环的氧分压随循环倍率变化规律

为保证氧火焰与空气燃烧的火焰稳定性、着火特性及火炬形状结构更相似，其干循环燃烧绝热火焰温度与空气燃烧一致，对应的干循环倍率 R_2 为 0.70，总氧分压为 0.31，二次风氧分压为 0.35，且一次风氧分压保持恒定不高于 0.21；为了维持辐射传热和对流换热分配一致于空气燃烧，干循环的总氧分压为 0.26～0.27，对应的干循环倍率 R_2 为 0.72～0.75，二次风氧分压为 0.30～0.32。在此过程中，逐渐增加的循环倍率对应增加的回流烟气全部输配至二次风，保持绝热温度一致所对应的参考循环倍率 R_2（基于体积流率）少于保持辐射对流分配一致所对应的最佳循环倍率 R_2 为 0.02～0.05。

对于湿循环、中温湿循环过程，如图 3-6 所示，随着循环倍率增加，两者总氧分压、二次风氧分压均会随之降低。当保持富氧燃烧和空气燃烧绝热火焰温度一致时，湿循环燃烧需保持总氧分压为 0.33，二次风氧分压为 0.38；中温湿循环燃烧需保持总氧分压为 0.30，二次风氧分压为 0.34。当保持两燃烧的辐射传热、对流换热分配一致时，湿循环燃烧需保持总氧分压为 0.29～0.30，对应的湿循环、中温湿循环需保持循环倍率 R_2 为 0.68～0.69，二次风氧分压为 0.33～0.34。当湿循环燃烧时，绝热火焰温度一致的参考循环倍率 R_2 和辐射对流分配一致的最佳循环倍率 R_2 减少了 0.02～0.05；当中温湿循环时，其两者循环倍率 R_2 相差 0～0.01。

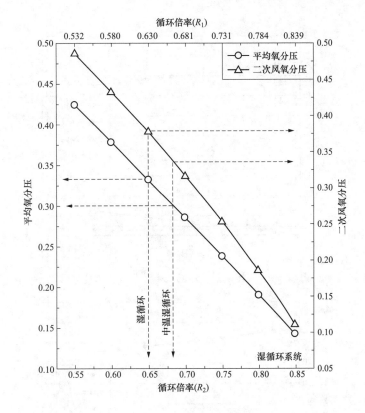

图 3-6　湿循环、中温湿循环的氧分压随循环倍率变化规律

3.2.4.3　系统漏风系数的影响

1. 系统漏风的危害

锅炉燃烧系统漏风量过大时，排烟损失和引风机电耗会明显增加，降低机组的经济性。对于富氧燃烧碳捕集而言，烟气组分和 CO_2 成品要求对压缩纯化系统的设计和投资有着非常重要的影响，而漏风对烟气组分又有很大影响。漏风不仅会导致上述经济损失，还会导致烟气中二氧化碳的浓度降低，使得压缩纯化系统的能耗和投资大幅增加；研究表明，在富氧燃烧电厂中，漏风每增加 1%，电厂总效率降低约为 0.2%。如果漏风过于严重，会导致最终的二氧化碳浓度达不到埋存和利用的要求。

富氧燃烧系统将循环烟气注入纯氧代替常规电厂的空气，送入炉膛中帮助煤粉燃烧。由于采用的是闭式循环系统，如果向系统内漏入空气（N_2 约占 79%），会导致在循环过程不断累积，从而大大稀释烟气中 CO_2 浓度。使得 CO_2 压缩捕集的成本增加，严重时甚至使 CO_2 压缩纯化成本超出可接受的范围。

因此，需从系统设计及运行等方面对系统各处可能产生的漏风原因进行分析，提出切实可行的防漏风措施，最终将漏风总量控制在合理范围内。

2. 系统内漏风对烟气成分的影响

二氧化碳捕集与储存（Carbon Capture and Storage，CCS）入口烟气成分随系统漏风率的变化曲线如图 3-7～图 3-9 所示。

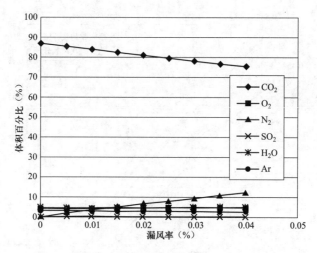

图 3-7 富氧燃烧干循环漏风率对各成分浓度影响

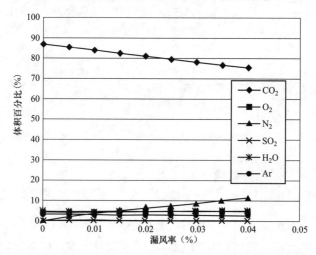

图 3-8 富氧燃烧湿循环漏风率对各成分浓度影响

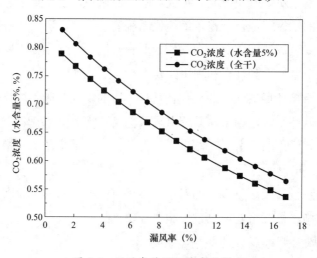

图 3-9 漏风率对 CO_2 浓度的影响

从图 3-7～图 3-9 可以看出，由于漏入的空气中 79%是 N_2，所以烟气中 N_2 的含量增加很快，从 0.5%迅速增加到 12%左右（对应漏风率 4%）。由于烟气中 CO_2 占绝大部分体积比例，所以 CO_2 浓度随漏风量的增加下降得很快。欲获得 80%以上的 CO_2 富集气体，全系统漏风率需控制在 2%～3%以内。其他烟气成分由于本身基数较小，所以其浓度随漏风率的变化并不明显。烟气中 CO_2 的浓度达到 80%以上，可以较好地满足末端 CO_2 压缩纯化系统的要求。按此浓度要求反算，系统总的漏风率需控制在 2%～3%以内。

因此，富氧燃烧系统漏风控制目标为将整体漏风率控制在 2%以内。

3.2.4.4 磨煤机出口一次风酸露点计算

鉴于目前净烟气的酸露点的值以及经验计算公式尚不确切，对于脱硫后烟气露点温度计算，按照 Haase. R－Borgmann.H.W 公式及日本电力工业中心研究所经验公式以烟气成分为基准对酸露点进行理论计算（注：两种公式计算一次风酸露点温度基本一致）。下面针对本项目设计煤质富氧燃烧干、湿循环工况，针对不同的 SO_2-SO_3 转化率、不同的 SO_3 脱除率及冷凝器出口不同的含水量分别计算一次风酸露点温度，得出如图 3-10、图 3-11 关系图。

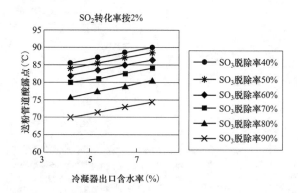

图 3-10 干循环方案送粉管道酸露点与冷凝器出口含水率关系图（SO_2 转化率按 2%）

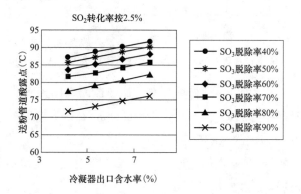

图 3-11 干循环方案送粉管道酸露点与冷凝器出口含水率关系图（SO_2 转化率按 2.5%）

从图 3-10、图 3-11 可以看出，SO_2-SO_3 转化率越高，一次风酸露点温度越高；SO_3 脱除率越低，一次风酸露点温度越高；冷凝器出口含水量越高，一次风酸露点温度越高。对于干循环方案，按较保守的 SO_2-SO_3 转化率为 2.5%时，SO_3 脱除率为 50%；冷凝器出口含水率 5%时，磨煤机出口一次风酸露点约为 89℃。

对于校核煤质，由于收到基含硫量增大为 0.8%，经烟气循环后 SO_2 含量相应增大，经核算，该方案校核煤一次风酸露点温度相应增加约 7℃，即 96℃。

综合考虑磨煤机防爆等要求，富氧干循环方案磨煤机出口风温推荐按 91～98℃，冷凝器出口含水率应限制在 5%以下，磨煤机出口一次风酸露点在 89～96℃，磨煤机出口留约 2℃温度裕量。

湿循环方案送粉管道酸露点与冷凝器出口含水率关系图如图 3-12、图 3-13 所示。

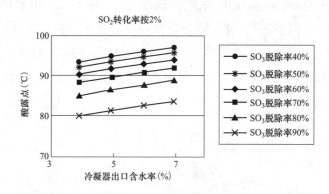

图 3-12　湿循环方案送粉管道酸露点与冷凝器出口含水率关系图（SO_2 转化率按 2%）

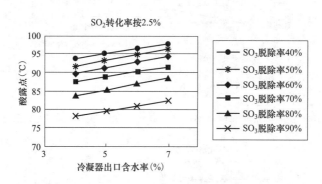

图 3-13　湿循环方案送粉管道酸露点与冷凝器出口含水率关系图（SO_2 转化率按 2.5%）

从图 3-12、图 3-13 可以看出，湿循环方案一次风酸露点比相应的干循环方案高约 4℃。对于湿循环方案，按较保守的 SO_2-SO_3 转化率为 2.5%、在 SO_3 脱除率为 50%、冷凝器出口含水率 5%时，磨煤机出口一次风酸露点约为 93℃。

对于校核煤质，主要收到基含硫量增大为 0.8%，其余成分相差不大，经核算，各方案一次风酸露点温度相应增加约 7℃。

综合考虑磨煤机防爆等要求，富氧湿循环方案磨煤机出口风温推荐按 95～102℃，冷凝器出口含水率应限制在 5%以下，磨煤机出口一次风酸露点在 93～100℃，磨煤机留有约 2℃温度裕量。

3.3 200MW 富氧锅炉主要系统及基本结构

以 200MW 锅炉为研究对象进行说明，该锅炉本体的布置分本体和尾部两部分，如图 3-14 所示。本体呈Π型，悬吊于锅炉顶板下，主要由水冷壁、过热器和再热器组成。省煤器和管式空气预热器组成的尾部则支承于尾部钢架的梁和柱上。

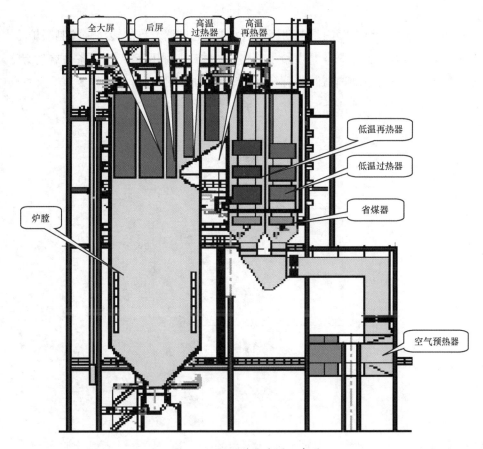

图 3-14 锅炉总体布置示意图

锅炉采用单炉膛、自然循环汽包炉，四角切圆燃烧或对冲燃烧，过热器采用喷水调温，再热器采用挡板调温，固态排渣，采用微正压平衡通风。炉膛水冷壁为膜式壁结构，后墙水冷壁上部弯成折焰角，前后水冷壁下部形成 55°冷灰斗，冷灰斗下面布置除渣装置。由汽包引出 6 根集中下降管，再由下水连接管引出水冷壁下集箱组成水循环回路。

炉膛与尾部烟道之间有水平烟道，水平烟道两侧由水冷壁管包覆，尾部烟道两侧也采用膜式水冷壁管包覆，由汽包两端引出，分散下降，与尾部烟道两侧水冷壁形成独立的水循环回路。

在炉膛上部垂直布置辐射式全大屏和后屏过热器，水平烟道布置高温过热器和高温再热器；尾部竖井烟道由中隔墙隔成前后两部分，前竖井中布置低温再热器，后竖井中布置低温过热器；省煤器布置在低温再热器和低温过热器后尾部竖井烟道中，由省煤器垂直悬吊管悬吊低温过热器和低温再热器。

空气预热器采用三分仓回转式空气预热器或者管式空气预热器，烟气和循环烟气采用逆流方式换热。炉墙为敷管炉墙。

3.3.1　给水系统及省煤器

1. 给水系统

与锅炉给水系统管道配套的是电动调速给水泵。通过调节泵的转速来控制锅炉给水量。给水分为 3 条并联管路：第一条是主给水管路，设电动闸阀两台；第二条是启动旁路，设电动截止阀两台，进口电动调节阀一台，可在滑参数启动时使用；第三条是上水与水压试验用小旁路，此旁路设电动截止阀两台。锅炉给水操纵台见图 3-15。

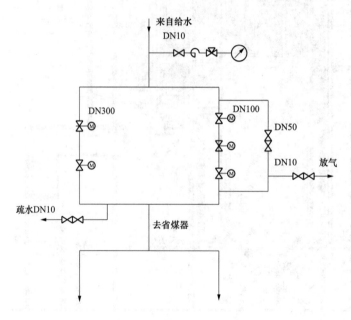

图 3-15　锅炉给水操纵台

2. 省煤器

省煤器里面流的是低于饱和温度的水，因此在同一烟气温度区域，省煤器比蒸发受热面的温压要大，传热好，既省受热面，又能更有效地冷却烟气，有利于提高锅炉效率。

锅炉省煤器为非沸腾式，布置在后竖井内冷段再热器及低温过热器烟道下部。给水管路来的给水分两路直接进入省煤器进口集箱，省煤器管排采用顺列布置，两圈并绕，在省煤器蛇形管弯头等易磨损处，设置了防磨盖板。给水加热后进入锅炉尾部竖井烟道（再热器侧和过热器侧）的吊挂下集箱，然后分别引出低温再热器（低温过热器）的吊挂管，向上穿出顶包墙，引入吊挂上集箱，最后通过连接管引入汽包。

对于非沸腾式省煤器，省煤器中的水速不小于 0.3m/s，省煤器烟速一般在 7～13m/s 的范围内选取。

3. 水循环系统

锅炉水循环系统循环方式为自然循环，其循环回路由汽包、下水管系、水冷壁上升管、导汽管系 4 个部分组成。

3.3.2 汽包及内部设备

1. 汽包

汽包置于炉顶前侧，汽包正常水位在汽包中心线下 150mm，运行中允许水位波动±50mm，最低安全水位为汽包正常水位下 230mm。汽包两端球形封头中央各设有一套ϕ420 的超高压人孔装置、两套无盲区云母双色水位计及 4 只进口弹簧安全阀。

汽包筒身部位设置两套电触点水位计、1 套高位电触点水位计、6 套单室平衡容器供水位保护和水位调节用、两只就地压力表，此外还有两个孔用于压力保护和压力调节。

在汽包筒体上设有 6 对上下筒外壁温度测点，在饱和蒸汽引出管口附近和集中下水管口附近还有两对外壁温度测点，可供间接监测汽包相应部位壁温用。

2. 汽包内部设备

汽包内部设备的设计，在给水品质符合 GB/T 12145—2016《火力发电机组及蒸汽动力设备水汽质量》的情况下，保证蒸汽品质合格。

汽包内部设备，按单段蒸发设计，装有汽水分离装置、给水蒸气清洗装置、排污加药装置、邻炉蒸汽加热装置等。

汽水分离装置：汽包内装有 84 只导流式旋风分离器作为一次分离元件，来自水冷壁的汽水混合物进入汽包内两侧的 10 个连通箱，每个连通箱连接 8 只分离器，以均衡各分离器的蒸汽负荷。

给水蒸汽清洗装置：进入汽包内的给水，其中 50%送到清洗孔板，经清洗蒸汽后，饱和水从两侧的 40 只溢水槽引入水空间下部。另外，50%给水由 8 根管子到汽包底部的给水分配管，然后直接送到集中下水管入口以下 400mm 后与饱和水混合。

汽包内部结构合理，省煤器来的锅炉补给水 50%作为清洗蒸汽用水，50%直接引入集中下降管，不与汽包内壁直接接触，使汽包内壁接触的全部是饱和温度下的汽水混合物及饱和蒸汽，以降低汽包上下壁、内外壁温度差。

汽包管接头型式合理，特别是进水管孔以及其他可能出现温差的管孔，采用套管型式，设计中充分考虑了工质与金属间温差，不会因热疲劳而产生裂纹。汽包配水方式合理，可有效防止下降管内带汽。

汽包装有就地双色水位计，配以工业电视，能正确指示汽包水位，并显示于机组控制室电视屏幕上。为配合自控，汽包设置电触点水位计、平衡容器等水位测量装置。明确规定锅炉运行时要控制的正常水位、最高水位、最低水位、报警水位、跳闸水位数值。

汽包上设有酸洗、热工测量、加药、连续排污、紧急放水、锅水及蒸汽取样等各种管座及相应的阀门。

3.3.3　水冷壁系统

1. 下水管系

锅炉的下水管系是通过集中下水管、分散下水管和下水连接管与各循环回路的水冷壁下集箱连接。

自汽包引出的集中下水管悬垂在汽包下部，在集中下水管下端分配集箱引出下水连接管。与前墙水冷壁相连接的两根集中下水管在汽包纵向的中部。与侧墙、后墙水冷壁相连接的 4 根集中下水管在汽包纵向的外侧。引入前、后、侧墙水冷壁的下水连接管分别通过刚性吊点悬吊（支撑）在前、后墙炉底刚性梁和侧墙水冷壁上。

自汽包两端引出的分散下水管引入尾部竖井两侧包墙水冷壁下集箱。分散下水管分别支吊在两侧墙水冷壁和尾部竖井侧墙水冷壁上。

各下水管系均能自由膨胀，且应力验算符合规范要求。

2. 水冷壁上升管

水冷壁上升管由炉膛和尾部竖井两侧墙的管子组成。炉膛壁面由光管加焊扁钢形成气密膜式管墙。前后墙在一定标高处向下对称倾斜成 55°的冷灰斗。冷灰斗下部为槽型出渣口，其下布置有刮板除渣装置。水冷壁下集箱与除渣装置间用水封插板密封。后墙水冷壁上方向炉膛内伸弯成折焰角后，一部分上升管成为后墙水冷壁的悬吊管。在水平烟道的出口窗处向上分成两排顺列水冷管束，侧墙后回路的上升管经过位于折焰角处的中间集箱时重新排列，每侧又引出多根连接管至水平烟道两侧下集箱，从这里再引出上升管构成水平烟道的侧墙。最后采用缩口管接头引入水冷壁上集箱。

在炉膛水冷壁和尾部竖井两侧墙水冷壁上设置人孔、窥视孔、打焦孔、火焰监视孔、热工测量孔、吹灰器用孔、炉膛电视摄像孔等。根据水冷壁循环回路的蒸发量和结构要求，各个循环回路的水冷壁上集箱都设置了数量不等的汽水引出管。

3. 循环回路的水动力特性

由于结构的原因，循环回路相互牵连，并非完全独立。若将独立的水冷壁上、下集箱间的上升管计为一个循环回路。经水循环计算表明，不会发生集中下水管入口带汽、循环停滞以及上升管传热恶化等问题，水循环是安全可靠的，且具有良好的自补偿能力。

3.3.4　过热器系统

过热器的工作任务是把锅炉所产生的饱和蒸汽过热到一定温度，同时在锅炉允许的负荷波动范围内以及工况变化时保持过热蒸汽温度正常。过热器根据所采用的传热方式，分为对流过热器、半辐射过热器及辐射过热器 3 种。对流过热器是放在炉膛外面对流烟道里的过热器，它主要以对流方式吸收流过它的烟气的热量。半辐射过热器也称为屏式过热器，一般放在炉膛出口附近，它既吸收炉膛中火焰的辐射热，又以对流方式吸收流过它的烟气的热量。辐射过热器是放在炉顶或炉墙上的过热器，它基本只吸收炉膛里火焰和烟气的辐射热。

低参数及中参数一般只采用一级或两级对流过热器。在锅炉参数较高时，过热器常由几级组成，有时既有辐射过热器、半辐射过热器，还有一级以上的对流过热器。

200MW 锅炉为超高压参数，过热热所占的比重大一些，因此，过热器布置采用辐射-对流的传热型式，布置辐射过热器（全大屏过热器）、半辐射过热器（屏式过热器）和两级对流过热器（低温过热器、高温过热器），这种布置型式经实际运行验证，在较宽的负荷变化区间具有平稳的汽温-负荷变化特性，又能满足各工况下过热器管壁温度不超温，运行安全可靠。

1. 过热器的流程

过热器系统流程如图 3-16 所示，从汽包引出的饱和蒸汽，进入到各级过热器中逐步加热，按蒸汽流程依次经过顶棚过热器、包墙过热器、二级过热器到大屏过热器后，经一级减温器到后屏过热器，再经二级减温，到一级（高温）过热器，最后从一次蒸汽的集汽集箱进入电厂主蒸汽管道。

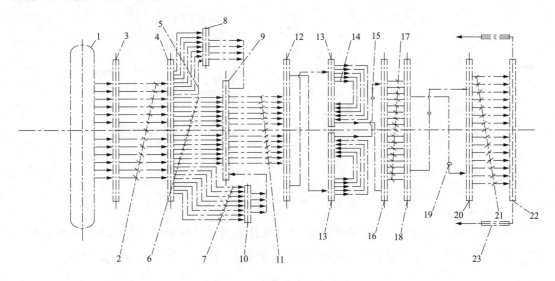

图 3-16　过热器系统流程图

1—汽包；2—顶棚管；3—顶棚管入口集箱；4—顶棚管中间集箱；5—尾部竖井；6—尾部竖井中隔墙管；7—尾部竖井后包墙管；8—尾部竖井前包墙下集箱；9—尾部竖井中隔墙下集箱；10—尾部竖井后包墙下集箱；11—冷段过热器；12—冷段过热出口集箱；13—全大屏集箱；14—全大屏过热器；15—第一级喷水减温器；16—后屏入口集箱；17—后屏过热器；18—后屏出口集箱；19—第二级喷水减温器；20—高温过热器入口集箱；21—高温级过热器；22—高温过热器出口集箱；23—集汽集箱

从烟气侧来看，烟气从炉膛出来后经过热器的流程是全大屏过热器、后屏过热器、一级过热器，在后竖井最后是二级过热器。顶棚过热器和包墙过热器是各主要受热面的附加受热面。

如图 3-16 所示，在二级过热器出口、全大屏过热器出口和后屏过热器出口，蒸汽流进行了 3 次左右混合交叉并在后两次混合时进行两次减温。

2．过热蒸汽的温度调节

对电站锅炉来说，对过热蒸汽温度的调节是比较严格的，常规允许过热蒸汽温度在额定值±5℃的范围内波动。另外，从保护过热器受热面来说，除了蒸汽温度应保持正常以外，还要保护过热器的管壁温度不超过所采用的钢材的许用温度，因此锅炉蒸汽温度的调节除了满足汽轮机的要求之外，还有保护过热器本身的作用。

过热器的减温方式主要有两种：面式减温器和喷水减温器。面式减温器是把锅炉给水的一部分通过面式减温器的传热面的一侧，蒸汽通过另一侧，用给水来冷却蒸汽，在蒸汽温度偏高时，加大通过面式减温器的给水量，可以使蒸汽温度恢复正常。但是这种减温方式减温器结构比较复杂，同时由于减温器热容量大，调节蒸汽温度反应比较迟缓。现在锅炉多采用喷水减温，把水直接喷入蒸汽中以降低其温度，这种减温器结构较简单，反应快，运行更可靠。过热器采用喷水减温。

过热蒸汽温度调节采用两级喷水减温，第一级喷水减温器布置在全大屏和后屏之间，第二级布置在后屏和一级过热器之间。喷水水源取自给水泵出口，其减温水管路系统如图 3-17 所示。

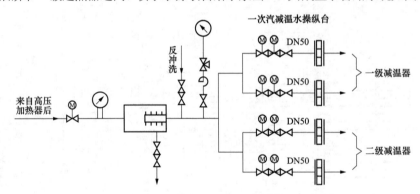

图 3-17　过热蒸汽减温水管路

一、二级喷水减温器设在大口径的过热器连接管道上，减温器为笛形管式，减温水从笛管上的许多小孔中喷出后雾化，雾化段设有内衬套，以防止筒身热疲劳损坏。

3.3.5　再热器系统

再热器和过热器相似，是对蒸汽加热使之达到一定过热温度的受热面。但是它对工况变化的反应、对蒸汽温度调节的要求、对启动和事故停炉时的保护等与过热器有所不同。在再热循环中，当负荷降低时，汽轮机高压缸排出的蒸汽温度降低，这时还要保证它经过再热器时过热到原定温度。因此，在负荷降低时，再热器吸热占整个锅炉吸热的比例需要提高，如果不人为提高这个吸热比例，则再热器出口蒸汽温度在负荷降低时，将有较大的下降。同时再热器一般是放在对流过热器后面的烟道中，因此对流特性较强，负荷的变化对他吸热的影响也比较大。因此，在负荷变化时，再热器出口蒸汽温度的下降一般比过热器严重，因而再热蒸汽温度调节的幅度一般大于过热器。

根据常规布置推荐，将高温再热器放在高温过热器之后，烟温约为 900℃，既可以有足够高的温压，在启动及事故停炉时又不易损坏，低温过热器放在尾部烟道，采用对流传热的型式。

1. 再热器的流程和布置

如图 3-18 所示，来自汽轮机高压缸排汽的蒸汽送到锅炉低温再热器入口集箱，经低温再热器和高温再热器加热后引入汽轮机中压缸。

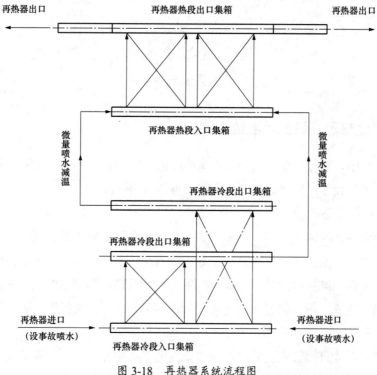

图 3-18 再热器系统流程图

高温再热器布置在水平烟道内。低温再热器布置在尾部竖井前包墙和中隔墙之间，分垂直段和水平段两部分，来自汽轮机的再热蒸汽从位于锅炉前包墙外的低温再热器入口集箱两端引入，管排从该集箱引出穿过前包墙过热器的管墙，每片 8 根管子水平（垂直）并绕，水平段在省煤器前后悬吊管吊挂后以低温再热器的垂直段上升穿出顶棚管后进入低温再热器出口集箱。

2. 再热蒸汽的温度调节

对再热蒸汽温度的调节，一般不宜采用喷水减温，原因是喷水减温会使电厂的热效率降低。

锅炉再热蒸汽温度采用烟气挡板作为主要调温手段，辅之以再热器事故喷水及再热器备用喷水调温。在 MCR 工况时锅炉尾部竖井烟道内再热器侧和过热器侧的烟气流量是按一定比例分配的。由于再热器的对流特性很强，当负荷降低或再热蒸汽温度偏低时，就需要通过烟气挡板调节，使再热器侧烟气流量增加，过热器侧烟气流量减少。而过热蒸汽温度是靠辐射吸热的份额的相对增加及喷水的减少来保证的。

如图 3-19 所示，在再热器进口管道中设置了事故喷水减温器，在低温再热器出口至高温再热器入口连接管道上还设置了备用喷水减温器作为微调手段。

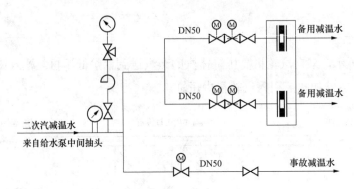

DN50 备用减温水

DN50 备用减温水

二次汽减温水
来自给水泵中间抽头

DN50 事故减温水

图 3-19　再热蒸汽减温水管路

3.3.6　过热器、再热器系统的保护

锅炉在运行中，对过热器和再热器提供必需的监控和保护手段，尤其锅炉在启动停炉阶段，所处的条件较差，因此更需对过热器、再热器进行保护。

1. 汽轮机高低压串联旁路

锅炉容量为 30%BMCR。当锅炉启动、停炉或事故（电网事故、汽轮机停机等）时，旁路系统可作为一个保护手段。当蒸汽参数未达到汽轮机冲转要求或事故停机时，蒸汽不通过汽轮机，而锅炉维持运行时，则锅炉产生的蒸汽通过过热器后经高压旁路减温减压后返回到再热器，经过再热器的蒸汽通过低压旁路，减温减压，最后排入凝汽器。

2. 安全阀

在汽包上装有 4 只弹簧安全阀，过热器集汽集箱两侧各装有 1 只弹簧安全阀和 1 个对空排汽门，从而构成了过热器的主要保护手段。其中对空排汽为远距离控制，该通道可作为高低压串联旁路的补充。过热器集汽集箱安全阀的整定压力幅度低于汽包安全阀的整定压力幅度，因此，当锅炉过热蒸汽超压引起安全阀启跳时，能确保整个过热器系统中有足够的蒸汽流过。锅炉安全阀排放量大于锅炉最大连续蒸发量。锅炉的所有安全阀及对空排汽门上均装有消声器，用以降低环境噪声水平。所有消声器均与排汽管焊接并固定在锅炉房屋顶上。

再热器进出口管道上分别装设了 4 台和 2 台安全阀，出口处安全阀的整定压力幅度低于再热器进口处。因此，在事故状态时整个再热器得到了充分的冷却，有效地保护了再热器。同时，在再热器出口管道上还设置了对空排汽门及压力测点。为降低环境噪声水平，在再热器进、出口安全阀排汽管及对空排汽管上装有消声器。

3. 其他

锅炉在尾部竖井前包墙、中隔墙及后包墙下集箱上设置了疏水阀门，当锅炉启动时，疏水阀门开启，以缩短启动时间，提高运行的灵活性。

3.4 富氧燃烧系统方案设计

富氧燃烧系统主要由富氧煤粉燃烧器、燃尽风调风器、大风箱、燃油装置、燃烧器摆动机构及风门用执行器等组成，对于不同的炉型，燃烧系统的组成略有不同。

3.4.1 干/湿循环四角切圆燃烧系统方案

四角切圆富氧燃烧系统包括富氧燃烧器（包括一次风喷口、二次风喷口和燃尽风喷口）、大风箱、燃油装置、燃烧器摆动机构及风门用执行器等。由于干、湿循环四角方案的炉膛尺寸相同，所以燃烧器的布置形式基本一样，喷口采用摆动形式，因此两种方式燃烧的效果可通过摆动机构来进行调节。

1. 四角切圆燃烧系统方案

燃烧器总体布置采用正四角布置，切圆燃烧方式，每角燃烧器分为上下两组，上组喷口 2 层，下组喷口 11 层。燃烧器布置在炉膛水冷壁四角，水冷壁四角处燃烧器的中心线在炉膛中心的一个假想圆相切。水冷壁每角的燃烧器共有 13 层喷口，其中一次风喷口 5 层（含 1 层备运和 1 层微油燃烧器）；二次风喷口 6 层（其中 2 层二次风喷口内设有油枪），2 层用于降低 NO_x 生成量和富氧燃烧工况切换的燃尽风喷口。一次风喷口间距比常规空气略小。由于富氧燃烧会导致火焰迟延，富氧火焰比常规火焰更长，所以整组燃烧器的燃烧火焰中心标高选取略比常规空气的低，具体布置形式如图 3-20 和图 3-21 所示。

2. 燃烧器的结构形式

一次风喷口形式采用水平浓淡富氧燃烧器形式，在喷口前设置"波浪齿形钝体，增加高温烟气的卷吸和增加湍流度，保证这种特殊燃烧方式的着火。并且在一风管内安装"百叶窗"式的煤粉浓缩器，煤粉浓缩器可以使一次风气流形成浓淡分离，并使浓淡两股气流从水平方向喷入炉膛，浓煤粉气流从向火侧喷入炉膛，淡煤粉气流从背火侧喷入炉膛，浓气流由于煤粉浓度高，着火热大大降低，析出的挥发物浓度大，因此有利于着火。此外，淡煤粉在背火侧与二次风配合可以在炉膛周围形成氧化性气氛，可以起到降低 NO_x 生成及防止炉膛结焦的作用。

3. 油燃烧器

200MW 布置两层 8 只油燃烧器和 1 层微油，油枪停运时，这些喷口作为二次风喷口使用，油枪为简单机械雾化油枪，燃料为 0 号轻柴油。油燃烧器供锅炉启动及低负荷稳燃用。整个燃烧器采用两级点火方式，先用高能点火器点燃油燃烧器，再用油燃烧器点燃一次风煤粉喷嘴。油燃烧器的总输入热量约为 25% BMCR。油枪停运时应后退 400mm，油枪的进退由气动执行器带动完成。同时微油点火，微油点火燃烧器布置在最下层一次风喷口，采用微油装置后点火启动和运行将发生一系列变化，微油点火设备的设计及控制说明详见配套厂家相关技术文件。

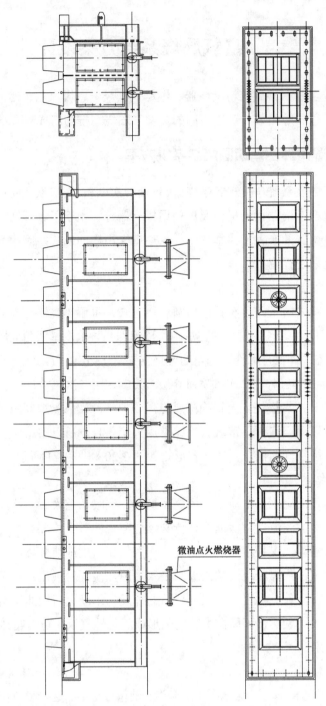

微油点火燃烧器

图 3-20　富氧干/湿循环燃烧器布置示意图

4. 喷口摆动执行机构

除燃尽风喷口上下摆动 15°，其余喷口均可上下摆动 30°，喷口的摆动由气动执行器带动完成，每组燃烧器配一个气动执行器，全炉共 4 个。喷口摆动可以用于调节气温；另外，由于富氧燃烧的火焰比常规火焰更长，也可以作为试验研究时调节富氧燃烧火焰中心的一种手段；干、湿循环燃烧的差异试验研究也可以通过摆动机构进行调节。

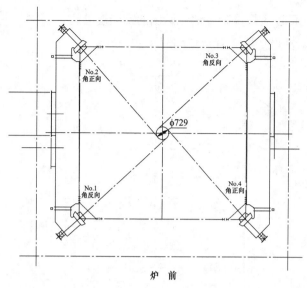

图 3-21 富氧干/湿循环四角切圆燃烧器布置示意图

5. 大风箱及其他装置

燃烧器与水冷壁间有良好的密封结构，燃烧器采用高强螺栓固定在水冷壁上，随水冷壁一起膨胀。燃烧器与煤粉管道之间的膨胀差由煤粉管道上的膨胀节来吸收。

每个周界风风室和二次风风室的风门均由独立的气动执行器来进行调节，要求同标高层的 4 个执行器既可同步控制也可单独控制。这些风门挡板不能作为锅炉总风量调节装置，锅炉的总风量要通过风机来调节。

3.4.2 干/湿循环前后墙对冲燃烧方案

前后墙对冲富氧燃烧燃烧系统采用中速磨正压直吹式系统，磨煤机共 5 台，其中设计煤种 BMCR 工况下 1 台备用。对冲富氧燃烧系统包括富氧旋流燃烧器、燃尽风调风器、大风箱、燃油装置及风门用执行器等。

1. 对冲燃烧方案的布置形式

锅炉共配有 20 只富氧旋流式煤粉燃烧器，20 只富氧燃烧器按照前 3 后 2 的方式布置在炉膛前后墙，每层 4 只。燃烧器布置时充分考虑了燃烧器之间的相互影响：燃烧器层间距为 2670mm，列间距为 2790mm，最外侧燃烧器中心线与侧墙距离为 2295mm，能够避免侧墙结渣及发生高温腐蚀。

燃烧器上部布置有燃尽风调风器，8 只燃尽风调风器分别布置在前后墙上，每面墙各 4 只，布置成一排。燃尽风调风器中心线与最上层燃烧器中心线距离为 4500mm。

同一层的 4 只燃烧器与一台磨煤机相连，燃烧器的投、停与磨煤机的投、停同步，16 只燃烧器投运即可带满负荷。

为防止富氧燃烧时对锅炉水冷壁而产生的高温腐蚀，在每层燃尽风的上面、锅炉两侧设置贴壁风，贴壁风是从锅炉风箱中引出的一小股风，通过 $\phi260\times10$mm 管径直接通入，在常规锅炉中，该方式可以大幅度减少锅炉两侧的高温腐蚀。

富氧干/湿循环对冲燃烧器布置示意如图 3-22 所示。

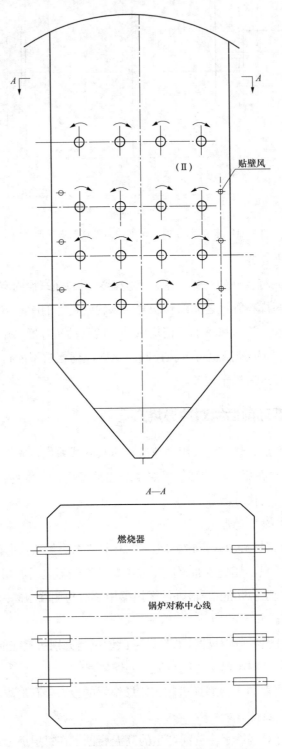

图 3-22　富氧干/湿循环对冲燃烧器布置示意图

2. 富氧燃烧器的结构及形式

富氧旋流燃烧器主要由中心风管、一次风管、二次风管及旋流调节器等组成，旋流叶片采用可调轴向叶片。富氧旋流燃烧器示意图见图 3-23。

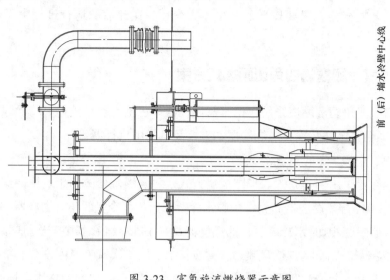

图 3-23 富氧旋流燃烧器示意图

富氧燃烧器一次风管由弯头和风管组成，风管头部采用耐热铸钢，内置钝体煤粉浓缩器，浓缩器使煤粉气流产生径向分离，外浓内淡，浓缩器可以提高煤粉浓度，使煤粉容易着火。弯头采用铸钢或内衬陶瓷结构。燃烧器外侧为二次风，二次风采用旋流风；旋流器采用可调轴向叶片形式。

锅炉采用两级点火，即高能点火器点燃轻油油枪，轻油油枪点燃煤粉。每个燃烧器配一支油枪，油枪及组合式高能点火器配有推动器，布置在燃烧器中心风风管内。油枪的设计总容量为 25%BMCR 的锅炉热输入量，用于点火、暖炉及低负荷助燃的要求。单支油枪出力约为 1000kg/h，油枪采用机械雾化。

富氧燃尽风燃烧器由中间直流风管和外侧的旋流风管组成。富氧燃烧燃尽风示意如图 3-24 所示。

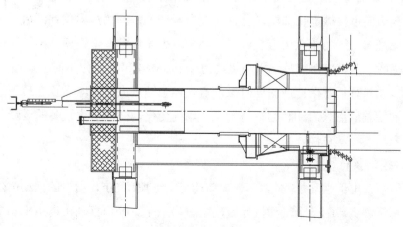

图 3-24 富氧燃烧燃尽风示意图

燃尽风燃烧器前后墙各布置 1 层,每层 4 只,布置于燃烧器上方。常规空气燃烧时投运,在进行富氧燃烧切换时,由于富氧燃烧工况下供风量比常规空气气氛下少很多,所以富氧工况时燃尽风燃烧器不投运使用,只供少量风进行冷却。

燃烧调整试验时确定,只要煤质不发生重大变化,在此后的运行过程中无需再进行调整。

3.4.3 空气兼顾富氧四角切圆燃烧方案

空气兼顾富氧四角切圆燃烧系统包括富氧燃烧器(包括一次风喷口、二次风喷口和燃尽风喷口)、大风箱、燃油装置、燃烧器摆动机构及风门用执行器等。

1. 四角切圆燃烧方案的布置形式

燃烧器总体布置采用四角布置,切圆燃烧方式,每角燃烧器分为上、下两组,上组喷口 2 层,下组喷口 11 层。燃烧器布置在炉膛水冷壁四角,水冷壁四角处燃烧器的中心线在炉膛中心的 2 个假想圆相切。水冷壁每角的燃烧器共有 13 层喷口,其中一次风喷口 5 层(含 1 层备运和 1 层微油燃烧器);二次风喷口 6 层(其中 2 层二次风喷口内设有油枪),2 层用于降低 NO_x 生成量和富氧燃烧工况切换的燃尽风喷口。一次风喷口间距略比常规空气的小。

2. 燃烧器的结构形式

一次风喷口形式采用水平浓淡富氧燃烧器形式,在喷口前设置波浪齿形钝体,增加高温烟气的卷吸和增加湍流度,保证这种特殊燃烧方式的着火。并且在一风管内安装"百叶窗"式的煤粉浓缩器,煤粉浓缩器可以使一次风气流形成浓淡分离,并使浓淡两股气流从水平方向喷入炉膛,浓煤粉气流从向火侧喷入炉膛,淡煤粉气流从背火侧喷入炉膛,浓气流由于煤粉浓度高,着火热大大降低,析出的挥发物浓度大,因此有利于着火。此外,淡煤粉在背火侧与二次风配合可以在炉膛周围形成氧化性气氛,可以起到降低 NO_x 生成及防止炉膛结焦的作用。

3. 油燃烧器

200MW 锅炉布置两层 8 只油燃烧器和 1 层微油,油枪停运时,这些喷口作为二次风喷口使用,油枪为简单机械雾化油枪,燃料为 0 号轻柴油。油燃烧器供锅炉启动及低负荷稳燃用。整个燃烧器采用两级点火方式,先用高能点火器点燃油燃烧器,再用油燃烧器点燃一次风煤粉喷嘴。油燃烧器的总输入热量约为 25%BMCR。油枪停运时应后退 400mm,油枪的进退由气动执行器带动完成。同时微油点火,微油点火燃烧器布置在最下层一次风喷口,采用微油装置后点火启动和运行将发送一系列变化,微油点火设备的设计及控制说明详见配套厂家相关技术文件。

4. 喷口摆动执行机构

除燃尽风喷口上下摆动 15°外,其余喷口均可上下摆动 30°,喷口的摆动由气动执行器带动完成,每组燃烧器配一个气动执行器,全炉共 4 个。喷口摆动可以用于调节气温;另外,富氧燃烧的火焰比常规火焰更长,也可以作为试验研究时调节富氧燃烧火焰中心的一种手段，干、湿循环燃烧的差异试验研究也可以通过摆动机构进行调节。

5. 大风箱及其他装置

燃烧器与水冷壁间有良好的密封结构，燃烧器采用高强螺栓固定在水冷壁上，随水冷壁一起膨胀。燃烧器与煤粉管道之间的膨胀差由煤粉管道上的膨胀节来吸收。

每个周界风风室和二次风风室的风门均由独立的气动执行器来进行调节，要求同标高层的 4 个执行器既可同步控制也可单独控制。这些风门挡板不能作为锅炉总风量调节装置，锅炉的总风量要通过风机来调节。

富氧燃烧锅炉辅助系统及设备

4.1 制粉系统及磨煤机的选择

磨煤机及制粉系统选择的首要依据是煤质特性及其变化范围，其中煤的挥发分和磨损指数又是主要因素，不同的煤种特性要求配备不同的制粉系统。制粉系统型式还要考虑与锅炉燃烧器、炉膛型式相匹配，这样才能保证锅炉燃烧稳定。

根据 DL/T 466《电站磨煤机及制粉系统选型导则》的规定，磨煤机及制粉系统按表 4-1 原则选择。

表 4-1　　　　　　　　　　　　磨煤机及制粉系统选择原则

煤种	煤特性参数						磨煤机及制粉系统
	V_{daf}（%）	温度（℃）	冲刷磨损指数 K_e	空气干燥水分 M_f（%）	煤粉细度 R_{90}（%）	煤粉细度 R_{75}（%）	
无烟煤	6.5～10	>900	不限	≤15	4	8	（1）中间储仓钢球磨煤机炉烟干燥热风送粉。 （2）双进双出钢球磨煤机半直吹式
		800～900	不限	≤15	4～6	8～10	（1）中间储仓钢球磨煤机热风送粉。 （2）中间储仓钢球磨煤机炉烟干燥热风送粉。 （3）双进双出钢球磨煤机半直吹式。 （4）双进双出钢球磨煤机直吹式（配双拱燃烧锅炉）
贫煤	10～15	800～900	不限	≤15	4～6	8～10	（1）中间储仓钢球磨煤机热风送粉。 （2）中间储仓钢球磨煤机炉烟干燥热风送粉。 （3）双进双出钢球磨煤机半直吹式。 （4）双进双出钢球磨煤机直吹式（配双拱燃烧锅炉）
	15～20	700～800	>5.0	≤15	10	15	双进双出钢球磨煤机直吹式
		700～800	≤5.0	≤15	10	15	中速磨煤机直吹式（3.5≤K_e≤5 时，不宜使用 R_P 和 E 型磨煤机）
烟煤	20～37	500～800	≤5.0	≤15	10～20	15～26	中速磨煤机直吹式（3.5≤K_e≤5 时，不宜使用 R_P 和 E 型磨煤机）
		500～800	>5.0	≤15	10～20	15～26	双进双出钢球磨煤机直吹式
褐煤	>37	<600	≤5.0	≤19	30～35		中速磨煤机直吹式（3.5≤K_e≤5 时，不宜使用 R_P 和 E 型磨煤机）
		<600 <600	≥3.5 ≥3.5	>19 M_f>40	45～50 50～60		三介质或二介质干燥风扇磨煤机直吹式带乏气分离风扇磨煤机直吹式

由于富氧燃烧系统的特殊性，为了满足烟气末端 CO_2 压缩纯化系统处理要求，整个烟风系统及炉内总的漏风率需控制在 2% 以下。但由于系统中不可避免地在部分位置存在较高的负压（如引风机前的空气预热器、烟道、除尘器等），且由于设备结构和运行方式等原因，烟风系统难免存在一定的漏风，因而需要尽量控制相关系统空气的漏入，富氧燃烧的制粉系统应首选正压直吹式制粉系统。

煤粉细度可根据 DL/T 466《电站磨煤机及制粉系统选型导则》规定，并考虑富氧燃烧工况下煤粉的着火性以及稳燃性的影响，适当提高煤粉细度。同时，根据煤的爆燃性确定制粉系统的防爆要求。

1. 磨煤机型式的选择

磨煤机与制粉系统的确定是根据煤的燃烧特性、磨损性、爆炸特性、磨煤机的制粉特性及煤粉细度的要求，结合锅炉的炉膛结构、燃烧器结构等条件，并综合考虑投资、运行等因素，达到系统的合理配置，保证机组的安全经济运行。以下着重对国内应用范围较广的双进双出钢球磨煤机和中速磨进行比较。

双进双出钢球磨煤机具有煤种适应范围广、煤粉较细、无石子煤排放、负荷调节能力强等优点，随着国产化程度的提高，双进双出钢球磨煤机的价格不断下降，但仍远高于中速磨煤机，并且运行电耗高。因其可以设置热风旁路调节送粉温度，因此双进双出钢球磨煤机直吹系统多数用于难燃的贫煤或无烟煤。对于可磨指数 $HGI<35$ 的难磨煤种，或冲刷磨损指数 $K_e>5$ 较大的煤种，双进双出钢球磨煤机是最佳的选择。

与双进双出钢球磨煤机相比，中速磨煤机具有运行电耗小、质量轻、噪声小、设备投资相对较小等优点。由于碾磨件在磨损过大后出力下降，所以，中速磨煤机不适于难磨煤种（$HGI<35$）或磨损性极强（$K_e>5$）的煤种，主要用于烟煤或高挥发分的贫煤。

以某地区神华煤为例，其煤质分析如表 4-2 所示。

表 4-2   煤 质 分 析

	项 目	符号	单位	设计煤种	校核煤种
工业分析	全水分	M_t	%	10.5	12.23
	空气干燥基水分	M_{ad}	%	7.19	8.5
	收到基灰分	A_{ar}	%	16.97	19.2
	干燥无灰基挥发分	V_{daf}	%	38.51	35.2
	收到基高位发热量	$Q_{gr,ar}$	MJ/kg	23.19	21.49
	收到基低位发热量	$Q_{net,ar}$	MJ/kg	22.21	21.10
元素分析	收到基碳	C_{ar}	%	58.99	55.05
	收到基氢	H_{ar}	%	3.57	3.46
	收到基氮	N_{ar}	%	0.80	0.94
	收到基氧	O_{ar}	%	8.64	8.32

项 目		符号	单位	设计煤种	校核煤种
元素分析	全硫	$S_{t,ar}$	%	0.53	0.8
	哈氏可磨指数	HGI	—	52	53
	煤中游离二氧化硅	SiO_2（F）	%	4.06	5.3
	煤中氟	F_{ar}	μg/g	127	105
	煤中氯	Cl_{ar}	%	0.072	0.053
灰熔点	变形温度	DT	$\times 10^3$℃	1.15	1.14
	软化温度	ST	$\times 10^3$℃	1.18	1.15
	半球温度	HT	$\times 10^3$℃	1.19	1.18
	流动温度	FT	$\times 10^3$℃	1.20	1.18

表 4-2 中设计煤质 HGI=52，校核煤种 HGI=53，在中速磨煤机磨制范围内；且煤质挥发分高，属易燃煤质，煤粉细度 R_{90} 为 18%，中速磨煤机的煤粉细度能够满足要求，推荐采用中速磨煤机。对于采用中速磨煤机的系统，磨煤机的配置台数和出力应根据锅炉容量、燃烧器数量、燃煤的结渣倾向和燃烧区的热负荷、主厂房布置、运行条件等综合考虑确定。目前国内中速磨煤机主要有 HP、MPS、ZGM 和 MPS－HP－Ⅱ等型式，且各有优缺点，具体型式经技术经济比较后确定。

同空气燃烧相比，富氧燃烧工况下输送、干燥煤粉的一次风具有高 CO_2 浓度（约 70%）、高 SO_2、高水分、高含尘等特点，由于其介质成分跟常规空气存在很大差异，因而其密度、比热容都跟常规空气存在很大差异，由于过高的一次风率会造成火焰稳定困难，故期望在富氧燃烧条件下一次风的质量流量保持与空气工况相差不多，这对磨煤机的通风量提出了新的要求，应根据不同厂家的要求选择磨煤机通风量。

2. 直吹式制粉系统的选择

对于正压直吹式制粉系统有热一次风机正压直吹式和冷一次风机正压直吹式可供选择。

与热一次风机系统相比，冷一次风机系统具有下列明显的优点：

（1）一次风机在低温下运行，风机效率高，并提高了风机运行的可靠性。

（2）风机结构简单，维修工作量小。

（3）干燥能力强，而热一次风机系统，提高一次风温受风机结构和材料的限制。

（4）设备少，造价低，占地少及初投资低。

（5）运行费用（电耗）低。

（6）氧气注入点温度低，安全性更高。

近几年来，国内外大容量机组锅炉的制粉系统普遍采用中速磨煤机正压冷一次风机直吹式系统，它具有启动迅速、系统简单、运行经济、电耗低、利于防爆、布置紧凑、负荷调节灵活等特点，因而适于单元机组的自动控制，且运行管理方便。

4.2 一、二次风机

富氧燃烧电厂的烟风系统是近似的闭式循环系统，大部分锅炉排烟（约为80%）作为循环烟气与空分岛来的纯氧气（纯度≥97%）在一次、二次风机出口混合后，返回烟风系统作为一、二次风为制粉系统和燃烧系统服务。

根据二次循环烟气抽取位置不同，富氧燃烧的烟气循环系统可分为干循环和湿循环两种类型。不论干循环或湿循环方案，烟气系统主要设备设置与常规机组基本相同，且一次循环烟气始终取自烟气冷却器和 GGH 之后的干燥烟气。不同之处在于，由于锅炉排烟中水蒸气含量较高，为防止制粉系统结露引起腐蚀和堵粉，需在脱硫装置后设置烟气冷却器和 GGH，先降低烟气温度，烟气中部分水蒸气冷凝被去除，再将烟气加热，使得循环烟气高于水露点温度，避免一次风系统发生结露。

由于循环烟气中含有高浓度的 CO_2 和一定量的 SO_2、SO_3 等腐蚀性气体，尤其在湿循环方案中，二次风机处于未经脱硫处理的锅炉排烟中，虽然风机正常运行烟气温度均处于酸露点以上，但是考虑到在低负荷或停机时仍有可能会出现短时间的酸露凝结，一、二次风机需采取一定的防腐措施，此外，循环烟气粉尘浓度虽然较低（标准状态，40mg/m^3 以下），但考虑到一、二次风机转速较高，需采取一定的防磨措施。

4.2.1 可供选择的一次（烟气循环）风机型式及特点

按照目前国内风机制造水平，大中型火力发电厂可供选择的一次风机型式有动叶可调轴流式和高效离心式两种。其主要特点对比如下：

1. 性能特点

轴流式风机所产生的压头低于离心式风机，故一般适用于大流量、低压头的系统，属于高比转速范围；离心式风机比转速一般在 15～90 之间，轴流式风机比转速一般大于 100。

2. 风机结构

轴流式风机结构比较紧凑，外形尺寸小，质量轻，但轴流式风机的转子结构复杂，特别是动叶可调轴流式风机，增加了一套高速旋转的调节机构和液压调节系统，其检修工作量及要求均高于离心式风机；离心式风机结构简单、运动部件少、检修维护较为简单、但随着锅炉单机容量的增加，离心式风机均为双吸双支撑，叶轮是热套在主轴上的，更换叶轮困难，一般只能对叶轮进行局部补焊。

3. 风机效率

动叶调节轴流式风机叶轮上的叶片可以通过液压系统改变角度，从而改变风机的特性曲线，调节灵敏，变负荷运行时效率较高，风机等效率曲线近似椭圆形，长轴几乎与阻力特性曲线平行，在向低负荷调节时效率缓慢下降。因此，动叶调节轴流式风机具有高效率区域广、调峰性能好、运行经济、电动机启动力矩小、启停快等优点。

离心式风机效率曲线近似椭圆，而且其短轴几乎与阻力特性曲线平行，在向低负荷调节时风机效率只能降低而且下降较快。

离心式风机和动叶调节轴流式风机所能达到的最高效率相差不多，这主要与风机本身的性能和调节方式有关，但离心式风机由于其特性、等效线走向所决定，在变负荷运行时，效率降低较快，低负荷运行时效率较低。当机组负荷低于 BRL 工况时，动调轴流式风机的效率下降幅度远小于离心式风机效率的下降幅度。为提高离心式风机低负荷经济性，需考虑配置调速装置来改变风机的转速，从而改变风机的特性曲线，使风机在低负荷时维持在高效区运行；加装调速装置后，离心式风机在低负荷运行效率高于动叶可调轴流式风机，对机组负荷变化的适应性要优于动叶可调轴流式风机。

4.2.2　一次烟气循环风机型式的选择

富氧燃烧一次烟气循环风机（简称一次风机）的选择可参照 GB 50660《大中型火力发电厂设计规范》的要求选择，即"对正压直吹式制粉系统或热风送粉贮仓式制粉系统，当采用三分仓空气预热器时，冷一次风机可采用动叶可调轴流式风机或调速离心式风机，对轴流式一次风机应采取预防喘振失速的保护措施"。

一次风机具有风量小、风压高、转速高以及随负荷变化风量变化大而风压变化小等特点。对于 200MW 及以下容量机组，一次风机的上述特点更为明显，由于其风量小、风压高的特点，若选用动叶可调轴流式风机，风机性能曲线上的运行点可能距离失速区域较近，在部分负荷工况可能存在风机失速喘振的风险；而且动叶可调轴流式风机的叶型选择较为困难。相比较而言，离心式风机更适合一次风机的运行工况，并且具有结构简单、运行可靠等优点，通过加装变频装置，对机组的负荷变化适应性更好，平均效率得到提高。同时，也可实现各处压力良好匹配，以控制漏风率。对于 200MW 以上容量机组，可根据风机参数选择，目前国内火电项目中，一次风机多采用轴流式风机。

4.2.3　二次烟气循环风机型式的选择

参考规范要求和选型情况，二次风机宜选用动叶可调轴流式风机，也可选用调速离心式风机。上述要求是基于 600MW 及以上机组的二次风机，由于其比转速过大，已难以选到合适的单吸离心式风机。采用双吸离心式风机的尺寸相当大，技术上明显不如轴流式风机。但对于富氧燃烧的二次烟气循环风机，除了风机本身的选型参数，还要结合空气燃烧工况的风量要求统一考虑，这一点对于富氧和空气燃烧兼顾的情况尤为重要。

以表 4-2 中煤质为例，对于 200MW 等级机组，二次烟气循环风机流量和压头参数来看，动叶可调轴流式风机和调速离心式风机均容易选型，因此，从设备匹配角度来说，两种类型风机优选程度相当。由于在富氧燃烧工况和空气燃烧工况下的风量相差很大，前者是后者的 62%（干循环）～74%（湿循环）。动调轴流式风机的风机性能曲线虽然比较平坦，但是由于负荷变化太大，所以仍然存在风机效率下降较多现象，同时也增加了风机失速的风险。而调速离心式风机可以通过改变风机转速，在低流量和低压头时仍能达到较高风机效率，故推荐离心式风机加变频装置。

4.3 增压风机和引风机

4.3.1 简述

富氧燃烧燃煤电厂的烟风系统与常规空气燃烧燃煤电厂基本相同，主要区别在于富氧燃烧电厂锅炉侧系统前端增设了空气分离系统；烟风系统部分新增了烟气再循环系统及其相关的辅助系统；烟气系统末端增加了 CO_2 压缩纯化系统。按照二次循环烟气抽取位置不同，富氧燃烧的烟气循环系统可分为干循环和湿循环两种类型。

4.3.2 引风机与增压风机的设置状况

1. 国内常规电厂的引风机与增压风机设置状况

20 世纪 90 年代开始，我国对火力发电厂 SO_2 排放进行控制，已投运和新建电厂分别在引风机出口公用烟道之后加装和新建烟气脱硫装置，在推广应用初期，考虑到国内脱硫技术尚处于引进消化阶段，为避免脱硫装置影响机组的安全稳定运行，脱硫装置均设置旁路烟道和增压风机，与主机烟气系统保持相对独立。随着国内脱硫装置设计和运行经验的积累，部分新建电厂不再单独设置增压风机，由引风机克服脱硫装置烟气阻力，2010 年后，环保部提出要求——"拆除已建脱硫设施的旁路烟道"和"所有新建燃煤机组不得设置脱硫旁路烟道"，为避免因引风机和增压风机串联运行时风机联锁较为复杂，运行控制不便的问题，国内新建机组基本均采用引增合一方案，已建机组也在积极考虑拆除现有增压风机以达到节能增效的目的。按照大中型机组的引风机设置原则，一般推荐每台机组设置两台引风机并联运行。

2. 单独设置增压风机的情况简介

增压风机与引风机的工作条件基本相同，增压风机型式可选用静叶可调或动叶可调轴流式风机，其设备可靠性可以满足电厂长期稳定运行的要求。而离心式风机由于比转速小，在风机压头不高的情况下，风机叶轮尺寸大，且运行效率较低、启动电流大，所以通常增压风机不考虑选用离心式风机。

对于小容量机组，增压风机入口烟气量较小，其风机容量有可能不适宜选用轴流式风机，因此，需根据风机容量确定增压风机的型式。对于大型机组，一般均设置 1 台增压风机，风机多采用轴流式。

3. 富氧燃烧情况下引风机与增压风机设置

对于新建大型机组，多采用引增合一方案，每台炉设置 2 台 50%容量的动叶可调轴流式风机。由于动叶可调轴流式风机的效率高于静叶可调轴流式风机，随着技术的进步和价格的下降，采用动叶可调轴流式风机已成为主流。

由于富氧燃烧系统中需要烟气循环，不同方案中一、二次循环烟气的抽取位置不同，需要综合考虑引风机及一、二次烟气循环风机的关系。

对于富氧燃烧干循环新建及兼容方案，由于一、二次循环烟气抽取位置远离引风机，可采用引增合一方案；考虑到空气燃烧工况和富氧燃烧工况切换对引风机适应性要求较高，每台炉设置 2 台 50%容量的引风机。新建方案中引风机选型既要满足富氧燃烧工况下长期稳定运行，又要满足空气燃烧启动工况的要求。启动阶段单台引风机运行。与新建方案相比较，兼容方案引风机的选型原则不同之处在于，需同时满足空气和富氧燃烧满负荷工况下长期稳定运行。风机最大能力应以锅炉空气燃烧和富氧燃烧 BMCR 工况下的大值作为选型基准点，在此基础上提出风机的最大出力（TB）点烟气通流要求。上述情况中空气及富氧工况时流量虽然差别较小，但压升差异较大，如选用轴流式风机应注意时速的风险。

对于富氧燃烧湿循环新建及兼容方案，仅一次循环烟气从烟囱入口微负压处抽取；二次循环烟气在引风机出口附近抽取，当引增合一时，引风机需克服脱硫系统、烟气冷却器、低低温省煤器（MGGH）升温段的烟气阻力，BMCR 工况下引风机出口压力较高，导致二次烟气循环风机入口出现较高的正压，二次风机压头相应地大大减小，与空气燃烧工况下的选型压头相差较大，二次风机选型困难。因此，应考虑引风机和增压风机分开设置，其中引风机可按照设置 2 台 50%容量设置。

在湿循环新建方案中，增压风机既要满足富氧燃烧工况下长期稳定运行，又要满足空气燃烧启动工况（暂按 50%THA）的要求。富氧燃烧工况下，引风机出口约 50%湿烟气被抽至二次风机，增压风机流量约为引风机的一半；与富氧燃烧工况相比，空气燃烧启动工况下的增压风机流量有所增加，但由于负荷较低，风机压头不高，因此，风机容量与富氧燃烧工况时基本相当，可设置 1 台 100%容量的增压风机。

在湿循环兼容方案中，增压风机既要满足富氧燃烧工况下长期稳定运行，又要同时满足空气燃烧工况下长期稳定运行。富氧燃烧工况下，引风机出口的大部分湿烟气被抽至二次风机，增压风机流量比空气燃烧工况时下降很多（下降约 60%），使得增压风机效率降低，甚至影响到风机正常运行。可设置 2 台 100%容量（对应富氧燃烧工况）的增压风机，富氧燃烧工况时增压风机 1 台运行 1 台备用；空气燃烧工况时 2 台增压风机同时运行。

4.4 烟气冷凝器

4.4.1 设置烟气冷凝器的必要性分析

1. 烟气成分对比分析

相较于常规空气燃烧的烟风系统，富氧燃烧的烟气再循环系统属于闭式系统。因此，参与再循环的烟气水分在循环过程会不断累积，锅炉排烟中的水分也随之增加，当燃煤带入的水分总量与锅炉排烟携带的水分总量相等时，系统即达到水分平衡。系统水分平衡后，富氧燃烧烟气中的水分较常规空气燃烧烟气的体积分数高。同样，富氧燃烧工况烟气中的 SO_2、CO_2、N_2 的体积分数与空气燃烧工况相比也有较大差异。

循环烟气和锅炉排烟的水分体积分数影响到锅炉的排烟损失、煤粉输送及干燥、烟气的热量损失、锅炉尾部受热面及烟气系统的酸腐蚀等。与普通空气燃烧工况相比较，富氧燃烧工况燃烧产物中 CO_2 的体积百分比为普通空气燃烧工况的 5～6 倍。在湿循环方案中，SO_2 体积百分比为普通空气燃烧工况的约 3 倍。富氧燃烧工况的烟气水分体积分数达到 15%～20%，是普通空气燃烧工况水蒸气体积分数的 1.2～1.6 倍，如高水分烟气进入一次再循环烟气系统，会对煤粉系统的设备及管道造成不利影响。

2. 设置烟气冷凝器的必要性

富氧燃烧锅炉所需的再循环烟气分为以下两个部分：

（1）一次再循环烟气：主要是对煤的碾磨及输送过程进行干燥，并将煤粉送至炉膛。

（2）二次再循环烟气：满足锅炉燃烧需要。

对于二次再循环烟气，根据富氧燃烧锅炉的燃烧需求，可以采用脱水或不脱水两种方案，即富氧工况-干烟气循环方案和富氧工况-湿烟气循环方案。对于干循环方案，因脱除其中水分，锅炉尾部烟气中水蒸气体积分数降低，烟气酸露点温度也随之显著降低，有利于减轻受热面金属及烟气系统的酸腐蚀，烟气循环风机电耗降低，同时因通过引风机的风压增加而使引风机电耗增加，烟气脱水系统复杂，运行费用增加。湿循环方案则与上述相反。

对于一次再循环烟气，为了保证制粉系统正常运行，满足煤粉干燥及输送的需要，不管是干循环方案还是湿循环方案，进入制粉系统的一次再循环烟气均须脱除烟气中的大部分水分。此外，排出锅炉系统并被捕集的烟气，在进入 CO_2 压缩纯化系统前，也必须尽可能地脱除水分，以减少后续烟气处理的能耗。

综上所述，在富氧燃烧烟气再循环系统中必须要设置烟气冷凝器，用于脱除烟气中较高的水分，以满足制粉系统、锅炉燃烧、CO_2 压缩纯化系统的需求。

在烟气冷凝器的设计中，应根据烟气再循环系统对于烟气含水量的要求来确定烟气冷凝器的出口烟气温度。

4.4.2 烟气冷凝器结构形式

烟气冷凝器的工作原理是利用温度较低的冷却介质冷却再循环烟气，将再循环烟气的温度降至凝结水饱和温度以下，使得再循环烟气中所含的水蒸气冷凝析出，从而达到降低再循环烟气水分含量的目的。

根据换热器中冷却介质是否与烟气直接接触，烟气冷凝器的结构形式分为表面式（间壁式）和直接接触式（混合式）两种。

直接接触式的烟气冷凝器，即烟气和冷却介质两种流体直接接触、相互渗混、传递热量，在理论上应变成同温同压的混合介质流出，因而换热效率高。由于不需要单独设置冷却介质的通道，所以结构较为简单，体积也相应较小。但是，因为烟气和冷却介质直接接触，烟气中有害气体和灰尘等污染物会进入到冷却水中，所以需要专门设置冷却介质的处理设备，增加了运行过程中的处理费用。

表面式烟气冷凝器，烟气与冷却介质在各自的流道中连续流动完成热量交换，彼此不接触、不渗混。表面式烟气冷凝器的冷却水不会受到烟气污染，可节省运行中冷却介质的处理费用，节约运行成本。但这种类型的烟气冷凝器与直接接触式比较，体积较大，且结构上更为复杂。凡是生产中介质不容渗混的场合都使用此类型换热器，因此，它仍然是应用最广泛、使用数量最大的一类。

4.5　注　氧　器

4.5.1　概述

富氧燃烧的助燃剂是将高浓度纯氧和循环烟气以预混或非预混的方式送入炉膛。一般而言，助燃剂中平均氧气含量大于 26%，CO_2 含量在 70%左右。助燃剂预混或非预混高纯氧气，会严重影响煤粉气流的着火延迟和火焰抬举特性。根据国际火焰研究基金会（IFRF）的大量试验研究表明，采用纯氧和烟气预混方式有着良好的组织燃烧性能，而且预混的纯氧能明显改善火焰类型。

在富氧燃烧中，由于高浓度的 CO_2 影响了燃烧过程中 O_2 的扩散速率及 CO_2 高比热容等原因，造成煤粉着火延迟，再加上 CO_2 本身就具有灭火效果，因此，如果纯氧和烟气混合不均匀，则低氧浓度区煤粉很难着火，而高氧区则快速燃烧，造成局部混合体积快速膨胀，这样就难保证这类特殊燃烧方式的着火和稳燃。注氧器的作用是调节纯氧和烟气的比例，保证与负荷相匹配的氧量需求，且能在极短的时间内保证氧气和烟气混合均匀。因此，在富氧燃烧系统中，研发设计高效、安全的纯氧注氧器是非常重要的。

4.5.2　注氧器的设计原则

1. 注氧器注氧位置

典型富氧燃烧系统流程如图 4-1 所示，注氧位置分别如图 4-1 所示的注氧点 1 和注氧点 2。

2. 主要设计原则

（1）负荷调节要求：注氧器的调节范围应与锅炉富氧燃烧负荷调节范围一致。

（2）从空气分离系统出来纯氧经过储氧罐后，进入烟风道的氧气压力在 0.05MPa 左右。氧气注入烟气中后，已是常压状态，温度不高且可燃气体的量可以忽略，因此，其危险性显著降低。

（3）注氧器的耐蚀性：要保证注氧器在高温酸性气体介质环境中能连续稳定工作，必须对 NO_x、SO_x、CO_2、H_2S 和氯等可能产生的酸性腐蚀给予充分考虑，由于纯氧从精馏塔出来温度约为 5℃，可按照 5℃进行防低温腐蚀问题设计。

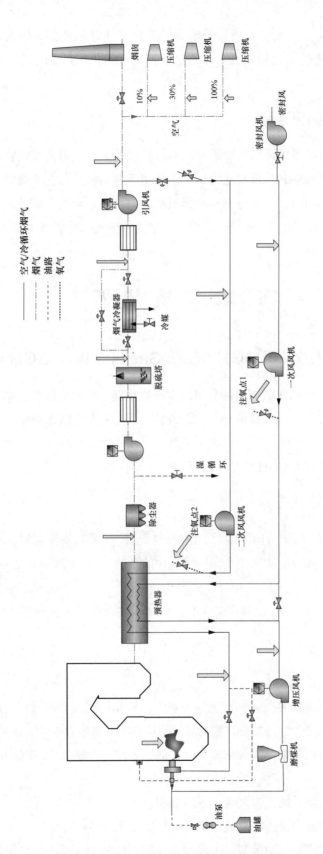

图 4-1 典型富氧燃烧系统流程图

（4）注氧器的结构：注氧器本质是个混合器，属于非常规设备，国内的研究较少。注氧器的设计应与烟道的布置相结合，可通过数模进行优化，必要时通过物模试验确定方案。

4.5.3 注氧器材料选用

注氧器外部烟道材质可以采用主烟道材质 Q235-A/B，而注氧器内部钢管采用 10mm 厚不锈钢管，材料为 12Cr18Ni9，该材质为锅炉中常用不锈钢材，其在不同温度和不同浓度的各种强腐蚀介质（如硝酸、大部分有机和无机酸的水溶液、磷酸、碱及煤气等）中，均有良好的耐腐蚀性，工作温度为−196～610℃，在空气中抗氧化性更可达 850℃，可以满足工业用注氧器的材质要求。

4.6 烟气换热器

4.6.1 设置烟气换热器 GGH（Gas Gas Heater，GGH）的必要性

对于富氧燃烧机组，GGH 的作用是利用原烟气热量直接或间接地加热烟气冷却器出口烟气至烟气酸露点温度之上，以避免一、二次风机及烟道内发生酸露凝结，造成腐蚀，保证机组的安全正常运行。同时，一、二次循环烟气温度的提高也有助于系统效率的提高，因此在富氧燃烧系统中设置 GGH 是非常必要的。

4.6.2 GGH 的形式

对于富氧燃烧系统，GGH 的形式除了考虑换热效果，还要特别注意漏风对 CO_2 浓度及污染物排放浓度的影响（对于烟气非全部压缩纯化的系统），因此泄漏率是 GGH 选型的重要指标之一。

GGH 主要有回转式烟气换热器（RGGH）和管式热媒水烟气换热器（MGGH）两种形式。

4.6.2.1 RGGH

1. 设备原理及主要技术特点

RGGH 类似锅炉尾部的容克式回转空气预热器，依靠旋转的蓄热板在原烟气侧吸收热量后，再转到净烟气侧进行烟气加热。整套 RGGH 主要由换热器本体（转子、机壳等）、低泄漏烟风系统、密封风系统、吹灰系统和高、低压水冲洗系统组成。RGGH 的主要技术特点是：

（1）设备结构及辅助系统较为复杂，占地面积较大。

（2）采用大波纹镀搪瓷换热片，减少堵灰、结垢发生概率。

（3）存在原烟气向净烟气的泄漏，可通过低泄漏烟风系统（以净烟气作为介质）和密

封技术，减少泄漏量。通常泄漏量性能保证值小于或等于1%。

（4）通过密封风系统减少烟气与转子及外壳之间的泄漏。

（5）设置吹灰系统（采用蒸汽或压缩空气）、高（低）压水冲洗系统，防止换热元件发生积灰和结垢。

（6）烟气阻力较大。

（7）与MGGH相比，初投资较低。

2. RGGH密封技术

国内外RGGH的生产厂家分别开发了不同的密封技术，主要密封手段包括：

（1）双道密封设计。

（2）增压密封技术。

（3）置换密封技术。

（4）密封风技术。

4.6.2.2 MGGH

1. 设备原理及主要技术特点

MGGH是一种管式换热器，由热回收器（烟气降温段）和再加热器（净烟气升温段）组成，通过热媒水在热回收器吸收烟气热量后，进入再加热器放出热量加热净烟气。整套MGGH主要由换热器本体、热媒水系统和吹灰系统等组成。MGGH的主要技术特点是：

（1）设备结构较简单，布置较灵活，热回收器可以布置在除尘器入口或吸收塔入口，再加热器布置在吸收塔下游烟道。

（2）采用耐酸腐蚀材质的换热管和不易积灰的换热管形式。

（3）无烟气泄漏。

（4）烟气阻力较大。

（5）设置吹灰系统，防止换热管发生积灰堵塞。

2. 换热管材料及形式

（1）热回收器。热回收器与低温省煤器的工作环境相同，差别仅在于换热器水侧，热回收将吸收的热量传递给热媒水，低温省煤器传递给机组凝结水。因此，换热管材料和形式的选择与低温省煤器基本相同。

国内低温省煤器多采用H形鳍片管，H形鳍片管具有较高的强化传热能力和优良的防积灰性能，防磨性能较好，因此换热器结构紧凑，体积较小便于布置。热回收器也可选用H形鳍片管，在每层换热层都设置足够数量的蒸汽或声波吹灰器，用来防止换热器因粉尘堆积而产生堵灰现象。配置临时水冲洗装置，停机检修时可辅以水冲洗，实现彻底清洁。

（2）再加热器。再加热器的工作环境比热回收器恶劣，处于饱和湿烟气中，因为脱硫吸收塔只能脱除少部分SO_3，所以换热管表面易形成酸露腐蚀，需选用耐腐蚀的换热管材质。国内工程中，净烟气环境下成功应用的换热管案例较少，国外工程中，日本多采用不锈钢或镍基合金管材，但价格昂贵，为 50 万～60 万元/t；欧洲多采用氟塑料管、外衬氟塑料钢管等作为腐蚀环境下的烟气换热器管材，具有抗腐蚀性能好、不易结垢等优点，但换热系数小、换热器体积大，其价格为国产 ND 钢的 2～3 倍。

换热管选型方面，净烟气中含有少量的石膏浆液滴，易在换热管表面堆积结垢，应选用光管式换热管。

4.6.3 GGH 方案拟定

1. GGH 出口烟气温度的选择

设置 GGH 的目的是将一次风循环烟气的温度提升到酸露点以上，以此作为 GGH 选型工况。以本章所列煤质为例，对于干循环新建和兼容方案，一次风循环烟气酸露点温度为 70℃，考虑一定裕量后，可按照 GGH 出口烟气温度大于或等于 80℃设计；对于湿循环新建和兼容方案，由循环干烟气与纯氧组成的一次风循环烟气酸露点温度为 82℃，考虑一定余量后，GGH 出口烟气温度（即循环干烟气温度）按大于或等于 90℃设计。

2. 富氧燃烧下烟气对 GGH 的影响

与空气燃烧相比，富氧燃烧下的烟气具有高 CO_2、高 SO_2、高水分的特点，其烟气比热容大于常规烟气，对换热面积的选取有一定影响，但影响不显著。防腐可参考常规脱硫装置配套的 GGH 防腐措施。

4.7 氧 气 参 数

富氧燃烧技术是采用空气分离获得的高纯度氧气和部分循环烟气混合代替空气作为燃料燃烧时的氧化剂，以提高排放烟气中的 CO_2 的浓度，从而便于回收利用或固化 CO_2。供氧浓度越高，燃烧系统需要的供氧量越少；高浓度的氧气对 CO_2 捕集模块有利，CO_2 的压缩和纯化系统能耗随着氧气浓度的升高而降低；但空分装置制氧的单位能耗随着产品氧气浓度的升高而增加。理论上存在一个最佳的氧气浓度使得整个富氧燃烧碳捕集系统能耗最低。

供氧浓度与供氧量、单位制氧能耗、CO_2 压缩能耗的关系见表 4-3。

表 4-3　　　　　　　供氧浓度与供氧量、单位制氧能耗、CO_2 压缩能耗的关系

供氧浓度	供氧量	单位制氧能耗	CO_2 压缩能耗
高	低	高	低
低	高	低	高

孔红兵等对 600MW 富氧燃烧系统进行了模拟研究。结果表明 600MW 富氧燃烧碳捕

集电厂系统最佳供氧浓度为98%（体积分数），此时，空气分离系统功耗和烟气压缩纯化系统总功耗最少，系统的净输出效率最高。

图 4-2 给出了供氧浓度与供氧量和空气分离能耗关系，图 4-3 给出了供氧浓度与富氧燃烧系统总能耗关系。

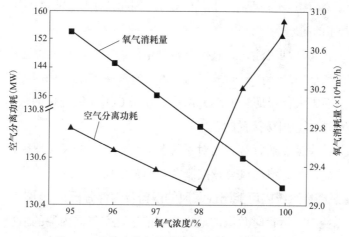

图 4-2 供氧浓度与供氧量和空气分离能耗关系

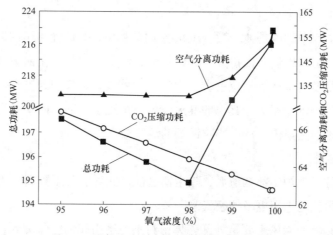

图 4-3 供氧浓度与富氧燃烧系统总能耗关系

除了以上影响因素之外，最佳的供氧浓度值还跟锅炉燃烧特性、过量空气系数、烟气余热利用程度以及 CO_2 的捕集比例等因素有关。

4.8 防漏风系统

4.8.1 系统漏风分析

4.8.1.1 系统漏风的危害

锅炉燃烧系统漏风量过大时，排烟损失和引风机电耗会明显增加，降低机组的经济性。

对于富氧燃烧碳捕集而言，烟气组分和 CO_2 成品要求对压缩纯化系统的设计和投资有着非常重要的影响，漏风增加会导致烟气中 CO_2 的浓度降低。漏风不仅会导致上述经济损失，还会导致烟气中 CO_2 的浓度降低，使得压缩纯化系统的能耗和投资大幅增加；研究表明，在富氧燃烧电厂中，漏风每增加 1%，电厂总效率降低约 0.2%。如果漏风过于严重，或许会导致最终的二氧化碳浓度达不到埋存和利用的要求。因此，对于漏风的监测与控制对于富氧燃烧过程也是一个棘手的问题。

富氧燃烧系统将循环烟气注入纯氧代替常规电厂的空气，送入炉膛中帮助煤粉燃烧。由于采用的是闭式循环系统，如果向系统内漏入空气（N_2 约占 79%），会导致氮气在循环过程不断累积，从而大大稀释烟气中 CO_2 浓度。使得 CO_2 压缩纯化的成本增加，严重时甚至使 CO_2 压缩纯化成本超出可接受的范围。

因此，需从系统设计及运行等方面对系统各处可能产生的漏风原因进行分析，提出切实可行的防漏风措施，最终将漏风总量控制在合理范围内。

4.8.1.2　富氧燃烧系统内可能出现漏风的设备及部件分析

在整个富氧系统中，运行时负压的地方就可能出现空气向内漏的情况，而正压的地方就可能出现烟气向外泄漏的情况。下面针对各主要设备和零部件进行分析。

1. 锅炉本体

一般锅炉在运行中炉内是处于微负压状态（10～30Pa），炉膛和尾部烟道内保持略低于炉外环境的大气压力，以避免向炉外喷火、冒烟、吐灰，因此，在锅炉排渣装置、炉门、看火孔、炉墙、烟道的不严密部位就会有空气自炉外漏入炉膛和烟道中。虽然锅炉的负压较低，但是由于锅炉表面积大，其总的漏风量就很可观了。锅炉的漏风完全无助于燃烧，只能增加烟气带走的热损失，从而影响锅炉的运行效率。

2. 空气预热器

空气预热器位于锅炉尾部烟道后、除尘器之前，此处的负压较高，为 1000～2000Pa，因此，较小的缝隙就能带来更多的空气漏入。

管式空气预热器的漏风主要是外部壳体密封不严密引起的空气漏入，以及换热管束磨损后造成的循环烟气漏入原烟气中，其漏风量一般较小。

回转式空气预热器的漏风主要分为携带漏风和直接漏风两类。携带漏风主要是因为空气预热器在转动过程中，一部分驻留在换热元件中的烟气或循环烟气被携带到另外一侧通道中。这种携带漏风量一般较小，但因回转式空气预热器构造问题，所以很难避免。直接漏风主要包括径向漏风、轴向漏风、旁路漏风、中心筒漏风。径向漏风占直接漏风量的 80% 左右，主要是因为转子上下温度差异而发生蘑菇状变形，进而造成密封间隙的增大和漏风率的增加。

3. 除尘器

除尘器位于引风机之前，是整个系统中最高的负压设备，同时由于除尘器表面积较大，因而其漏风在整个系统的总漏风量中占了很大的比重。除尘器漏风通常出现在烟道接口、底部排灰接口、检修人孔、壳体焊接不严密处等地方。

4. 烟气换热器

管式热媒水烟气换热器（MGGH）由于通过中间介质实现烟气间热量的传递，因而只需要考虑烟气和环境大气中的泄漏的影响。回转式烟气换热器（RGGH）位于引风机后、脱硫设备之前，烟气系统处于正压状态，其漏风主要是烟气与循环烟气间的互漏，以及烟气向环境大气中的泄漏。其漏风原因与回转式空气预热器相同，也主要是携带漏风和直接漏风两类。

5. 脱硫岛

脱硫岛位于 GGH 后，其烟气系统也是正压状态，其漏风主要是烟气通过设备壳体、接口等地方向环境泄漏。对于石灰石－石膏湿法脱硫，常规电厂其吸收塔氧化池需要引入空气将吸收塔内的亚硫酸钙充分氧化成硫酸钙，除小部分氧气参与反应外，剩余的大部分空气成分（主要是 N_2）会进入烟气中，大大稀释 CO_2 浓度，对于富氧燃烧项目，需对此氧化风来源进行研究或对吸收塔的氧化池进行特殊设计，以避免空气中 N_2 进入烟气系统。

6. 烟气冷却器

烟气冷凝器位于脱硫岛后，同样工作在正压状态，其漏风主要是烟气通过设备壳体、接口等密封不严密处，向环境空气中泄漏。

7. 风机

富氧燃烧的三大风机，由于风机轴承和机壳位置烟风压力一般低于（风机入口）或高于（风机出口）当地大气压，漏风一般集中在这里，所以这两处是需要着重考虑防漏的地方。

对于离心式风机，由于采用的入口风门调节，在较低负荷时，入口调节门开度减小，增加系统的局部阻力，达到风机压升和流量匹配的目的。因此在低负荷时，离心式风机入口的负压会增大，这样也会增加风机入口漏入的空气量。

8. 磨煤机

制粉系统采用的是正压直吹式系统，磨煤机工作在正压状态，所以需要防止干燥风和煤粉向外泄漏。磨煤机的泄漏点一般集中在壳体结合处、风粉接口、转动部位与壳体的间隙，以及底部排渣门等位置。

9. 门孔类

烟风道中的风门由于道体截面较大，而结构件较薄，一般为 300～600mm，因而在运输以及安装过程中极易发生形变，使得风门与烟风道接口处密封不严，造成泄漏。

根据规范要求在不同的烟风道位置布置有人孔、灰孔等部件，如果这些孔类部件密封不好，也将导致漏风。

10. 烟风道导体

大截面的烟风道由于其制作工艺决定了会有很多拼接焊缝，按相关设计规程，烟风道内壁一般采用间断焊，外部采用满焊的方式，所以在焊接质量不好的情况下，烟风道很容易发生泄漏。

4.8.2 富氧燃烧系统中各设备防漏风措施及建议

对于控制富氧系统各处设备或部件可能出现的漏风，可以从以下 3 个方面来着手。

4.8.2.1 系统设计及运行方式优化

1. 烟风煤粉系统

对于中速磨煤机正压直吹式系统，制粉系统正压运行，从根本上杜绝了空气漏入现象。

为了避免正压运行的磨煤机、给煤机向外漏粉，需向磨煤机及给煤机提供密封风。该密封风大部分会进入制粉系统内，另有少部分将漏入大气环境中。常规电厂该密封风来自空气，可以采用就地吸风或从冷一次风引接。富氧燃烧条件下，为了避免空气从密封风系统进入制粉系统，从而稀释烟气系统中的 CO_2 浓度，该密封风不采用就地吸风的方式，而考虑从一次再循环烟气母管引接，经密封风机升压后分配至各密封部位。

烟风系统同时为富氧燃烧时微正压运行的锅炉人孔门、看火孔等提供密封烟气，防止炉内烟气外漏。

2. 炉底除渣系统

针对富氧燃烧系统对漏风等的要求，除渣系统考虑采用湿式除渣系统，锅炉排渣用捞渣机捞出一级输送至渣仓方案。刮板捞渣机一级直接上渣仓的方案由水浸式刮板捞渣机、渣仓、渣水循环系统等组成。典型的水浸式刮板捞渣机直接输送至渣仓方案见图 4-4。

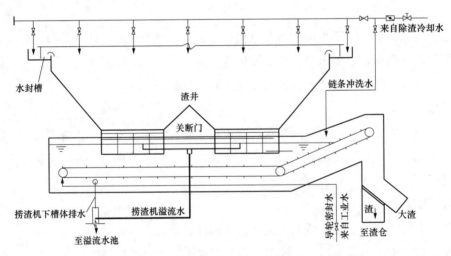

图 4-4　典型的水浸式刮板捞渣机直接输送至渣仓方案图

捞渣机与渣井组成了严密的水密封系统，可有效防止炉底漏风，改善了燃烧条件，使锅炉效率提高，煤耗降低。

3. 脱硫氧化风系统

为防止空气通过氧化池进入脱硫岛的烟气系统，可以考虑将氧化池设置在吸收塔外部，完成氧化后的石膏浆液被送往石膏脱水系统。

另外，也可使用空气分离系统提供的纯氧与循环烟气混合后来氧化吸收液中的亚硫酸钙，也可以避免烟气中的 CO_2 被空气中的 N_2 稀释，但需要控制纯氧的过剩系数，避免过多的氧气进入烟气系统。

4. 净烟气加热系统

富氧燃烧再循环烟气经冷凝脱水后温度偏低，为了避免烟气低温腐蚀等问题，也有必要对脱硫净烟气进行加热。GGH 形式及布置应结合漏风及污染物排放的情况综合考虑。

5. 锅炉微正压运行

常规空气燃烧时锅炉为负压运行。富氧燃烧时为防止炉膛负压运行时，外界空气向炉膛内泄漏，锅炉可切换为微正压运行（50～100Pa）。已有的 3MW 富氧燃烧试验台试验数据表明：在锅炉转为微正压运行后，锅炉尾部烟气中的 CO_2 浓度提高了约 10%。当然，CO_2 浓度提升的程度与锅炉原先的密封情况有关，但在一定程度上说明了锅炉正压运行可以有效地减少锅炉本体的泄漏量。

锅炉微正压运行方式也对锅炉本体提出更为严格的要求，需要考虑更为严格的密封措施，防止炉膛中的火焰或热烟气泄漏，造成安全隐患，同时还需考虑火焰重心上移造成的锅炉热负荷变化、炉膛结焦等问题。

6. 风机变频运行

富氧燃烧工况烟风系统采用闭式循环系统，一次风机和送风机与引风机串联运行，各风机控制方式相互独立。送风机及一次风机根据负荷要求及风机入口压力自动调节，引风机根据炉膛压力变化自动调节。

富氧燃烧工况运行时要求系统各处压力良好匹配，尽可能避免风机入口部位出现较高的负压，从而达到降低风机入口以及轴承等部位漏风的目的，风机变频运行能较好地满足此要求。正常运行时，建议维持一次风机、送风机入口压力在 100～150Pa。此时，串联风机间管道及设备也均正压运行，可最大限度地避免空气内漏。

风机变频控制是控制漏风的重要手段，运行时需综合送风量、循环倍率和漏风控制的要求，严格控制三大风机变频控制运行区间，进行燃烧、传热性能的优化。

4.8.2.2 设备及部件防漏风措施

1. 锅炉本体

锅炉本体可以采用非金属、柔性密封材料，对炉顶以及各孔、门的接口处进行密封。在锅炉热态产生膨胀时，柔性密封材料可有效地吸收调整其膨胀量，不会产生开裂。

加强人孔门、看火孔等部件的刚度，防止在安装过程或者锅炉热膨胀过程中发生变形，使其与锅炉接口处出现缝隙而产生漏风。若锅炉为负压运行，还可考虑从冷一次循环烟气管道引入烟气作为人孔门、看火孔等设备的密封风，来进一步减小内漏风量。

加强炉膛水冷壁等外壳体拼接处的焊接质量监测，降低因焊接问题造成的锅炉墙体漏风。

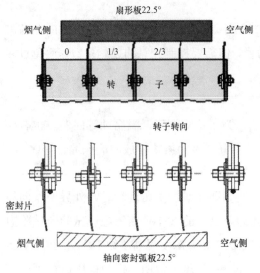

图 4-5　空气预热器三密封技术

2. 空气预热器防漏风措施

空气预热器除加强壳体刚度以及焊接质量，运行时加强监测，及时更换磨损部件外，对于回转式空气预热器的最主要的径向漏风，可以采用增加密封片数量、使用三密封技术（与双密封结构类似，三密封结构就是在任何时候都有三道密封片与密封板相接触，形成三道密封，详见图 4-5）等措施。

由于空气燃烧工况和富氧工况下烟气温度相差较大，所以密封间隙若针对某一工况优化，如果采用固定值，那么在另外一个工况下其漏风就会增加。因此，空气预热器密封宜采用柔性接触式密封技术，如不锈钢丝（见图 4-6）、柔性滑块（见图 4-7）等，以减少空气预热器的直接漏风。

图 4-6　不锈钢丝柔性密封图

图 4-7　柔性接触式密封运行示意图

3. 烟风道防漏风措施

针对烟道及循环烟道截面积较大、焊缝数量多的特点，可以在钢板拼接处采用双面满焊的方式，并加强焊接质量检测，以防止从烟道焊缝处的泄漏。

增加烟道的钢板厚度，以及加固肋选型的裕量，以增加烟道刚度，防止在烟道荷载集中处以及负压较高的地方发生变形，从而造成漏风增加。

另外，可以采用在相同截面积下，焊缝相对较少的圆形截面的烟道。

4. 除尘器防漏风措施

电除尘器可采取的防漏风措施如下：

（1）清灰阀的密闭性对除尘器的清灰效果有很大影响。防漏措施：

1）密封圈采用特制的空心橡胶，其特点是耐高温、低温性能好、耐老化、压缩永久变形小。

2）空心橡胶圈与阀板接触面粗糙度直接影响阀门的密封性能。为提高阀板表面光洁度，在与空心密封圈接触面阀板上加一圈压环，压环表面经机加工后粗糙度为 $10\sim20\mu m$。

3）阀板关闭时，密封圈四周能否均匀受力对密封也起关键作用。在阀板与阀板架之间用球形轴连接，球形轴可自动调整阀板与密封圈四周的接触力，故可提高阀门的密闭性。

4）旋转轴与阀体间动密封部位用编制填料密封，防止三通换向阀旋转轴部泄漏。

（2）为防止双层卸灰阀泄漏采取的措施：

1）因为粉尘的长期磨损易使其橡胶板失去密封作用，所以改用特制的空心橡胶密封圈固定在双层卸灰阀斜管上。这样既能减少粉尘对密封圈的磨损，又能保证密封圈的压扁度，增强其密封性能。

2）为使密封圈与阀板接触时四周均匀受力，将斜管下料口由方形改为圆形。

3）在与密封圈接触面的阀板上加压环，压环机加工表面粗糙度为 10～20μm。

4）为防止旋转轴泄漏，其轴与阀体间动密封部位用唇形密封圈。

（3）检修门是除尘器明显泄漏的部位之一，针对泄漏原因主要采取的措施：

1）密封圈用弹性线接触密封，即密封圈与密封面为不同曲率的成型表面，接触后构成闭合的圆形接触，依靠密封材料的弹性变形填塞不平整处，增强密闭性。

2）用耐热、耐寒、耐老化的橡胶作密封材料。

3）只要不影响使用，检修门尺寸应尽量小，且四角为圆形，使其关闭时受力良好。

4）为防止两门耳漏风，将其设计成可压紧门扇的门耳。按门的大小设 6～8 个压紧装置。螺纹压紧比凸轮压紧效果好。

5）检修门表面应平整、无变形，门扇要有一定刚度。与密封圈接触面应机加工。

6）检修门出厂前应检验泄漏率。

（4）为保证法兰泄漏的密封采取的措施：

1）选用带凸轮光滑密封面或凹凸台密封面的法兰，其加工表面粗糙度为 10～20μm，且保证法兰有一定厚度以防变形。

2）法兰垫片的宽度与压紧力成正比，故在负压下为减轻螺栓载荷，垫片应窄些。但过窄易变形或失去弹性，影响密封。一般不小于 10mm。

3）法兰垫片的厚度与压紧力也有关，故其厚度须适中，不能采用修改垫片厚度的方法来补偿安装或制造误差。

4）法兰密封表面不平时，采用垫片和密封胶后再安装。

5）控制螺栓的紧固力。

（5）防止除尘器本体焊接的泄漏：

1）焊接的外形尺寸：焊缝与母材间应平滑过渡以减小应力集中。焊缝的余高不应太大，平焊为 0～3mm，其余为 0～4mm。

2）焊接接头的连续性：接头不应有超过标准应许的裂纹、气孔与缩孔、夹渣、未熔合与未焊透等缺陷。

3）接头性能：符合标准要求，不应许有咬边、焊瘤、烧穿、未焊满和错边等缺陷。

4）焊接部件的检验：除尘器在未装前应对各部件如灰斗、分室隔板、上框架、进风管、排风管等进行外观检验和密封性检验。

（6）除尘器的整机泄漏率检验：

除尘器漏风主要发生在检修门、人孔门、振动头等地方，通过对这些位置进行特殊处理，提高对焊接工艺的要求，并在施工、安装中加强监督、管理，除尘器整体漏风可控制在 0.5%～1% 范围内。

5. 烟气换热器防漏风措施

回转式 GGH 受其结构限制，不可避免地存在携带漏风。采用常规密封及特殊措施后，可保证泄漏率小于或等于 1.0%。

为防止内部腐蚀气体外漏影响空气预热器轴承、传动装置和空气预热器吹灰器等设备的使用安全，回转式 GGH 可用一次循环烟气来做密封。

水煤式 GGH 由于采用管束结构，可加强壳体刚度以及焊接质量，及时更换磨损部件，最大限度减少漏风。

6. 脱硫吸收塔的防漏措施

脱硫吸收塔的防漏风措施除增加壳体本身的焊接质量，减少壳体漏风外，在人孔门、烟风道接口、管道穿出壳体等部位局部加强，减小接口处的变形造成的漏风。

7. 风机防漏风措施

对于风机机壳部分，可采取提高结合面的精度、使用性能良好的密封垫圈、提高安装时的准确性以及施工检测等措施，避免漏风的出现。

对于轴承位置，可采用轴向迷宫密封和碳环密封组合的方式，达到良好的密封效果。风机主轴轴封位置采用不锈钢轴套磨削加工，提高主轴的表面硬度并降低粗糙度，以适应碳环密封要求。碳环密封示意图如图 4-8 所示。

（a）　　　　　　　　　　（b）

图 4-8　碳环密封示意图

（a）组装图；（b）密封片

8. 烟气冷凝器防漏风措施

烟气冷凝器的防漏风措施主要是增加壳体本身的焊接质量，减少壳体漏风，以及在人孔门、烟风道接口、管道穿出壳体等部位局部加强，使用性能优异的密封圈材料，减小接口处的变形造成的漏风。

9. 磨煤机防漏风措施

磨煤机本体的所有动静结合处应采用机械及烟气双重密封，保证密封烟气压力至少大于一次风压力 2000Pa，有效地防止烟气内、外漏。

10. 风门防漏风措施

一、二次烟气循环风机入口关断门使用关闭严密的插板门，以防止空气从风机入口切换风门处漏入烟气循环系统。

4.8.2.3 其他措施

1. 系统上增设漏风 O_2 浓度监测点

由于系统中漏风点多，各漏风点漏风量不易测定，所以无法直接测定外部漏风量。但是由于漏入系统中空气成分与烟气成分存在较大差异，可以测定系统各处烟气中各烟气成分（如 CO_2、O_2、H_2O）的变化，从而进行漏风监测。烟风系统上增设 O_2 浓度监测点，如除尘器进出口、风机进出口等位置，以监测各设备及部件在富氧工况下漏风情况。

2. 施工等其他控制措施

为了减少漏风，在机组施工时应充分重视炉墙、烟道砌筑严密性，保证系统各处焊接工艺，并加强焊接质量检测。对系统中容易出现漏风的部位如门、孔、炉墙、烟道、除渣机水封、除尘器接口等要定期进行检查、维修。锅炉运行中注意维护及调整，锅炉机组检修时应提高检修质量。

200MW 富氧燃烧锅炉燃烧特性

掌握富氧燃烧锅炉的燃烧特性对富氧燃烧具有重要的实际意义。本章以 200MW 富氧直流燃烧器锅炉为例，进行锅炉的配风特性、着火特性、传热特性及结渣特性等研究。

5.1 锅炉结构与配风

5.1.1 结构尺寸

以富氧燃烧四角切圆锅炉为研究对象。炉膛和燃烧器示意如图 5-1 所示。燃烧器的水平布置图如图 5-2 所示。

5.1.2 燃用煤种特性

煤质分析见表 4-2。

5.1.3 四角切圆直流燃烧器配风规范

直流燃烧器的一次风率及热风温度见表 5-1，固态排渣煤粉炉采用直流燃烧器时的一、二次风的风速推荐值见表 5-2。

表 5-1　　　　　　　　　　直流燃烧器的一次风率及热风温度

煤种		无烟煤	贫煤	烟煤		劣质烟煤		褐煤
				$20\%<V_{daf}<30\%$	$V_{daf}>30\%$	$V_{daf}<30\%$	$V_{daf}>30\%$	
风率（%）	乏气送粉	—	—	20～30	25～35	—	25	20～45
	热风送粉	20～25	20～30	25～40	—	20～25	25～30	20～25
热风温度（℃）		380～430	330～380	280～350		330～380		300～380

表 5-2　　　　固态排渣煤粉炉采用直流燃烧器时的一、二次风的风速推荐值　　　　m/s

煤种	无烟煤	贫煤	烟煤	褐煤
一次风速度	20～24	20～24	22～35	18～25

煤种	无烟煤	贫煤	烟煤	褐煤
二次风速度	35~50	35~50	40~55	40~55
三次风速度	40~60	40~60	40~55	

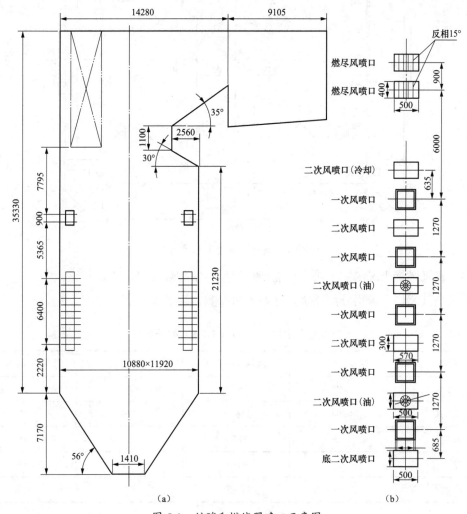

图 5-1 炉膛和燃烧器喷口示意图

（a）炉膛；（b）燃烧器喷口

5.1.4 锅炉配风方案

1. 200MW 富氧燃烧锅炉设计原则

（1）锅炉采用空气燃烧-富氧燃烧兼容设计，既满足煤粉富氧燃烧需要，又能满足常规的空气燃烧需要。

（2）在富氧燃烧工况下，通过采用合适的氧分压和烟气再循环的比例，使得富氧燃烧工况锅炉的辐射传热特性与常规煤粉炉的辐射传热特性相近，并充分考虑富氧燃烧与空气燃烧锅炉蒸发受热面和对流受热面的匹配。

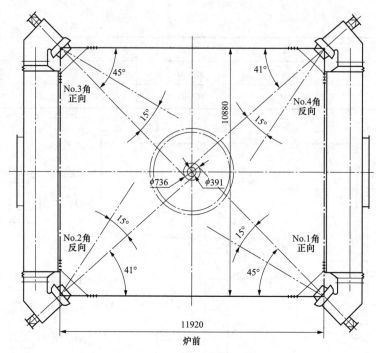

图 5-2　燃烧器水平布置示意图

（3）富氧燃烧工况的锅炉热力性能指标尽量与常规煤粉燃烧工况接近。

常规空气燃烧下采用分级燃烧，详细配风参数如表 5-3 所示。

表 5-3　　　　　　　　　　　常规空气燃烧工况（Air OFA）配风参数

项目	风率（%）	风量（m³/s）	风温（℃）	风速（m/s）
一次风	23.73	56.19	77	23
二次风	40.94	166.71	329	47
周界风	10.5	42.76	329	35
燃尽风	23	93.66	329	55
冷却风	1.83	7.45	329	11.6

2. 富氧燃烧直流燃烧器设计原则

根据富氧旋流燃烧器的设计经验，拟订了富氧燃烧直流燃烧器配风方案。主要设计原则有：

（1）氧气与烟气在燃烧器前预先混合。

（2）各方案维持一次风氧分压不高于 18%，其余氧从二次风供应。

（3）为保证二次风风量和风速，富氧燃烧工况下燃尽风喷口停运。

（4）为保证空气燃烧的兼容性，各喷嘴尺寸维持与空气燃烧时喷嘴尺寸一致。

（5）根据一次风动量准则，富氧下的一次风动量与空气燃烧下保持一致，仅将二次风、周界风和冷却风按比例减小。

（6）锅炉富氧燃烧入炉氧分压为 26%左右。

以富氧干循环工况为例，其详细配风参数如表 5-4 所示。

表 5-4　　　　富氧干循环工况（O26 入炉氧分压为 26%）配风参数

项目	风率（%）	风量（m³/s）	风温（℃）	风速（m/s）
一次风	28.6	52.3	77	21.4
二次风	56.4	177.56	329	46.0
周界风	12.7	40.1	329	30.3
冷却风	2.3	7.2	329	10.3

5.2　数学模型与计算方法

5.2.1　计算工况

为了更好地研究 200MW 锅炉的富氧燃烧与传热特性，在原有的空气燃烧和富氧干循环燃烧基础上再增加了 3 个计算工况，共拟定 5 个工况进行数值模拟。具体包括原有空气燃烧工况命名为空气燃烧状态燃尽风（Air OFA）工况，再增加空气不分级燃烧工况，燃尽风喷口停用，以便与富氧燃烧工况进行对比分析，命名为空气燃烧（Air）工况；原有的入炉氧分压为 26%的富氧燃烧工况命名 O26 工况，再增加入炉氧分压分别为 23%、29%的两个工况，分别命名为 O23、O29。

Air OFA 工况的配风见表 5-5；Air 工况不投运燃尽风，原燃尽风通过二次风注入炉膛，配风方案参考 Air OFA 工况。

Air 工况具体配风如表 5-5 所示。

表 5-5　　　　　　　　Air 工况配风参数

项目	风率（%）	风量（m³/s）	风温（℃）	风速（m/s）
一次风	25.5	60.38	77	25
二次风	62.4	254.30	329	62
周界风	10.2	41.54	329	35
燃尽风	—	—	—	—
冷却风	1.9	7.53	329	11

根据上节富氧工况下配风原则，拟定了 O23、O29 工况的配风参数。相比于空气工况，O23、O26、O29 的总风量分别减少了 13%、23%、31%。

O23、O29 工况详细配风参数如表 5-6、表 5-7 所示。

表5-6 O23 工况配风参数

项目	风率（%）	风量（m³/s）	风温（℃）	风速（m/s）
一次风	25.3	52.3	77	21.4
二次风	60.8	216.2	329	56.0
周界风	11.2	40.0	329	30.2
冷却风	2.7	9.5	329	13.7

表5-7 O29 工况配风参数

项目	风率（%）	风量（m³/s）	风温（℃）	风速（m/s）
一次风	31.8	52.2	77	21.3
二次风	51.9	146.7	329	38.0
周界风	14.2	40.2	329	30.4
冷却风	2.1	6.0	329	8.7

5.2.2 建模与网格

采用 Autodesk Inventor 三维建模软件对炉膛以及燃烧器、前屏和后屏进行几何建模。炉膛深、宽、高分别为 11.92、10.88m 和 42.50m。

图 5-3 所示为炉膛和燃烧器喷口几何模型。

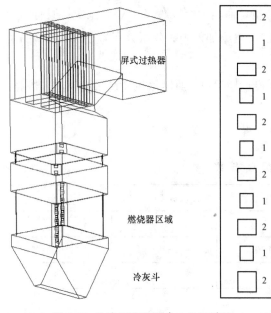

图 5-3 炉膛和燃烧器喷口几何模型

将模型导入 Gambit 软件进行燃烧器与炉膛三维网格的建造，全炉膛采用结构性网格，燃烧器区域保证网格与燃烧器出口气流方向平行，有利于减少伪扩散的产生。不同区域网格均匀过渡。网格总数为 130 万个，最大扭曲率为 0.698，网格质量良好。

图 5-4 所示为炉膛表面和燃烧器一次风断面的网格示意图。

5.2.3 主要数学模型

5.2.3.1 气相湍流模型

气相湍流模型采用 Standard $k-\varepsilon$ 模型，该模型具有较好的稳定性、经济性和较高的计算精度，是湍流模型中应用最为广泛的模型。Standard $k-\varepsilon$ 模型通过求解 k 方程和 ε 方程，得到 k 和 ε 的解，然后由此计算湍流黏度 μ_t，最终利用 Boussinesq 假设得到雷诺应力。

standard $k-\varepsilon$ 模型是针对于湍流发展非常充分的湍流流动建立的，对 Re 数较低的流动必须采用特殊的处理方式，常采用的解决方法有两种，一种是壁面函数法，另一种是低 Re 的 k–ε 模型。本研究选用壁面函数法。

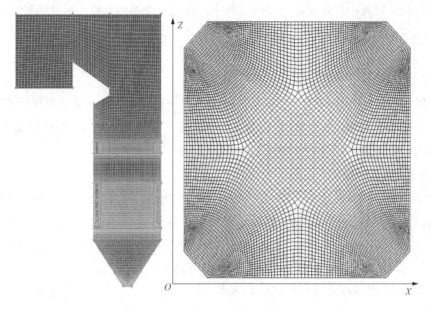

图 5-4　炉膛表面和燃烧器一次风断面的网格示意图

5.2.3.2　气相燃烧模型

气相燃烧模型采用组分输运模型，物质的输运方程为

$$\frac{\partial}{\partial t}(\rho Y_i) + \nabla \cdot (\rho \overline{v} Y_i) = -\nabla \cdot \overline{J}_i + R_i + S_i \tag{5-1}$$

式中　ρ——密度；

$\overline{v}$——平均运动黏度；

Y_i——第 i 种组分；

$\overline{J}_i$——扩散通量；

R_i——化学反应的净产生速率；

S_i——离散相及用户定义的源相导致的额外产生的速率。

计算过程中采用的容积反应模型为涡耗散概念模型（Eddy-dissipation Concept Model，EDC）。它是涡耗散模型的扩展，可在湍流流动中包括详细的化学反应机理。它假定反应发生在小的湍流结构中，称为良好搅拌尺度。

良好搅拌尺度的容积风率按下式模拟即

$$\varepsilon^* = C_\xi \left(\frac{v\varepsilon}{k^2}\right)^{3/4} \tag{5-2}$$

式中　ε^*——良好搅拌尺度容积风率；

C_ξ——容积风率常数，为 2.1377；

v——运动黏度；

k ——湍流动能；

ε ——容积风率。

该模型认为物质在良好搅拌尺度的结构中，经过一个时间尺度 τ 后开始反应，即

$$\tau^* = C_\tau \left(\frac{v}{\varepsilon}\right)^{1/2} \tag{5-3}$$

式中 C_τ ——时间尺度常数，等于 0.4082。

在流体模拟软件 FLUENT 中，良好搅拌尺度中的燃烧视为发生在定压反应器中，初始条件取单元中当前的物质和温度。反应经过时间尺度 τ^* 后开始进行，由 Arrhenius 速率控制，并且用普通微分方程求解器 CVODE 进行数值积分。

5.2.3.3　离散相模型

FLUENT 可以借助离散相模型（Discrete Phase Model）在坐标 Lagrangian 下模拟流场中离散的第二相（discrete phase）。颗粒的作用力平衡方程（x 方向）为

$$\frac{\mathrm{d}u_\mathrm{p}}{\mathrm{d}t} = F_\mathrm{D}(u - u_\mathrm{p}) + \frac{g_x(\rho_\mathrm{p} - \rho)}{\rho_\mathrm{p}} + F_x \tag{5-4}$$

其中，$F_\mathrm{D}(u - u_\mathrm{p})$ 为颗粒的单位质量曳力，即

$$F_\mathrm{D} = \frac{3}{4} \frac{\mu}{\rho_\mathrm{p} d_\mathrm{p}^2} C_\mathrm{D} Re_\mathrm{p} \tag{5-5}$$

$$F_\mathrm{D} = \frac{3}{4} \frac{\mu}{\rho_\mathrm{p} d_\mathrm{p}^2} C_\mathrm{D} Re_\mathrm{p} \tag{5-6}$$

$$Re_\mathrm{p} = \frac{d_\mathrm{p}\rho \| v_\mathrm{p} - v \|}{\mu} \tag{5-7}$$

$$C_\mathrm{D} = \alpha_1 + \frac{\alpha_2}{Re_\mathrm{p}} + \frac{\alpha_3}{Re_\mathrm{p}} \tag{5-8}$$

式中　u_p ——颗粒速度；

v ——流体相速度；

g_x ——x 方向的重力；

ρ_p ——颗粒密度；

ρ ——流体密度；

F_x ——x 方向的受力；

μ ——流体动力黏度；

d_p ——颗粒直径；

C_D ——曳力系数；

Re_p ——相对雷诺数；

α_1、α_2 和 α_3 ——系数，随着雷诺数的变化有不同的范围。

当流动状态为湍流时，可以通过考虑流体速度脉动引致的瞬时速度来计算由于流体湍流引致的颗粒扩散。FLUENT 采用随机轨道模型（Discrete random walk model）来确定流

体的瞬时速度。假设流体脉动速度服从高斯概率分布，则

$$v' = \left(\frac{2}{3}\overline{k}\right)^{1/2} \eta_{\text{guass}}, \quad \text{其中} \left\|\eta_{\text{guass}}\right\| = 1 \tag{5-9}$$

式中　v'——脉动速度；

　　　$\overline{k}$——湍流动能。

瞬时速度为

$$u = \overline{u} + u' = \overline{u} + \left(\frac{2}{3}\overline{k}\right)^{1/2} \eta_{\text{Gauss}} \tag{5-10}$$

式中　$\overline{u}$——平均速度；

　　　u'——速度波动值。

假定颗粒和涡团作用的时间等于涡团的特征生存时间，特征生存时间定义为

$$\tau_{\text{eddy}} = \frac{L_{\text{eddy}}}{\sqrt{2\overline{k}}} \tag{5-11}$$

$$L_{\text{eddy}} = C^{3/4} \frac{\overline{k}^{3/2}}{\overline{\varepsilon}} \tag{5-12}$$

式中　C——颗粒时间尺度常数；

　　　$\overline{\varepsilon}$——平均容积风率。

5.2.3.4　挥发分析出模型

挥发分析出模型采用具有较高精度的化学渗透析出模型（CPD）。CPD 模型建立在分析煤粉结构在快速加热析出过程中的物理、化学变化基础上，是一种基于分析煤粉化学结构特征的挥发分析出模型。

CPD 模型认为碳粒是由简化的网格或网络组成，连接网络的是各种化学桥键，而连接对象是各种芳香族成分。通过简化的组成结构来刻画焦炭的物理、化学转变过程。然后桥键的断裂以及轻组分气体的生成、焦炭的生成、半焦的生成全部由化学动力学控制的形式 $\zeta \xrightarrow{k_b} \zeta^*$ 分成两步：它们分别为 $\zeta^* \xrightarrow{k_\delta} 2\delta \xrightarrow{k_g} 2g_1$ 和 $\zeta^* \xrightarrow{k_c} c + 2g_2$。变量 ζ 代表炭网络中初始的桥键总数。加热后，转变为反应性桥键 ζ^*。对这些反应性桥键，有两可能的竞争性转化过程。一种转化途径是，桥键发生反应，形成侧链，δ 侧链可能就会从苯环上脱落形成气组分气体 g_1。当相邻苯环间的桥键断裂时，炭的一部分就从碳粒的网格结构中被分离出去了，这些分离出去的部分是大分子量半焦并且最终要形成后性质体。另一种转化途径是，桥键发生反应生成炭桥 c，同时相应释放气组分的气体产物 g_2。

在 FLUENT 中使用 CPD 模型时需要自定义如下 5 个参数：煤粉网格结构中初始桥键分数、初始碳键分数、配位数、单体分子量、侧键官能团分子量。通过 C_{NMR} 计算得到该设计煤种对应的参数分别为 0.551、0.0008、5.07、283.1、31.2。

5.2.3.5　焦炭燃烧模型

在碳表面上发生的多相反应，有几个连续的阶段组成。其中最慢而最重要的是氧向碳

粒表面的转移扩散阶段和氧在碳表面发生化学反应阶段。因此，碳的多相燃烧速度既取决于氧向碳粒表面的转移扩散速度，也决定于氧与碳粒的化学反应速度，而且最终决定于其中速度最慢的一个。

1. 多相燃烧区域

在多相燃烧中，根据燃烧条件的不同，可以将多相分成三种燃烧区域，即动力燃烧区域、扩散燃烧区域和过渡燃烧区域。

在动力燃烧区域内，燃烧反应的温度不高时，化学反应速度不快，此时氧的供应速度远大于化学反应中氧的消耗速度，即扩散能力远大于化学反应能力。在动力燃烧区域中，燃烧反应速度决定于化学反应速度。

在扩散燃烧区域内，燃烧反应的温度很高，化学反应能力远大于扬起的扩散能力，这是碳粒表面氧的浓度几乎为零，在此区域燃烧反应速度决定于氧气的扩散能力。

在过渡燃烧区域内，氧的扩散速度和碳粒的化学反应速度较为接近，哪一个都不能忽略。在过渡燃烧区域的燃烧反应速度，将同时取决于化学反应速度和扩散速度。

在空气燃烧环境中，N_2 在所有组分中质量分数、体积分数最大；但在富氧燃烧环境中，CO_2 在所有组分中质量和体积分数是最大的。在此两种不同气氛中，O_2 质量扩散是有较大差别的。对前后两者而言，质量扩散系数约为 $5×10^{-12} kg/m^2 \cdot s \cdot Pa$ 和 $4×10^{-12} kg/m^2 \cdot s \cdot Pa$。

2. 焦炭燃烧模型选择：动力学/扩散控制反应速率模型

动力学/扩散控制反应速率模型假定表面反应速率同时受到扩散过程和反应动力学的影响。

5.2.3.6 辐射模型

离散坐标（DO）辐射模型的求解是从有限个立体角发出的辐射传播方程（RTE），每个立体角对应着坐标系（笛卡尔）下的固定方向 $\vec{s}$，立体角的精度根据实际的需要定义。DO 模型把辐射传热方程转化为空间坐标系的辐射强度的输运方程。有多少个方向 $\vec{s}$，就求解多少输运方程。

DO 模型对于任何光学厚度都适用，其能在考虑散射和气体与颗粒间辐射换热的影响的同时，还能考虑镜面反射或半透明介质以及非灰体辐射和局部热源的影响。在 DO 模型中，允许用户使用灰带模型计算灰体辐射。

为简便起见，在本模拟中介质吸收系数给定为常数，其值根据 200MW 锅炉热力计算结果确定，综合考虑了颗粒介质和气体介质的影响。在富氧燃烧下，由于三原子气体 CO_2 和 H_2O 的分压大幅提升，传统的灰气体加权模型已经不再适用，本研究采用了改进灰气体加权模型，以适应富氧燃烧锅炉内的气体分压比和大光程。颗粒的辐射特性对炉内介质辐射特性具有支配性的影响，在富氧燃烧条件下，由于烟气容积减小，炉膛空间内颗粒的浓度有所上升，所以颗粒的吸收系数也会增大。

各工况的炉内吸收系数见表 5-8。

表 5-8　　　　　　　　　　　　　　　各工况的炉内吸收系数

工况	Air	O23	O26	O29
吸收系数（m^{-1}）	0.230	0.279	0.296	0.314

5.2.4　化学反应机理

化学反应机理是研究燃烧过程的本质特征。目前化学反应机理针对两个方向进行研究，一个是揭示实际全面燃烧过程的详细机理，另一个是简化的骨架机理和总包机理。其中，总包机理给出了的是燃烧过程的整体反应路径，结构简单，适用于复杂的燃烧模型。但是富氧条件下的总包反应机理仍在一个探索发展的阶段。这主要是由于 CO_2 和 N_2 在热容、热扩散系数、反应性上都存在巨大的差异，导致反应速率、反应级数都产生了变化。并且富氧燃烧产生大量的 CO_2 和 H_2O，这些都将直接参与反应，使反应路径发生改变。因此，那些适合于空气燃烧条件下的机理将不再使用，必须进行修正。

在该模拟计算中，考虑了 7 种气体成分（$C_xH_yO_z$，CO_2、CO、H_2O、O_2、H_2、N_2）。在空气下采用 Jones 和 Lindstedt 提出的标准 JL3 步反应机理，如表 5-9 所示。在富氧干循环下采用华中科技大学发展的修正 JL4 步反应机理，如表 5-10 所示。

表 5-9　　　　　　　　　　　　　　空气燃烧化学反应机理

序号	反应	前因子 A_r	活化能 E_r	化学反应速率常数 β_r
R.1	$C_xH_yO_z+（x-z）/2O_2 \rightarrow xCO+y/2H_2$	4.40×10^{11}	1.26×10^8	0
R.2	$CO+H_2O \leftrightarrow CO_2+H_2$	2.75×10^9	8.37×10^7	0
R.3	$H_2+0.5O_2 \leftrightarrow H_2O$	6.79×10^{15}	1.67×10^8	−1

表 5-10　　　　　　　　　　　　富氧干循环燃烧化学反应机理

序号	反应	A_r	E_r	β_r
R.1	$C_xH_yO_z+（x-z）/2O_2 \rightarrow xCO+y/2H_2$	1.12×10^{11}	1.26×10^8	−0.45
R.2	$CO+H_2O \leftrightarrow CO_2+H_2$	2.75×10^9	8.37×10^7	0
R.3	$H_2+0.5O_2 \rightarrow H_2O$	6.79×10^{15}	1.67×10^8	−1
R.4	$H_2O \rightarrow H_2+0.5O_2$	5.44×10^{16}	4.10×10^8	0

5.2.5　计算方法与边界条件

模拟分为冷态模拟和热态模拟。

首先进行冷态模拟，通过冷态模拟既可以了解掌握燃烧器空气动力场特性，为燃烧器的设计提供可靠的理论依据，又可以为热态模拟打下基础，使热态计算更好、更快地达到收敛。进行冷态模拟时，不考虑燃烧和辐射以及化学反应的影响，只启用气相湍流模型和能量模型，送入的物质默认为空气。

热态模拟是在冷态模拟结果的基础上，通过启用组分输运模型、挥发分析出模型、挥发分和焦炭燃烧模型以及辐射模型，来模拟全炉膛的温度和热负荷分布以及主要组分的摩尔浓度分布。

采用 SIMPLE 算法对压力-速度耦合进行求解，采用标准离散方式求解压力，组分、速度、动量等的求解在计算初期采用一阶迎风方式，当计算稳定以后再使用二阶迎风方式。

燃烧器、燃尽风入口均采用质量入口边界条件，从而保证入炉气体的质量，质量流率、温度根据运行参数给定；出口采用均匀出口边界条件。炉膛壁面采用无滑移温度边界条件，给定温度为 623K、发射率为 0.45。

煤粉颗粒直径按照 Rosin-Rammler 方法分布，最小颗粒直径为 0.005mm，最大颗粒直径为 0.25mm，平均颗粒直径为 0.065mm，分布指数为 1.5。

5.3　结　果　与　分　析

5.3.1　流动特性

燃烧器水平布置示意图给出的一、二次风的假想切圆直径如下：

（1）1、3 号角为 736mm。

（2）2、4 号角为 391mm。

各工况下第三层一次风喷口断面处的切向速度分布如图 5-5 所示，5 个工况下一次风风速差别不大，富氧燃烧一次风略低于空气燃烧，各工况都能在炉膛中心形成良好的切圆。一次风刚性良好，没有出现冲墙或刷墙现象。

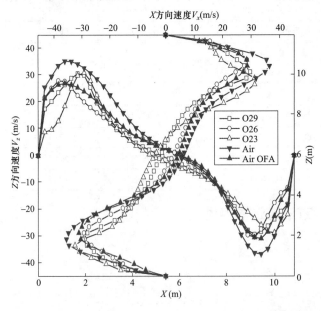

图 5-5　各工况下第三层一次风喷口断面处的切向速度分布

由图 5-5 可见，在第三层一次风喷口处，各工况下形成的切圆大小相差不大，实际切圆直径为 8.25m 左右。在富氧燃烧下，随着入炉氧分压的减少，从燃烧器进入炉膛的气体量增加，气流整体速度有所增加，射流刚性增强，切圆直径略有变小。

图 5-6 所示为第三层二次风水平断面的切向速度分布图。各工况下的二次风速差别较大，由于采用了关停燃尽风措施，富氧下氧分压为 O26 的二次风风速跟空气工况下较为接近；随着氧分压的增加，因为循环倍率的减小使得进入炉膛的气体量大大减少，为了保证一次风携带煤粉的动量，所以二次风量会大大减少。从图 5-6 中可以看出，各工况二次风能形成良好的切圆，没有出现刷墙现象。

图 5-6 给出了第三层二次风喷口水平断面的切向速度分布，对比图 5-5 可见，二次风断面的切向速度分度与一次风差别不大，变化规律与一次风保持一致，O23 工况的切圆直径最小。

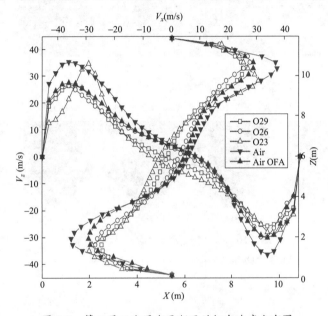

图 5-6　第三层二次风水平断面的切向速度分布图

第三层一次风喷口水平断面速度分布如图 5-7 所示，第三层二次风喷口断面速度分布如图 5-8 所示，第三层一次风喷口断面湍动能及湍流耗散率分布图如图 5-9、图 5-10 所示。在富氧燃烧条件下，随着入炉氧分压的增加，射流组的湍流耗散率明显降低，一次风湍动能也有所下降。由此可见，氧分压增加，进入炉内的气体量大幅减少。为保证一次风顺利输运煤粉，二次风风量大幅降低，在一、二次风的相互卷吸作用下降，使得射流组混合特性相对变差。

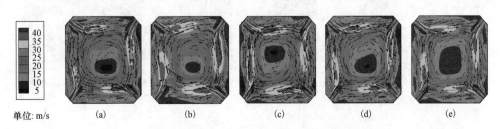

图 5-7　第三层一次风喷口水平断面速度分布图
（a）Air OFA；（b）Air；（c）O23；（d）O26；（e）O29

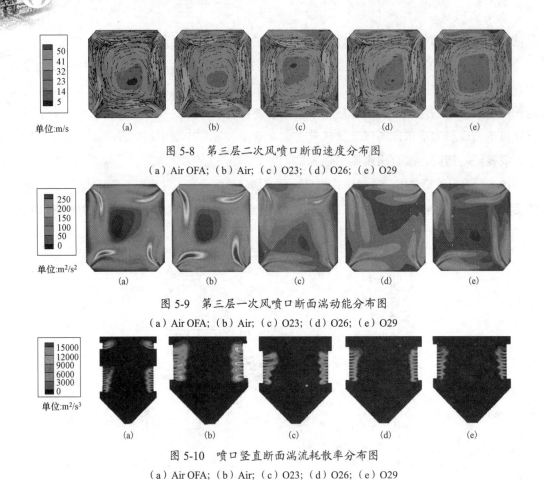

单位:m/s   (a)   (b)   (c)   (d)   (e)

图 5-8 第三层二次风喷口断面速度分布图

（a）Air OFA；（b）Air；（c）O23；（d）O26；（e）O29

单位:m²/s²   (a)   (b)   (c)   (d)   (e)

图 5-9 第三层一次风喷口断面湍动能分布图

（a）Air OFA；（b）Air；（c）O23；（d）O26；（e）O29

单位:m²/s³   (a)   (b)   (c)   (d)   (e)

图 5-10 喷口竖直断面湍流耗散率分布图

（a）Air OFA；（b）Air；（c）O23；（d）O26；（e）O29

5.3.2 燃烧特性

图 5-11 给出了各工况下炉膛竖直断面的温度分布对比，在空气和富氧工况下，煤粉随一次风进入炉膛以后都能很好地着火燃烧，形成稳定的温度场。在燃烧器区域，空气燃烧工况下形成了集中的高温火焰区域，而在富氧燃烧时该区域的温度水平明显下降，炉内整体温度分布更加均匀。在富氧燃烧工况下，氧分压从 23%提高到 29%时，可见燃烧器区域的温度水平有所提高。

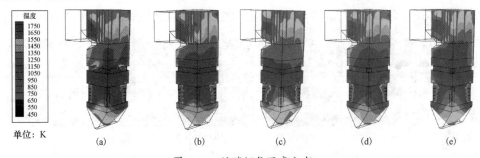

单位：K   (a)   (b)   (c)   (d)   (e)

图 5-11 炉膛烟气温度分布

（a）Air OFA；（b）Air；（c）O23；（d）O26；（e）O29

如图 5-12 所示为底二次风、第三层一次风、第五层二次风以及第二层燃尽风喷口水平断面的温度分布图。燃烧器采用的是均等配风,可见一二次风混合良好,炉内形成良好的切圆燃烧。在燃烧器区域,随着炉膛高度的增加,炉内高温区域扩大,温度分布更加均匀。

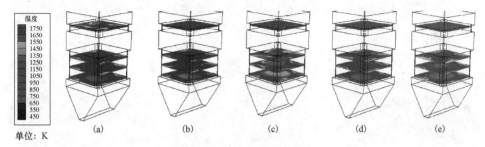

图 5-12　炉膛断面温度分布
(a) Air OFA; (b) Air; (c) O23; (d) O26; (e) O29

为方便进一步对比,图 5-13 给出了从冷灰斗底部至屏下沿区域,按质量加权得到的烟气横截面平均温度沿炉膛高度方向的分布。从图 5-13 可见:①空气工况和富氧工况下,火焰中心高度变化不大,各工况的最高温度基本都出现在 17m 左右;②富氧下燃烧器区域温度以及峰值温度相比于空气工况下降了近 200℃,但到前屏下沿处的温度与空气燃烧时基本相当;③入炉氧分压对炉内温度水平具有一定的调节作用,随氧分压提高,屏下沿温度也提高,且 O26 工况时其温度和空气燃烧工况时接近;④在空气燃烧时,烟气温度沿炉膛高度方向的上升以及下降都要比富氧燃烧时的快,富氧下的烟气温度变化更加平缓。

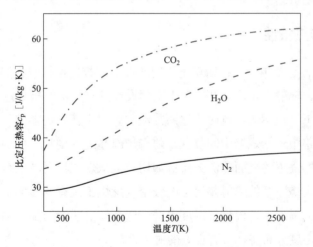

图 5-13　CO_2、H_2O 和 N_2 的定压比热容随温度的变化

图 5-14 所示的是氧气沿炉膛高度方向的分布图。各工况的氧气浓度分布都有比较大的差异:对于 Air OFA 工况,燃尽风的投运使得燃烧器区域特别是在冷灰斗区域和主燃烧器与燃尽风间区域的氧气浓度很低,这能很大程度上抑制 NO_x 的生成。在富氧燃烧工况下,入炉总氧量一定时,因烟气的总体积减小,炉内的整体氧浓度都要高于空气燃烧,且入炉氧分压越高,炉膛出口氧浓度越高。值得注意的是,在富氧燃烧下,随着入炉氧分压的增加,冷灰斗区域内的氧气浓度大幅度减小。

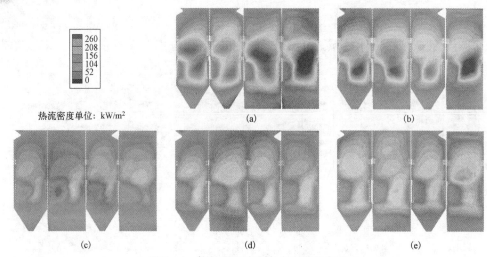

热流密度单位：kW/m²

(a)   (b)

(c)   (d)   (e)

图 5-14   氧气沿炉膛高度方向的分布图

（a）Air OFA；（b）Air；（c）O23；（d）O26；（e）O29

以上主燃区域组分分布变化可能来自两方面因素：①在炉内，CO_2分解反应导致高浓度的 CO；②在高氧分压下，由于二次风动量的减少使得一、二次风混合能力减弱，导致 CO 的高峰值和难以燃尽。O26 和 O29 工况的温度水平是接近的，其 CO 浓度水平的差异应主要来自于射流组混合特性的变化。另外，灰斗区域过低的氧浓度/过高的 CO 浓度，则是因为下二次风风量/氧量不足导致对火炬的托举能力不足，实际运行调整中需要注意保证下二次风足够的动量。

5.3.3   传热特性

本研究所选的 5 个工况，在给煤量相同条件下，数值模拟中详细考虑了壁面、前大屏以及后屏的对流、辐射换热，其结果对于工程设计具有一定的指导意义。

在空气燃烧下，投运燃尽风时，壁面热流主要集中在燃烧器偏上区域；当不投运燃尽风时，壁面热流集中于燃烧器中间位置，随着炉膛高度的增加，壁面热流相比于空气燃烧衰减很快；富氧燃烧下的壁面热流分布更加均匀，从燃烧器区域一直到屏下沿区域都有比较强的热流，主燃烧区域的辐射热流强度较空气燃烧工况有明显的降低；在富氧燃烧下，随着入炉氧分压的增加，炉内烟气温度提升，壁面辐射热流增加。辐射热流的分布特征与前文给出的炉内温度分布特征具有良好的对应性。

表 5-11 给出了各工况主要受热面换热量的模拟与热力计算结果对比。

表 5-11   模拟与热力计算换热量对比表   MW

项目	Air OFA	Air		O23		O26		O29	
	模拟	模拟	热力计算	模拟	热力计算	模拟	热力计算	模拟	热力计算
炉膛辐射换热量	298.3	305.7	299.3	263.3	270.3	279.7	296.5	292.1	322.7
前屏辐射换热量	43.0	35.7	46.7	48.6	42.2	40.5	46.3	43.3	50.4

续表

项目	Air OFA	Air		O23		O26		O29	
	模拟	模拟	热力计算	模拟	热力计算	模拟	热力计算	模拟	热力计算
后屏辐射换热量	17.6	16.9	8.3	18.6	6.5	18.8	7.4	20.1	8.4
后屏对流换热量	6.3	6.6	21.4	7.7	22.5	6.9	22.8	6.6	22.6
后屏总换热量	28.4	23.5	29.6	26.3	28.9	25.7	30.1	26.7	30.9

从表 5-11 可以看出，空气燃烧工况炉膛辐射换热量约为 300MW，未分级工况因火焰中心更低，其辐射传热量略大 7MW，模拟值和热力计算结果吻合良好；富氧燃烧工况，模拟结果和热力计算结果均表现出传热量随氧分压增加而增加的趋势，但是模拟结果较热力计算结果低了 14～30MW；模拟得到与空气燃烧传热量相匹配的是 O29 工况，而非热力计算的 O26 工况，即需要更高的氧分压才能使炉膛传热量完全匹配。

前屏也属于辐射受热面，对于空气燃烧工况，数值模拟得到的前屏传热量较热力计算值低约 25%，这可能是由于数值模拟中将前屏近似处理为平板，其角系数和传热面积与前屏存在差异；在富氧燃烧工况下，模拟的前屏辐射换热量仅略低于热力计算值 7%～14%，各工况模拟得到的辐射传热量较空气燃烧高 11%～23%，且氧分压越高前屏传热量越大，预示在富氧工况下前屏的辐射传热能力有所增强。

后屏属于半辐射半对流受热屏，受炉膛和前屏模拟累计误差的影响，后屏辐射换热的模拟值远大于热力计算值，对流换热量则远小于热力计算值，总换热量则较热力计算值低 2～6MW（相对误差为 9%～19%）；无论是热力计算还是数值模拟结果都表明，富氧工况相较空气工况，后屏的换热量略增加了 1～2MW。

表 5-12 给出了各工况的火焰最高温度和过热器屏下沿烟气温度，作为比较，表中同时给出了热力计算得到的绝热火焰温度和炉膛出口温度。

表 5-12　　　　　　　　　　　　各工况特征温度对比表　　　　　　　　　　K

项目	Air OFA	Air	O23	O26	O29
绝热火焰温度（热力计算）	2257	2257	2017	2161	2311
火焰最高温度	1968	1975	1665	1712	1742
炉膛出口温度（热力计算）	1412	1412	1385	1387	1381
前屏下沿温度	1494	1508	1487	1498	1534
炉膛出口温度*	1263	1266	1290	1301	1308

* 炉膛出口定义在前屏之后。

受炉内辐射热损失的影响，各工况下的火焰最高温度均低于绝热火焰温度；且随着入炉氧分压的增加，火焰最高温度随之提升，与热力计算得到的绝热火焰温度升高趋势相同；但是，与热力计算结果不同的是，各富氧工况下的火焰最高温度均明显低于空气燃烧，O29工况未如绝热火焰温度出现高于空气燃烧工况，并且绝热火焰温度和最高火焰温度的差距随氧分压的加大而加大。

数值模拟得到的炉膛出口温度也表现出与热力计算结果不同的变化趋势，模拟得到的富氧工况下的炉膛出口温度可较空气燃烧工况高 40K，而热力计算得到的低约 20K，呈现出了相反的规律，这可能是热力计算中假设炉膛水冷壁传热量不变导致的，由于火焰温度下降导致传热温差减小，炉内辐射换热在富氧工况下会略有减小，热力计算分析应妥善考虑该效应。

众所周知，富氧燃烧和空气燃烧的炉内气体组分存在明显的差异，常规空气燃烧的 N_2 体积分数占整个烟气的 70% 以上，而富氧燃烧烟气成分中 CO_2 和 H_2O 的摩尔分数可达 90%。相比 N_2，CO_2 热力、化学特性有明显的差异。图 5-13 给出了 CO_2、H_2O 和 N_2 的定压比热容随温度的变化曲线。由图 5-13 可知，CO_2 和 H_2O 的定压比热容比 N_2 的要高很多，而且这种差异随着温度的升高变得更加显著，所以 CO_2、H_2O 与 N_2 的热力特性的差异是导致富氧下绝热火焰温度减低的重要原因。值得注意的是，CO_2 和 H_2O 同时也可参与化学反应，尤其是在火焰核心区，CO_2 会发生高温热解离和水蒸气气化反应，高温热解离会影响绝热火焰温度，水蒸气气化反应会使得火焰区出现高浓度的 CO，从而导致最高火焰温度下降和炉内辐射传热能力下降。

5.3.4 着火特性

如前所述，在富氧燃烧条件下，炉内的组分分布和空气动力场都较空气燃烧发生了显著的变化，煤粉火炬的稳定性、火焰传播特性也都发生了改变，下面试图借助数值模拟结果对此进行分析。

图 5-15 所示为第三层一次风喷口断面的温度分布图，从图 5-15 中可以看出，煤粉随一次风进入炉膛以后更能顺利着火，烟气温度迅速提高。图 5-16 所示为各工况下第三层一次风喷口断面 O_2 浓度分布，氧气进入炉膛以后迅速被消耗，在空气燃烧下，由于入炉氧分压较低，氧气很快被消耗殆尽，而在富氧燃烧时，因为入炉氧分压较高，还有剩余氧气，随着氧分压的增加，断面氧气浓度也在提高；其次，由于富氧下有高浓度的 CO_2，相比于 N_2，O_2 在 CO_2 气氛下的扩散速率会降低。

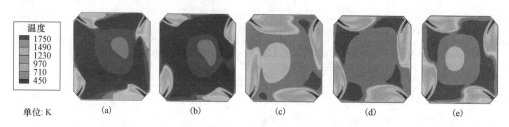

温度
1750
1490
1230
970
710
450

单位: K　　(a)　　　　(b)　　　　(c)　　　　(d)　　　　(e)

图 5-15　第三层一次风喷口断面温度分布图
（a）Air OFA；（b）Air；（c）O23；（d）O26；（e）O29

图 5-17 所示为第三层一次风断面 CO 浓度分布图，对比空气燃烧的两个工况（Air OFA、Air），Air OFA 工况因为有燃尽风的通入，使得燃烧器区域氧气供应不足，所以生成

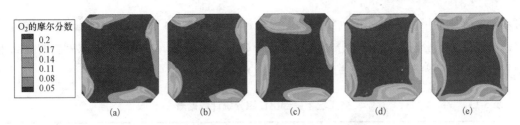

图 5-16　第三层一次风喷口断面 O_2 浓度分布

（a）Air OFA；（b）Air；（c）O23；（d）O26；（e）O29

的 CO 量较多。而在富氧燃烧时，随着入炉氧分压的增加，断面上 CO 浓度也在增加。这很可能是因为高入炉氧分压下二次风动量下降后，一、二次风混合弱化，导致局部 CO 浓度显著增加；另一种可能的原因是高入炉氧分压下局部温度变高，CO_2 分解反应使得 CO 浓度显著增加。另外，需要注意的是，在富氧下，特别是高浓度氧分压时，壁面近燃烧器喷口区域 CO 浓度显著增加，需要注意防范结渣。

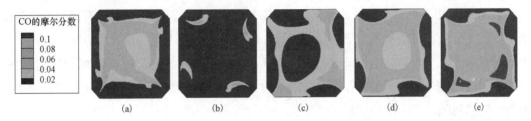

图 5-17　第三层一次风喷口断面 CO 浓度分布

（a）Air OFA；（b）Air；（c）O23；（d）O26；（e）O29

图 5-18 所示为第三层一次风喷口断面挥发分浓度分布图，对比空气燃烧工况，富氧下断面挥发分浓度明显提高，且随着入炉氧分压的增加，挥发分浓度提高，可见富氧下挥发分的氧化速率变慢，燃烧持续时间更长；因为 O_2 浓度的增加会加速煤粉颗粒的脱挥发分过程，所以随着氧浓度的增加，局部的挥发分浓度也会增加。对比喷口处挥发分出现的起点位置，各工况并没有明显变化，这说明其燃烧着火位置相差不大。

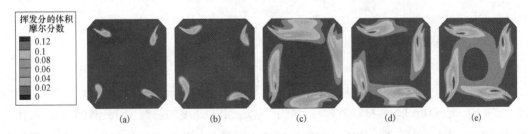

图 5-18　第三层一次风喷口断面挥发分浓度分布

（a）Air OFA；（b）Air；（c）O23；（d）O26；（e）O29

5.3.5　燃尽特性

表 5-13 为各工况下尾部出口组分统计数据。各工况下，主要组分 O_2、CO_2 的模拟结果与平衡计算结果的误差多在 3% 以内，说明模拟结果满足组分守恒性。富氧燃烧工况下，随

着入炉氧分压的增加，循环烟气量减少，当过剩氧量系数一定时，进入炉膛的总氧量为定值，出口处的氧分压以及 H_2O 分压会升高，而 CO_2 分压降低。富氧下 CO 浓度要明显高于空气燃烧，而随着入炉氧分压的增加，出口 CO 浓度会降低。

表 5-13　　　　　　　　各工况下尾部出口组分统计数据表

出口组分	Air OFA	Air		O23		O26		O29	
	模拟	模拟	理论计算	模拟	理论计算	模拟	理论计算	模拟	理论计算
CO_2（%）	14.8	15.4	14.7	73.9	75.2	73.4	74.8	73.2	74.4
H_2O（%）	7.9	8.5	7.0	12.6	11.7	13.3	12.5	13.8	13.3
O_2（%）	3.2	2.6	3.3	2.6	2.8	3.1	3.2	3.4	3.5
N_2（%）	74.3	73.5	75.0	10.9	10.3	10.2	9.5	9.6	8.8
CO（mg/m^3）	39.8	6.4	—	360	—	270	—	230	—

表 5-14 给出了燃尽率的统计数据，可见富氧燃烧下，总体燃尽率并没有因为炉内温度水平降低而降低，且随着入炉氧分压的提高，燃尽率会有所上升。富氧燃烧时，进入炉膛的气体量减少，炉内整体的上升气流速度降低，煤粉在炉内的停留时间增加，从而有更充足的时间被燃烧。富氧下炉内存在着高浓度的 CO_2，CO_2 与焦炭的气化反应对焦炭的消耗也有一定的贡献。

表 5-14　　　　　　　　　　燃 尽 率 统 计 表　　　　　　　　　　　%

工况	Air OFA	Air	O23	O26	O29
燃尽度	99.3	97.8	99.97	99.98	99.99

5.3.6　结渣特性

富氧锅炉的结渣特性除数值模拟研究外，还依托实验平台进行研究，并对数值模拟结果进行验证。

5.3.6.1　实验装置

1. 马弗炉

在 GB/T 212—2008《煤的工业分析方法》中规定，用缓慢灰化法制取灰样的方法为称取一定量的一般分析试验煤样，放入马弗炉中，以一定的速度加热到（815±10）℃，灰化并灼烧到质量恒定。以残留物的质量占煤样质量的质量分数作为煤样的灰分。故标准测量灰熔点的样品是在马弗炉中制取，温度控制在 815℃左右。

2. 管式炉

管式炉台架为实验室自行搭建的小型实验台（如图 5-19 所示），整个实验台由配气系统、燃烧反应部分和烟气分析仪组成。实验采用气瓶配气控制制灰时气氛，燃烧反应部分主体结构为石英管反应器，反应器使用卧式电阻炉进行加热，具有精确的温度控制器。实验台尾部的烟气分析仪型号为 Horiba VA-3000，可直接测量烟气中的 NO_x、O_2、CO_2 等浓度，每种气体成分的测量均有多个量程可供选择，具有较高的重复性及准确性。

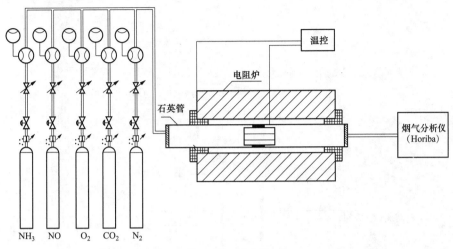

图 5-19　管式炉

3. 平面火焰携带流反应器

平面火焰携带流反应系统（如图 5-20 所示）是一套可广泛用于研究气体和粉末燃料燃烧特性的实验系统。是目前国际公认的实验条件最接近真实炉腔的实验室规模的反应系统。该系统最重要的部件是以 McKenna 燃烧器为原型的多级预混平面火焰气体燃烧器。燃烧器表面形成的平面火焰可以为粉末燃料提供高达 1773K 的反应温度和高达 $10^5 \sim 10^6$K/s 的加热速率。并可以通过调整进气配比（$CH_4/CO/H_2/O_2/CO_2/N_2$）为燃料燃烧提供常规燃烧气氛和富氧燃烧气氛（过量空气系数大于 1 的氧化性气氛）。

同时，该反应系统配备了测温枪、急冷取样枪和结渣采样枪，可以对炉腔沿程的温度、气体组分和固体样品进行采集和测量。该反应系统是一套用于高温反应过程研发和设计的有力工具，可以用于开展针对燃料转化、污染物排放、灰沉积与结渣的实验研究。

平面火焰反应器特性参数如表 5-15 所示。

表 5-15　　　　　　　　　　　　平面火焰反应器特性参数

参数	数值	参数	数值
给粉率（g/h）	5～20	工作压力（MPa）	0.1
停留时间（ms）	10～2000	反应管内径（m）	0.076
加热速率（℃/s）	$>10^5$	管长（m）	1.0
内燃烧器	O_2、N_2、CO_2	最高电加热温度（℃）	5
外燃烧器	CH_4、O_2、N_2、H_2、CO		

5.3.6.2　实验步骤与工况

1. 神华煤煤质特性

神华煤的元素分析与工业分析如表 5-16 所示，煤灰成分分析如表 5-17 所示。

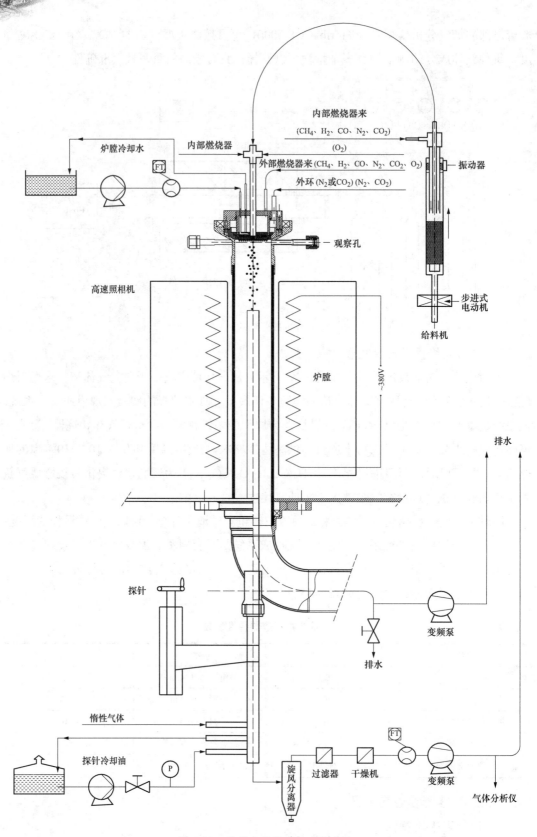

图 5-20　平面火焰携带流反应系统

表 5-16   神华煤元素分析与工业分析

工业分析（质量分数，%）				元素分析（质量分数，%）					低位发热量（MJ/kg）
M_{ad}	A_{ad}	V_{ad}	FC_{ad}	C_{daf}	H_{daf}	N_{daf}	S_{daf}	O_{daf}	
5.63	13.11	45.89	35.37	87.51	5.05	1.13	0.72	5.59	24.42

表 5-17   神 华 煤 灰 成 分 分 析   %

Na_2O	MgO	SiO_2	Al_2O_3	P_2O_5	SO_3	K_2O	CaO	Fe_2O_3	TiO_2	MnO
1.71	1.21	41.07	19.44	0.60	7.01	1.22	18.54	8.37	0.64	0.20

2. 实验步骤

（1）马弗炉制灰（缓慢灰化法，GB/T 212—2008）实验步骤：

1）在预先灼烧至质量恒定的瓷舟中，称取空气干燥煤样（1±0.1）g。

2）将灰皿送入炉温不超过 100℃的马弗炉恒温区中，关上炉门并使炉门留有 15mm 左右的缝隙。在不少于 30min 的时间内将炉温缓慢升至 500℃，并在此温度下保持 30min。继续升温到（815±10）℃，并在此温度下保持 1h。

3）从炉中取出灰皿，放在空气中冷却 5min 左右，移入干燥器中冷却至室温（约 20min）后称量。

4）进行检查性灼烧，每次 20min，直到连续两次灼烧后的质量变化不超过 0.0010g 为止。以最后一次灼烧后的质量为计算依据。灰分低于 15.00%时，不必进行检查性灼烧。

（2）管式炉制灰实验步骤：

1）将管式炉温度升至 815℃。

2）在预先灼烧至质量恒定的瓷舟中，称取空气干燥煤样（1±0.1）g。

3）将灰皿送入炉中，分别在 20% O_2/N_2 和 20% O_2/CO_2、50% O_2/N_2 和 50% O_2/CO_2 的气氛下进行灼烧，停留时间为 30min，总气流量为 1L/min。

4）从炉中取出灰皿，移入干燥器中冷却至室温（约 20min）后称量。

5）进行检查性灼烧，每次 20min，直到连续两次灼烧后的质量变化不超过 0.0010g 为止。以最后一次灼烧后的质量为计算依据。灰分低于 15.00%时，不必进行检查性灼烧。

（3）平面火焰携带流反应器制灰实验步骤：

1）将平面火焰携带流反应器温度升至 1400℃。

2）打开给粉器，给粉量为 10 或 15g/h，具体参数见表 5-18。

3）分别在 5% O_2/N_2 和 5% O_2/CO_2、20% O_2/N_2 和 20% O_2/CO_2、30% O_2/N_2 和 30% O_2/CO_2 的气氛下进行灼烧制灰实验，总气流量约为 20L/min。

4）在距离燃烧器 850mm 处收集灰样，停留时间约为 1s。

5）对取得的灰样进行燃尽测试，即将称重后的灰样放入 500℃的管式炉进行检查性灼烧，每次 10min，称重。若灼烧前后质量变化超过 0.001g，则将之后每次制得的灰样放入管式炉中燃尽后再进行收集。

3. 实验气氛与燃尽率

实验分别在 3 个台架多种不同气氛下进行，实验工况与相应燃尽率如表 5-18 所示。

表 5-18　　　　　　　　　　　实 验 工 况 与 燃 尽 率

装置	气氛	粉量/给粉率	停留时间	温度（℃）	燃尽率（%）
马弗炉	空气	1g	30min	815	100
管式炉	20% O_2/N_2	1g	40min	815	100
	20% O_2/CO_2	1g	40min	815	100
	50% O_2/N_2	1g	40min	815	100
	50% O_2/CO_2	1g	40min	815	100
FF-EFR	5% O_2/N_2	10g/h	1s	1400	94.43
	5% O_2/CO_2	10g/h	1s	1400	94.71
	20% O_2/N_2	15g/h	1s	1400	97.13
	20% O_2/CO_2	15g/h	1s	1400	97.93
	30% O_2/N_2	20g/h	1s	1400	99.71
	30% O_2/CO_2	20g/h	1s	1400	99.02

当制备的样品燃尽率不足 100%的，皆用管式炉在 500℃下低温燃尽，保证最后测试时燃尽率为 100%。

5.3.6.3　煤灰结渣特性表征与讨论

对各反应器中制得的灰样分别采用灰熔点测试、X 射线衍射（XRD）、X 射线荧光探针（XRF）、粒度分析（PSD）、扫描电镜（SEM）等多种分析测试手段进行表征，以研究空气燃烧和不同富氧燃烧气氛下神华煤灰结渣性能的差异。

关于灰沉积到壁面的过程有多种机理，如惯性撞击、热迁移、矿物蒸汽凝结等。其中颗粒由于惯性撞击并黏附在壁面的作用机理占主导作用。惯性撞击程度与颗粒大小、炉内烟气流速、密度、温度场等有关，通过 PSD 测试分析矿物颗粒粒径分布，从而进行不同工况下结渣倾向对比；撞击后黏附程度与颗粒物中矿物质的种类含量及元素赋存形态及含量相关，通过 XRD 了解灰分中矿物质种类含量以及部分元素赋存形态，通过 XRF 了解灰分中各元素的含量，通过 SEM 观察灰分微观形貌。

1. 灰熔点分析

对马弗炉、管式炉与部分平面火焰反应器中制得的灰样进行灰熔点测试，以了解不同气氛对灰样熔融性温度的影响，测试采用英国 CARBOLITE 公司的 CAD digital imaging 灰熔点分析仪，不同气氛下得到灰样的灰熔融性温度如表 5-19 所示。

表 5-19 不同气氛下得到灰样的灰熔融性温度 ℃

制灰条件	DT	ST	HT	FT
马弗炉 815℃	1096	1190	1200	1236
管式炉 20%O$_2$/N$_2$815℃	1116	1186	1210	1244
管式炉 20%O$_2$/CO$_2$815℃	1078	1184	1206	1240
管式炉 50%O$_2$/N$_2$815℃	1120	1190	1210	1256
管式炉 50%O$_2$/CO$_2$815℃	1104	1172	1180	1226
FF-EFR5%O$_2$/N$_2$1400℃	1142	1180	1204	1238
FF-EFR20%O$_2$/N$_2$1400℃	1164	1210	1230	1260
FF-EFR20%O$_2$/CO$_2$1400℃	1168	1216	1258	1288

传统方式进行灰熔融性测试的灰样为在马弗炉内 815℃ 下制备，得到软化温度为 1190℃，而 FF-EFR 中 5%O$_2$/N$_2$、20%O$_2$/N$_2$ 和 20%O$_2$/CO$_2$ 灰样的软化温度分别为 1180、1210℃ 与 1216℃。按灰熔点结渣指数来判断，该煤属于严重结渣煤，对比各熔融性温度发现，不同制样方式和燃烧气氛对灰熔点有一定影响。815℃ 下马弗炉和管式炉制得的灰与平面火焰炉 1400℃、5%O$_2$/N$_2$ 气氛下制得的灰样熔融性温度相近，20%O$_2$/N$_2$ 和 20%O$_2$/CO$_2$ 的灰样熔融性温度均高于前两者。

图 5-21 所示为神华煤低温灰的 TG/DSC 热分析曲线，该测试采用德国耐驰仪器制造有限公司的 STA449F3 型热重/差热综合热分析仪进行测试。由图 5-21 所示曲线可以看出，815℃ 以下仅存在两个吸热峰，分别为煤灰中部分 CaO 吸收空气中水分形成的 Ca（OH）$_2$ 在加热过程中失去结构水所致；方解石分解的吸热峰，可以认为在 815℃ 之前，氧化物之间反应较少。进行灰熔点测试时，灰分是在弱还原气氛下加热，即矿物之间反应是在弱还原气氛下进行。而 5%O$_2$/N$_2$ 气氛实验时，反应器中存在大量 CO（利用烟气分析仪测得），即反应同样处在弱还原气氛下。依照 GB/T 212—2008 制得的马弗炉灰样与 5%O$_2$/N$_2$ 工况下 FF-EFR 灰样中矿物有着相似的反应机理，因为熔融性温度偏低且较为接近，所以 FF-EFR 中 5%O$_2$/N$_2$ 工况能更好地模拟目前锅炉飞灰熔融性温度。但是在 20%O$_2$/N$_2$ 和 20%O$_2$/CO$_2$ 工况下 FF-EFR 灰样由于过剩氧量系数较高，燃烧反应处于氧化性气氛下，矿物之间反应机理与弱还原性气氛下不同，

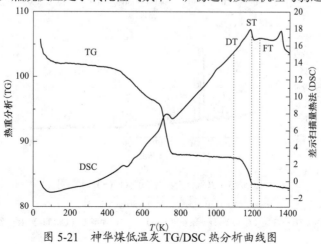

图 5-21 神华煤低温灰 TG/DSC 热分析曲线图

从实验结果上看，氧化性气氛下灰分熔融性温度普遍较弱还原性气氛下要高30℃左右。

2. X射线衍射（XRD）分析

采用荷兰帕纳科公司 PANalytical B.V.的 Empyrean 型 X 射线衍射仪对所有灰样进行 XRD 测试，得到不同气氛下灰样所含矿物种类汇总结果，并对其进行了半定量分析，得到不同温度与气氛下矿物种类与数量的变化（如图5-22～图5-24 示）。

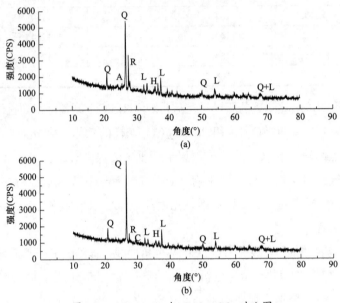

图 5-22 5%O$_2$+N$_2$ 与 5%O$_2$+CO$_2$ 对比图

（a）5%O$_2$+N$_2$；（b）5%O$_2$+CO$_2$

O—石英（SiO$_2$）；L—石灰（CaO）；H—铁矿（Fe$_2$O$_3$）；A—硬石膏（CaSO$_4$）；R—金红石（TiO$_2$）；C—方解石（CaCO$_3$）

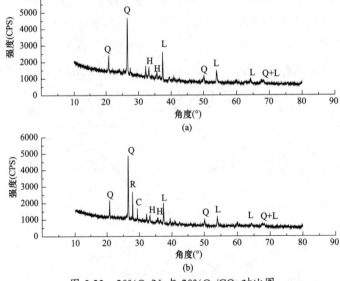

图 5-23 20%O$_2$/N$_2$ 与 20%O$_2$/CO$_2$ 对比图

（a）20%O$_2$+N$_2$；（b）20%O$_2$+CO$_2$

O—石英（SiO$_2$）；L—石灰（CaO）；H—铁矿（Fe$_2$O$_3$）；C—方解石（CaCO$_3$）；R—金红石（TiO$_2$）

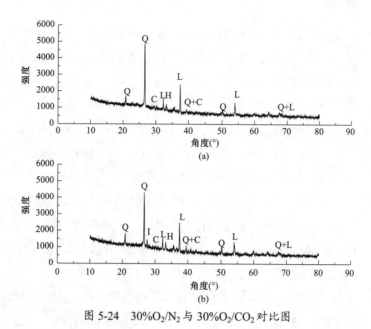

图 5-24 30%O_2/N_2 与 30%O_2/CO_2 对比图

（a）30%O_2/N_2；（b）30%O_2/CO_2

O—石英（SiO_2）；L—石灰（CaO）；H—铁矿（Fe_2O_3）；C—方解石（$CaCO_3$）

由 XRD 结果可知，不同气氛下制得的神华煤灰样中所含晶体矿物种类基本相同，为 CaO、Fe_2O_3、SiO_2。一般高熔点煤，在炉内燃烧时 Si 与 Al 的氧化物会反应生成大量莫来石，正是由于莫来石的骨架作用，大大提高了煤的灰熔点。对神华煤低温灰成分分析得到，煤中 Al_2O_3 含量高达 19.44%，而将平面火焰携带流反应系统中制得的 6 种灰样皆进行 X-射线衍射（XRD）测试，得到结果中却未检测到大量含 Al 晶体。可以推测 Al 在燃烧过程中与 Ca、Si、Fe 等氧化物反应形成了低熔点共融物，且皆以玻璃态形式存在。

神华煤中存在大量的 Ca，灰中存在的 $CaCO_3$ 与 $CaSO_4$ 为钙黄长石、钙长石的生成提供了条件。而钙黄长石与钙长石等钙化合物之间很容易形成 1170℃和 1265℃的低温共熔化合物。

神华煤中还存在大量 Fe，Fe 与 Ca 在 1100℃时会生成一定量的低熔点铁钙辉石，高温下 Fe 还会与 Ca、Si 等形成熔融玻璃体，这些反应在还原性气氛下更容易发生，减少高熔点氧化钙、赤铁矿、石英的成分比例，这也解释了为什么还原性气氛下灰熔点较氧化性气氛下低。

由于神华煤中赋存大量的 Ca、Fe，燃烧过程中与 Si 相互作用产生各种低熔点化合物，抑制了高温下莫来石生成，降低了各种高熔点氧化物的比例，从而使神华煤熔融性温度偏低。

$CaCO_3$、$CaSO_4$ 与 CaO 转换规律如图 5-25 所示，由图 5-25 可知，815℃时 $CaCO_3$ 已经分解，而 $CaSO_4$ 基本不会分解，因此，样品中 Ca 主要以 $CaSO_4$ 形式存在，而 1400℃温度下 Ca 主要以 CaO 形式存在。

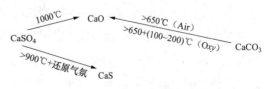

图 5-25 含 Ca 矿物质的转化规律

对比管式炉（815℃）和平面火焰反应器（1400℃）中产生灰样矿物种类，815℃灰样中基本不含 CaO，在反应过程中皆被碳化或硫化，且 $CaSO_4$ 远高于 $CaCO_3$ 的浓度；而 1400℃灰样中，CaO 含量比较高，$CaCO_3$ 含量很少。原因是在温度高于 930℃时，CaO 易烧结，比表面积降低，与 SO_x 或 CO_2 反应活性降低。

对比平面火焰燃烧器实验中相同氧浓度 N_2 与 CO_2 气氛下矿物种类，发现在 5%与 20%氧浓度下，CO_2 气氛下得到的产物中还具有一定量的 $CaCO_3$，而 N_2 气氛下产物中没有 $CaCO_3$，测得的 Ca 以 CaO 形式存在。空气气氛下 $CaCO_3$ 在 650℃左右开始分解，生成 CaO 与 CO_2，富氧气氛下 CO_2 浓度很高，会抑制分解反应的发生，使分解温度升高 100～200℃。如果停留时间足够，使矿物之间的反应达到热力学稳态的情况下，$CaCO_3$ 会完全分解。然而平面火焰实验中，停留时间短，反应难以达到稳态，因此，在 1400℃的反应温度下，富氧时 CO_2 的抑制作用，产物仍会存在较多 $CaCO_3$，而 $CaCO_3$ 易黏结在一起，会加重结渣情况。

取两种气氛下氧浓度分别为 5%、20%、30%下的 SiO_2、Fe_2O_3、CaO 衍射强度对比分析作图（见图 5-26），虽然燃烧气氛对飞灰中晶体矿物质种类影响不大，但熔融产物中各元素的赋存形态对飞灰的熔融性、黏度等造成结渣的主要因素影响很大。对于同一种矿物质，其 XRD 衍射强度的变化可近似反映含量的变化，因此，为了探讨不同气氛对各矿物质含量的影响，将 6 种气氛下石英、赤铁矿与生石膏的强度变化进行对比。

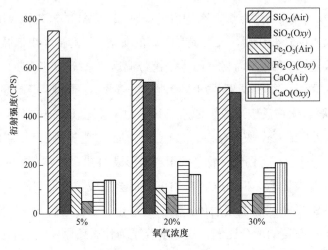

图 5-26　两种气氛下不同氧浓度时衍射强度对比分析

神华煤是高铁高钙煤，铁的赋存形态也是影响结渣因素的重要原因。神华煤中含有大量的黄铁矿，同时还存在菱铁矿和含 Fe^{2+} 的伊利石。黄铁矿和菱铁矿在燃烧过程的中间产物会导致初始结渣的形成，其对结渣的形成和发展具有一定的作用。神华煤中所含的黄铁矿和菱铁矿还有一部分是以内在矿物的形式存在，它们在燃烧时容易与内在 Ca、Si 等反应形成 Fe^{3+} 或 Fe^{2+} 的低温共熔体，若飞灰中的铁主要以 Fe^{2+} 或玻璃态的形式存在，则颗粒更易熔融，黏度更高。

由图 5-26 可知，富氧下 Fe_2O_3 衍射强度比空气下小，说明在富氧燃烧条件下，Fe 转化为玻璃态的数量更高。一方面是因为富氧下颗粒温度较低，内在黄铁矿被氧化生成磁铁矿进而氧化生成赤铁矿的速率减小，从而有相当一部分与硅酸盐矿物反应生成了含铁玻璃体；另一方面富氧燃烧时会在颗粒表面造成 CO 富集，形成弱还原性气氛，易产生如 FeO-FeS 这种低熔点化合物，这种低熔点化合物容易与 Si 形成玻璃体。故富氧燃烧条件下的 Fe 相对空气气氛下玻璃体更多，赤铁矿或磁铁矿更少，从而使飞灰颗粒熔点更低，黏度更高。

富氧燃烧条件下 SiO_2 的衍射强度相较空气下明显较小，尤其是在低氧浓度的情况下。分析原因可能是，对于内在 SiO_2，富氧下由于前述理由与 Fe 反应较多从而减少了 SiO_2 的含量；对于外在 SiO_2，空气气氛下颗粒温度高，破碎程度更大，从而减小了 SiO_2 与 Fe、Ca 等矿物接触反应熔融概率，从而更多的以氧化物晶体形式存在。SiO_2 的熔点很高，大量的氧化物晶体形式存在可以提高灰熔融性温度。

随着氧浓度的升高，氧化反应更剧烈，颗粒破碎程度加剧，减少了外在矿物间接触的概率；而同时，由于反应更剧烈，颗粒温度更高，接触的矿物之间熔融反应更完全，这两种作用过程是竞争过程。在此过程中，SiO_2 的含量随氧浓度升高而降低；CaO 的含量随氧浓度升高而升高；Fe_2O_3 含量基本持平，有微量减少。

3. X 射线荧光探针（XRF）分析

使用 XRF 测试可以得知所测得样品中所含元素种类与含量，不考虑价态问题，结果以元素氧化物的质量和物质的量的形式给出。测试时，每一个样品都重复测量 3 次，保证结果的准确性，减小测量误差。

（1）XRF 测试结果。对平面火焰携带流反应器中 6 种工况样品作 XRF 测试，选取对结渣影响较大的主要元素结果作图 5-27。部分学者在研究富氧与空气条件下结渣特性区别的时候会选取 20% O_2/N_2 与 30% O_2/CO_2 这两种工况作对比试验，目的是达到相似的炉膛辐射换热量和绝热火焰温度。因此，在利用 XRF 测试结果对比富氧与空气气氛下结渣性能时，可以主要针对 20% O_2/N_2 与 30% O_2/CO_2 两者结果进行分析。

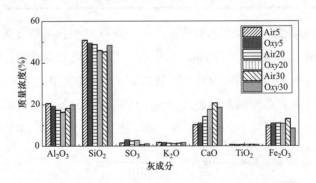

图 5-27　神华煤不同工况下主要元素 XRF 测试结果

（2）结渣指数计算分析。由于仅对比某一种元素随气氛变化质量分数的变化难以得出规律性结论，所以用结渣指数公式计算各成分的 XRF 测试结果，得到了各个成分含量变化综合作用影响。选取两种常用结渣指数（煤灰硅比、酸碱比）以及两种黏度指数（Watt&Fereday 模型、Kalmanovitch 模型）进行介绍。

煤灰硅比 G 为

$$G = \frac{SiO_2}{SiO_2 + CaO + MgO + [Fe_2O_3]} \tag{5-13}$$

其中，$[Fe_2O_3] = Fe_2O_3 + 1.1FeO + 1.43Fe$，硅比表示煤灰中 SiO_2 所占的比重，因为 SiO_2 含量越多煤的灰熔点和灰黏度也越高，所以硅比越大，煤种的结渣程度越轻。

G 判断标准见表 5-20。

表 5-20   G 判 断 标 准

项目	轻微结渣	中等结渣	严重结渣
硅比 G（%）	>78.8	66.1~78.8	<66.1

碱酸比 B/A 的定义为

$$B/A = \frac{Fe_2O_3 + CaO + MgO + Na_2O + K_2O}{SiO_2 + Al_2O_3 + TiO_2} \tag{5-14}$$

煤灰中主要的碱性氧化物为 Na_2O、K_2O、MgO、CaO 和 Fe_2O_3，主要的酸性氧化物为 SiO_2、Al_2O_3 和 TiO_2。在燃烧过程中，煤灰中的酸性氧化物和碱性氧化物相互作用可以形成熔点较低的盐类。一般情况下，碱性氧化物含量的增多总会使煤灰黏度减低，而像 Al_2O_3、TiO_2 之类的酸性氧化物增多会使灰黏度升高；而灰黏度越高，相应的飞灰颗粒越不容易黏附到壁面，因此，碱酸比越大，煤灰中碱性氧化物含量越大，煤种越容易结渣。

B/A 判断标准见表 5-21。

表 5-21   B / A 判 断 标 准

项目	轻微结渣	中等结渣	严重结渣
碱酸比 B/A	<0.206	0.206~0.4	>0.4

（1）Watt&Fereday 模型。煤灰的黏度指数在一定程度上直接与飞灰颗粒的沉积结渣相关，因此，具有较高的准确度，其准确率可达 90%以上。近来黏度的计算模型有了新的发展，这使得直接计算灰黏度来判断煤种结渣特性成了一个较好的方法。计算灰黏度的模型一般是根据灰成分计算灰黏度的经验公式。由于煤灰含有各种各样的矿物质，这导致灰成分与灰黏度之间的关系非常复杂。Watt 和 Fereday 提出了一个计算黏度的公式为

$$\log\mu = \frac{10^7 m}{(T-150)^2} + c \tag{5-15}$$

式中 μ——动力黏度，Pa·s；

       T——温度，℃。

$$m = 0.00835SiO_2 + 0.00601Al_2O_3 - 0.109 \tag{5-16}$$

$$c = 0.0415SiO_2 + 0.0192Al_2O_3 + 0.0276(当量Fe_2O_3) + 0.016 - 3.92 \tag{5-17}$$

该模型在硅的百分数大于 80%或者铁的氧化物含量高于 15%时较准确。

（2）Urbain 模型。Urbain 研究了硅铝酸盐的黏度和温度之间的关系，提出了一个计算黏度最常用的公式，即

$$\mu = aTe^{1000b/T} \tag{5-18}$$

式中　μ——黏度，Pa·s；

　a 和 b——参数，由硅铝酸盐的成分数据决定；

　　T——温度，K。

$$\ln(a) = -0.2693b - 11.6725 \tag{5-19}$$

$$b = b_0 + b_1 N + b_2 N^2 + b_3 N^3 \tag{5-20}$$

式中　　　　N——SiO_2 的摩尔分数；

b_0、b_1、b_2 和 b_3——β 的二次函数。

$$b_0 = 13.8 + 39.9355\beta - 44.049\beta^2 \tag{5-21}$$

$$b_1 = 30.481 - 117.1505\beta + 129.9978\beta^2 \tag{5-22}$$

$$b_2 = -40.9429 + 234.0486\beta - 300.04\beta^2 \tag{5-23}$$

$$b_3 = 60.7619 - 153.9276\beta + 211.1616\beta^2 \tag{5-24}$$

$$\beta = \frac{CaO}{Al_2O_3 + CaO} \tag{5-25}$$

（3）Kalmanovitch 模型。Kalmanovitch 在 Urbain 模型基础上，为了考虑煤灰含有铁、镁等其他氧化物对煤灰黏度的影响，扩展了 β 的定义，即

$$\beta = \frac{CaO + MgO + Na_2O + K_2O + FeO + TiO_2}{Al_2O_3 + CaO + MgO + Na_2O + K_2O + FeO + TiO_2} \tag{5-26}$$

并重新拟合了系数 a，即

$$\ln(a) = -0.2812b - 11.8279 \tag{5-27}$$

从而提高了模型的精度。

众多研究者认为，在结渣过程中存在的临界黏度为 10^5Pa·s。据此初步制定了一个计算灰黏度预测煤种结渣特性的判据：认为轻微结渣的黏度范围是大于 10^4Pa·s，对应地选择 $10^3 \sim 10^4$Pa·s 为中等结渣的黏度范围，小于 10^3Pa·s 为严重结渣的黏度范围。

利用以上 4 种结渣指数对 XRF 结果进行计算，作图 5-28 和图 5-29。

对比 4 种结渣指数计算结果发现，富氧气氛结渣倾向明显比空气下要高。

4. 扫描电镜（SEM）分析

用扫描电子显微镜分别对平面火焰反应器中 6 种灰样的形貌进行了观察，并使用能谱分析仪对部分颗粒成分做了详细的分析。不同气氛下相同倍率放大整体形貌对比如图 5-30 所示。

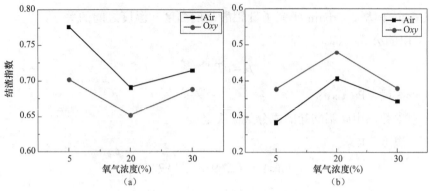

图 5-28　不同气氛下常用结渣指数对比图
（a）硅比（越小越容易结渣）；（b）酸碱比（越大越容易结渣）

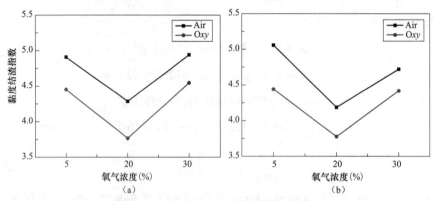

图 5-29　不同气氛下黏度结渣指数对比图
（a）硅比（越小越容易结渣）；（b）酸碱比（越大越容易结渣）

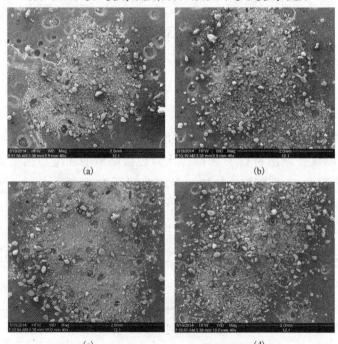

图 5-30　不同气氛下相同倍率放大整体形貌对比图（一）
（a）Air5；（b）Oxy5；（c）Air20；（d）Oxy20

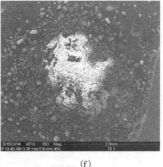

(e) (f)

图 5-30 不同气氛下相同倍率放大整体形貌对比图（二）
（e）Air30；（f）Oxy30

由图 5-30 可以看出，5%氧分压气氛下，灰样中还存在许多未破碎的较大矿物颗粒（如图 5-31 所示），主要成分为 SiO_2 等煤中原始矿物。说明在低氧分压下，颗粒温度不够高，破碎不够完全。随着氧分压的升高，颗粒球化程度加深，到 30%氧浓度时，出现些许漂珠，大部分颗粒熔融成球状，且细小颗粒明显增多。观察富氧与空气中的灰样发现，在富氧燃烧条件下得到的灰样球形度比空气下好，并且小粒径颗粒比例有一定的增加。测试时喷导电金属是同时进行的，但 Oxy30 灰样在测试过程中放电非常严重，出现图 5-30 中的大块亮斑。这是由于灰样中亚微米颗粒量多且将较大颗粒聚集黏附在一起（如图 5-32 所示），形成疏松的组织结构，致使导电性非常差。以上现象说明了随着氧分压的升高，或是在富氧气氛下，灰样熔融得更好，同时亚微米颗粒数量整体有增加的趋势，佐证了粒径分析的结果。

(a) (b)

图 5-31 Air5 与 Oxy5 局部形貌对比图
（a）Air5；（b）Oxy5

(a) (b)

图 5-32 Air30 与 Oxy30 局部形貌对比图
（a）Air30；（b）Oxy30

5. 粒度分析

采用实验室配置的激光粒度分析仪对平面火焰中产生的 6 种灰样进行粒度分析，得到如图 5-33 所示结果，作图采用双对数坐标。

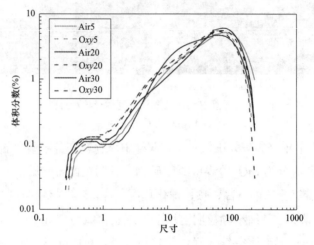

图 5-33　不同气氛下灰样粒径分布图

颗粒粒径在一定程度上会影响结渣倾向，斯托克斯公式描述了撞击理论，即

$$S_t = \frac{\rho_p d_p^2 U_p}{9\mu_g f_c} \tag{5-28}$$

式中　S_t——斯托克斯指数；

ρ_p——颗粒密度；

d_p——颗粒粒径；

U_p——颗粒流速；

μ_g——烟气流速；

f_c——管道直径。

斯托克斯指数随着颗粒粒径增大而增大，指数越大说明灰粒撞击到壁面的概率越大，大粒径的颗粒倾向于撞击到管道表面而小颗粒倾向于随着烟气运动而不会撞击到壁面上。但是因为斯托克斯指数还有诸如烟气流速、颗粒密度等其他影响因素，所以撞击率的大小对比比较困难，要根据实际情况判断。除了颗粒撞击的影响因素外，是否会撞击并黏附在管道上形成结渣还取决于颗粒的黏度，黏度取决于组成成分。

由粒度分布测试得到，随着氧浓度升高，两种气氛下颗粒粒径皆逐渐减小，这是由于氧浓度升高使反应速率更快，颗粒破碎更完全；相同氧浓度情况下，富氧得到的颗粒平均粒径要比空气下小，这是因为富氧下 CO_2 分压高，抑制了 CO_2 的产生与释放，从而对颗粒粒径、颗粒密度与疏松度造成了影响。空气气氛下在 10μm 左右的粒径颗粒明显比富氧情况下多，这说明颗粒聚并程度不够好，进一步说明富氧燃烧条件下颗粒沾粘性更强，更容易聚并在一起，形成大颗粒，因此，即使富氧平均粒径比空气中的小，也不代表大颗粒数比其少。

该实验中由无机矿物的气化-凝结机理产生的亚微米颗粒（粒径小于 1μm）是碱金属、痕量元素以及其氧化物在很低的温度下从煤粒中挥发出来，在已形成的灰粒表面发生非均相凝结使颗粒体积增加，在温度较低的区域颗粒直径增长逐渐减缓，最终发生碰撞的灰粒烧结在一起形成空气动力学直径大于 0.36μm 的团聚物。观察对比粒径小于 1μm 颗粒体积数量发现，随着氧气浓度升高，或是在富氧燃烧条件下，亚微米颗粒粒径逐渐减小，数量逐渐增多。不同气氛下平面火焰反应器灰样中亚微米颗粒（<1μm）体积分数如图 5-34 所示。

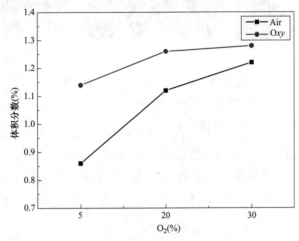

图 5-34　不同气氛下平面火焰反应器灰样中亚微米颗粒（<1μm）体积分数

由图 5-34 可以看出：随着氧浓度增加或是在富氧气氛下，灰分中 $PM_{1.0}$ 总体积增加，颗粒粒径普遍减小；$PM_{1.0}$ 数量普遍比空气下多，这是因为在富氧燃烧条件下，CO_2 分压大，抑制了 CO 向 CO_2 转化，从而对颗粒中氧化物的蒸发速率有影响。相关研究表明，气氛对大粒径颗粒组成成分与粒径影响并不显著，主要区别体现在细颗粒上，且这种区别随着氧浓度的升高越来越小。

利用数值模拟研究表明，在富氧燃烧条件下，炉内主燃烧器区域的 CO 浓度有显著增加，屏底的 CO 浓度和温度也有所上升，因此，需要特别注意炉内结渣倾向，下面试做初步的分析。

图 5-35 给出了各工况下壁面 CO 浓度分布。在空气工况下，壁面的 CO 浓度很低，但是在富氧工况下，可见壁面浓度显著提高，特别是在高氧分压工况下，冷灰斗区域和燃烧器上部区域的壁面 CO 浓度明显增加，这说明冷灰斗区域和燃烧器上部区域的组分特性受底二次风和上二次风混合能力减弱的影响较大，在高氧分压工况时，要注意底二次风和上二次风的配风。另外一个值得注意的规律是，随着氧分压的提高，燃烧器区域墙面附近的 CO 浓度显著下降，考虑到总过剩氧量系数在各工况下保持一致，这说明燃烧器区域二次风和一次风混合能力减弱对于避免水冷壁结渣具有正面的影响。

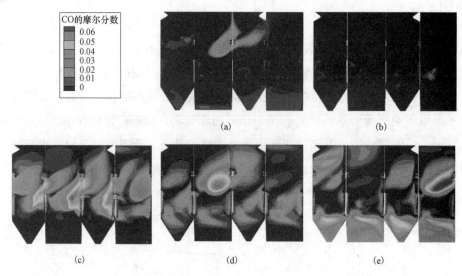

图 5-35 各工况下壁面 CO 浓度分布

（a）Air OFA；（b）Air；（c）O23；（d）O26；（e）O29

图 5-36 所示为各工况的壁面 O_2 浓度分布图。在空气工况下，当投运燃尽风时，氧气进入炉膛以后很快被消耗，只在燃烧器壁面有 O_2 分布；不使用燃尽风时，壁面 O_2 浓度分布均匀。在富氧下，包括主燃区的壁面 O_2 水平明显要比空气下高，且随着氧分压的增加壁面 O_2 浓度也在增加，但是在高氧分压时，受下二次风风速过低的影响，冷灰斗区域 O_2 浓度极低。

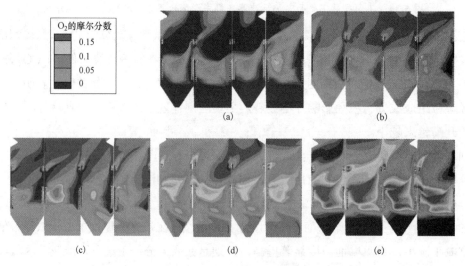

图 5-36 各工况下壁面 O_2 浓度分布

（a）Air OFA；（b）Air；（c）O23；（d）O26；（e）O29

本锅炉燃用煤种的灰熔点温度为 1453K，模拟得到的屏下沿温度略高于灰熔点温度，有一定的结渣风险。

综合图 5-34～图 5-36，可认为富氧燃烧锅炉主燃烧区域的水冷壁，以及过热器屏底部的结渣和高温腐蚀倾向有所加剧，在锅炉设计中应当适当选取较低的炉膛断面热负荷和容积热负荷;在高氧分压下,冷灰斗区域也容易出现强还原性气氛,需要注意调整优化下二次风的配风。

6. 干、湿循环对比

对于富氧湿循环工况,循环一次风经过烟气冷凝器之后水分压不高于5%,但循环二次风不经过脱硫、冷凝而从空气预热器之后直接引入炉膛,二次风中的高水分压使得炉内烟气水分压提高,约为20%,H_2O浓度的提高以及CO_2浓度的降低改变了炉内烟气特性,从而,富氧干、湿循环会有不同的燃烧传热特性。

图 5-37 所示为干、湿循环氧分压为 26%时炉内温度分布,从图 5-37 中可以很明显地看出,氧分压相同时,干、湿循环的炉内温度分布相似,但湿循环下的高温区明显高于干循环。图 5-38 所示为干、湿循环氧分压为 26%时炉内 CO 浓度分布,湿循环下 CO 浓度明显低于干循环,这说明下湿循环条件下,CO 的氧化要比干循环时迅速,CO 的氧化会放出大量的热量,使得湿循环时燃烧器区域温度明显提升。在屏下沿处,CO 基本能够完全氧化,在出口烟气中不会出现高浓度的 CO。

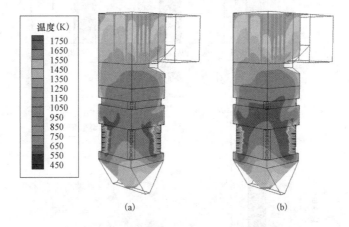

(a)   (b)

图 5-37　干、湿循环氧分压为 26%时炉内温度分布

（a）干工况；（b）湿工况

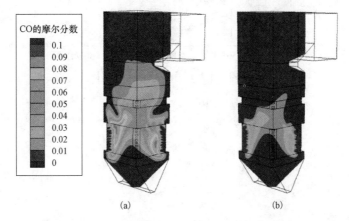

(a)   (b)

图 5-38　干、湿循环氧分压为 26%时炉内 CO 浓度分布

（a）干工况；（b）湿工况

由图 5-39 可知，湿循环最高温度比干循环高 123K，但对比屏下沿以及炉膛出口的温度，湿循环略低于干循环，由此可见湿循环下的炉内辐射传热要优于干循环，这与图 5-40 所示的炉内辐射换热量中湿循环换热大于干循环相互应证。由此可见，在氧分压相同时，湿循环的炉内燃烧以及传热都要优于干循环。在新建的富氧燃烧电厂上应该优先采用湿循环燃烧。

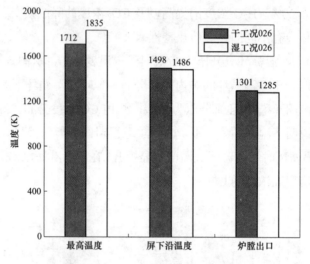

图 5-39　干、湿循环特征温度对比图

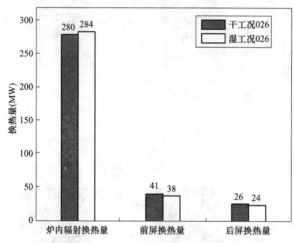

图 5-40　干、湿循环换热量对比图

富氧燃烧空气分离与压缩纯化系统

6.1 富氧燃烧空气分离装置

6.1.1 概述

富氧燃烧采用高纯度氧（浓度>95%）和部分循环烟气的混合气体代替空气，作为燃料燃烧时的氧化剂，以提高烟气中 CO_2 浓度，降低 CO_2 捕集能耗。与常规空气燃烧相比，富氧燃烧系统增加了空气分离系统，导致热效率降低约 10%，同时为满足电网要求，富氧燃烧空气分离系统应具有较宽的负荷变化范围和较强的变负荷调节能力。能耗低、动态响应快的空气分离制氧工艺与装置开发对降低富氧燃烧电站的能耗和成本至关重要。本章将对各种空气分离制氧技术进行比较，分析富氧燃烧空气分离工艺流程的特点和变负荷调节方式，并对现有富氧燃烧电站中空气分离技术的应用情况进行介绍。

6.1.2 空气分离制氧技术比较

空气是一种均匀的多组分混合气体，它的主要组分是氧、氮和氩，此外还有微量的氢及氖、氦、氪和氙等稀有气体。空气的主要组分见表 6-1。

表 6-1	空 气 的 主 要 组 分			%
名称	化学符号	体积百分比	质量百分比
氮	N_2	78.09	75.5
氧	O_2	20.95	23.1
氩	Ar	0.932	1.29
二氧化碳	CO_2	0.03	0.05
氦	He	0.00046	0.00006
氖	Ne	0.0016	0.0011
氪	Kr	0.00011	0.00032
氙	Xe	0.000008	0.00004

按分离方法不同，空气分离制氧技术大致可分为吸附法、化学吸收法、膜分离法和深

冷法。表 6-2 对不同空气分离制氧技术的性能进行了比较。

表 6-2　　　　　　　　　　　不同空气分离制氧技术的性能比较

制氧方法	技术成熟度	氧气产量（t/d）	氧气纯度（%）	副产品品质	启动时间量级
吸附法	半成熟	<150	95	差	min
化学吸收法	研发中	—	99+	差	h
高分子膜法	半成熟	<20	~40	差	min
ITM 膜法	研发中	—	99+	差	h
深冷法	成熟	>20	99+	很好	h

吸附法的原理是利用吸附剂在同一压力下对氧、氮吸附能力不同进行分离，该方法具有技术流程简单、操作方便、运行成本低、产品产出快等优点，但获得高纯度产品较为困难，氧气纯度为 93%～95%，由于吸附剂的吸附容量有限，造成吸附剂切换频繁，且生产规模小，只适用于容量中小型（<150t/d）的空气分离装置。

化学吸收法是利用高温碱性混合熔盐在催化剂作用下吸收空气中的氧，再经降压或升温解析释放出氧气，氧纯度可达 98%～99.5%，但存在熔盐和氧气两相区的设备腐蚀问题。

膜分离法具有效率高、能耗低、设备简单、流程短、操作方便、无需再生、适应性强的特点。膜分离法分为高分子膜法和离子传输膜法（Ion Transport Membrane，ITM）。高分子膜法利用具有特殊选择分离的有机高分子材料，在一定驱动力下（温度、压力差等），双元或多元组分透过膜的速率不同而达到分离的目的。该技术制氧纯度较低，一般在 25%～50%，仅能满足医疗保健和助燃的需要。ITM 是利用氧分子在固态无机氧化陶瓷膜表面转换成氧离子，并由于膜两侧的电压或氧分压不同而进行传输移动，重整后的氧分子通过陶瓷膜分离出来。该制氧工艺一般运行温度高于 600℃，氧浓度可达 99.4%～99.9%，但副产品生产能力差。

深冷法利用不同气体沸点差异进行精馏，使不同气体得到分离。氧、氮、氩和其他物质一样，具有气、液、固三种状态。在常温常压下，呈气态。标准状态下，氧气冷却到 90.188K，氮气冷却到 77.36K，氩冷却到 87.29K，均变成液态，氧和氮的沸点相差约 13K，氩和氮的沸点相差约 10K，这是能够利用深冷法将空气分离的基础。深冷法是当前使用最为广泛的空气分离技术，技术成熟，适合大规模工业化空气分离，国内最大等级空气分离装置容量已达 120000m³/h（标准状态，约 4115t/d）。深冷空气分离可同时生产氧、氮、氩以及氦、氖、氙等稀有气体，产品纯度高于 95%。以 200MW 富氧燃煤电站为例，纯氧消耗量约为 120000m³/h（标准状态，约 4115t/d），深冷法是目前唯一能够满足富氧燃烧大规模用氧需求的空气分离技术。

6.1.3　富氧燃烧深冷空气分离制氧

与其他用氧需求不同，富氧燃烧所需产品氧气压力低 [0.13～0.17MPa（绝对压力）]，对副产品要求不高。同时，由于锅炉运行中少量空气漏入，造成烟气中含有 N_2、Ar 等杂质，需在 CO_2 压缩纯化过程中去除，所以富氧燃烧对氧浓度的要求也相对较低（85%～98%）。基于富氧燃烧的需氧特点，为降低制氧单耗，提高富氧燃烧发电系统的效率，不少学者采取以下 3 种措施对传统双塔空气分离流程进行了改进：

措施1：通过降低空气压缩机出口压力、产品压力不超过规定压力以及污氮直接排空等措施，降低总输入功。

措施2：维持空气压缩机出口压力在常规水平，通过膨胀做功回收部分产品的压缩功，从整体上降低系统的净输入功。

措施3：通过提高空气分离单元（ASU）的运行压力，得到高压污氮气，回收污氮所含的压缩功，从而降低系统的净输入功。

基于上述改进，一些适合富氧燃烧特点的新型空气分离制氧流程被相继提出，如三塔流程、双再沸器双塔流程、增压双再沸器双塔流程等。P. Higginbotham 等对不同空气分离流程的制氧能耗进行了分析。表 6-3 所示为标准工况下（环境温度为 15℃、压力为 1.013×10^5Pa、相对湿度为 60%、冷却水温为 15℃），不考虑电动机和变压器损失、冷却系统和分子筛再生能耗以及无液态或气态副产品，生产纯度 95% 的氧气时，空气分离装置容量为 5400t/d 不同空气分离制氧流程的能耗比较。

表 6-3　　　　　　　　标准工况下 5400t/d 不同空气分离制氧流程的能耗比较

流程编号	1a	1b	2a	2b	3a	3b	4	5
流程描述	三塔	三塔+MPGAN[a]	双塔	双塔+MPGAN	双再沸器双塔	双再沸器双塔+MPGAN	增压三塔+MPGAN	增压双塔双再沸器+MPGAN
低压塔压力（绝对压力）（$\times10^{-5}Pa$）	1.2	1.2	1.2	1.2	1.2	1.2	2.7	4.2
氧回收率（%）	97	93	99	92	90	83	89	87
输入功（kW）	36410	40900	42767	47960	38256	45351	58716	72586
中压氮回收压缩功（kW）	0	7107	0	11540	0	10566	26907	42949
中压氮回收功占比（%，占输入功）	0	17	0	24	0	23	46	59
净输入功（kW）	36410	33793	42767	36420	38257	34785	31809	29637
制氧单耗（kWh/t）	158	147	187	158	167	151	138	128
中压氮最小回收功[b]（%）	—	63	—	100	—	85	83	84

[a]　MPGAN：中压氮气。

[b]　中压氮最小回收功：达到与 1a 流程相同空气分离能耗时，其他流程需最小回收的中压氮气压缩功的比例。

1. 传统双塔空气分离流程

如图 6-1 所示，传统双塔空气分离流程的低压塔再沸器与高压塔冷凝器集成在一起，塔内压力满足再沸/冷凝器两侧的温差要求。传统双塔流程的制氧单耗约为 187kWh/t（流程 2a）；考虑全部回收从高压塔顶部抽取的氮气的压缩功，可进一步将制氧单耗降低至 158kWh/t（流程 2b），这与不回收氮气压缩功的三塔流程的制氧单耗一致。但通常在无外部输入热的情况下，氮气通过膨胀机做功回收的压缩功仅占 66%，无法全部回收。

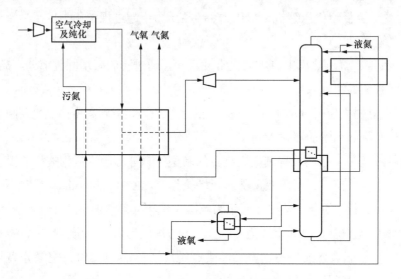

图 6-1　传统双塔空气分离流程图

2. 三塔空气分离流程

与传统双塔空气分离流程相比，三塔空气分离流程增加了一个中压塔，中压塔冷凝器与位于低压塔中部的再沸器集成（见图 6-2）。由于三塔空气分离流程中一部分空气被压缩到高压进入高压塔，另一部分被压缩到中压进入中压塔，减少了进入高压塔的空气流量，空气压缩机压缩功耗下降，从而降低了空气分离系统的制氧能耗。标准状况下，空气压缩机间冷且不回收间冷热时，三塔空气分离流程的制氧单耗为 177.4kWh/t；空气压缩机不间冷，出口热空气用于替代部分低压加热器抽汽预热冷凝水时，净制氧单耗为 162.4kWh/t。通过减小压降和温差，对流程进一步优化，空气压缩机间冷且不回收间冷热时的制氧单耗可降低到 158kWh/t（流程 1a），比传统双塔流程低 18%；空气压缩机不间冷，出口热空气用于替代部分低压加热抽汽预热冷凝水时，制氧单耗可降低到 143kWh/t。

表 6-3 中流程 1b 为采用措施 2，即维持空气压缩机出口压力在常规水平，回收中压氮的压缩功情况下，三塔空气分离流程的制氧能耗。如能全部回收中压塔顶部抽取的氮气的压缩功，空气压缩机间冷且不回收级间冷却热量（间冷热）的三塔流程制氧单耗可进一步下降到 147kWh/t。但通常氮气膨胀做功仅能回收 66%的压缩功，而流程 1b 要达到与流程 1a 相同的分离能耗必须至少回收 63%的氮气压缩功，因此流程 1b 并不十分可行。

表 6-3 中流程 4 为采用措施 3（增加空气分离系统运行压力）情况下，三塔空气分离的制氧能耗。如能全部回收高压污氮气的压缩功，三塔空气分离流程的制氧单耗相对流程 1b 可进一步降低 6%，降低到 138kWh/t。然而，为达到与流程 1a 相同的分离能耗，流程 4 必

须至少回收83%的氮气压缩功，流程4同样也不可行。

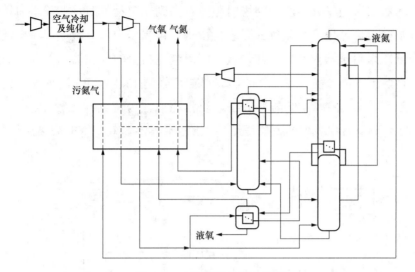

图6-2 三塔空气分离流程图

3. 双再沸器双塔空气分离流程

与三塔空气分离流程相似，双再沸器双塔空气分离流程的低压塔也具有两个再沸器，但底部再沸器采用冷却后的空气而非氮气对液氧进行加热再沸。由于低压塔中回流的液氮减少，双塔空气分离流程的氧回收率降低。当高压塔不生产氮气时（流程3a），双再沸器双塔流程的制氧单耗为167kWh/t，比三塔空气分离流程高5%；当高压塔生产氮气且全部回收氮气压缩功时（流程3b），制氧单耗为151kWh/t，仍高出三塔空气分离流程3%（流程1b），且空气流量及装置大小均增加约10%。同样，为达到与流程1a相同的分离能耗，流程3b必须至少回收85%的氮气压缩功，因此流程3b不可行。

双再沸器双塔空气分离流程如图6-3所示。

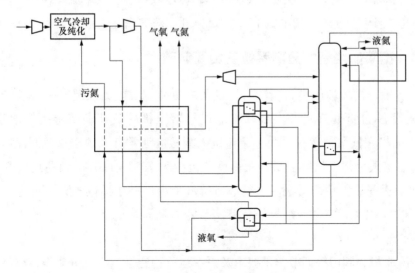

图6-3 双再沸器双塔空气分离流程图

4. 增压双再沸器双塔空气分离流程

当双再沸器双塔空气分离流程的塔内压力升高到一定程度时，低压塔内氮气压力最终可以满足加热再沸低压产品氧气的要求。由于氧再沸器中部分液氮回流至低压塔，所以弥补了因低压塔再沸器内空气冷却造成的回流液氮减少的问题。如能回收全部产品氮气的压缩功，增压双再沸器双塔流程的制氧单耗可降到 128kWh/t（流程 5），比三塔空气分离流程（流程 4）低 7%。但与增压三塔流程相似，为达到与流程 1a 相同的分离能耗，流程 5 必须至少回收 84% 的氮气压缩功。增压双再沸器双塔空气分离流程图如图 6-4 所示。

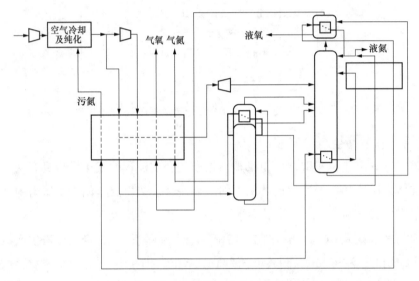

图 6-4　增压双再沸器双塔空气分离流程图

通过对不同富氧燃烧空气分离制氧流程的对比分析可以看出，三塔空气分离流程可有效降低空气分离制氧单耗，双再沸器双塔流程和增压双再沸器双塔流程理论上可实现更低制氧单耗，但由于受膨胀机效率的限制，制氧单耗相对偏高。

6.1.4　富氧燃烧空气分离系统变负荷调节

空气压缩机、循环增压机、精馏塔等设备的负荷调节能力以及产品需求等均影响深冷空气分离设备的变负荷能力。空气压缩机与增压机的负荷调节范围一般在 70%～105%，但压缩机在低负荷运行时为了避免进入喘振区通常打开放空阀或回流阀，使得能耗提高。精馏塔采用筛板塔时的最佳负荷调节范围为 70%～110%，负荷过低则气体流速过低，引起筛板漏液；精馏塔采用填料塔时持液量少，操作弹性较大，负荷调节范围可达 40%～110%。可见，空气压缩机的负荷调节能力是影响整个空气分离系统动态调节特性的关键因素。

考虑到膨胀机、阀门等调节范围要求及系统运行稳定性，空气分离设备整体变负荷范围通常在 75%～105%，且负荷变化速率较慢，一般低于 1%/min。而火力发电厂由于受电网调度的要求，负荷变化范围和变化速率较大，一般变负荷范围在40%～100%，变负荷速率要求高于5%/min。空气分离系统的动态调节能力是影响富氧燃烧电厂高效、稳定运行的重要因素之一。目前，空气分离系统变负荷调节主要通过氧气放散、自动变负荷、多台空气压缩机以及氧氮互换等方式来实现。

1. 氧气放散

氧气放散是指空气分离设备维持额定工况运行，当系统需氧量减少时，通过放散一部分多余产品氧来实现供氧量的调整。由于空气分离设备运行在额定工况，设备效率较高，但氧利用率低，经济性差。氧气放散通常用于需氧量稳定，对空气分离设备变负荷要求不高的场合，不适合富氧燃烧电厂。

2. 自动变负荷

自动变负荷是根据氧气产量的需求变化，在产品纯度合格的条件下，通过采用先进控制系统，调节与负荷变化有关的多个调节回路的设定值，实现生产负荷调节，以减少无功生产、降低氧气放散率。自动变负荷系统可实现75%～105%之间的各个用氧量要求，同时变负荷速率可提升到1%/min。国产首套自动变负荷内压缩流程空气分离设备，其氧产量变化30%时变负荷调节时间小于2h；外压缩流程空气分离装置自动变负荷调节速率可达到1%/min。自动变负荷调节需要一定的周期和时间，变负荷范围和速率与电网对电厂的要求也有一定差距。

3. 多台空气压缩机

单台空气压缩机的运行范围通常在75%～100%负荷区间，当采用2台空气压缩机并联运行时，运行范围可降低至50%负荷以下，但如果不对空气压缩机出口空气进行排空处理，空气分离设备无法实现在50%～75%负荷区间内运行。通过增加空气压缩机的台数，如采用3×33%或4×25%的运行方式，空气分离设备的运行区间可进一步增大。但随着空气压缩机台数的增加，空气分离系统的造价提高，同时多台空气压缩机并联运行对空气分离控制系统的要求也较高。

4. 氧氮互换

氧氮互换法主要针对需氧量周期变化的用户，采用液体储存和交替变化配套系统来适应变化，该方法需设置大型液氧贮槽。当气氧需求量增加时，通过液氧储存系统中的液氧泵，将液氧送入上塔底部补充液氧，以满足氧产量增加对液氧蒸发量的需求。由于液氧的蒸发，蒸发器氮侧的冷凝加大，液氮产量增加，液氮贮槽液面上升，液氧贮槽液面下降。同样，当气氧需求量减小时，将储存的液氮注入上塔，从而减少气氧产量，增加液氧产量，液氮贮槽液面下降，液氧贮槽液面上升。

氧氮互换法由于变负荷过程中加工空气没有变化，上、下塔回流比未变，只是对精馏塔周期性补充液氧和液氮，负荷变化速率可达6%/min～8%/min，是目前实现富氧燃烧电厂空气分离系统变负荷调节较为可行的方案。但该方法需要足够大的液氧和液氮贮槽，还需增加一套制冷系统或增大膨胀机的制冷能力来满足变负荷的要求。

6.1.5 国外富氧燃烧示范电站及其空气分离系统

1. 澳大利亚 Callide 30MW 富氧燃烧示范电站

澳大利亚 Callide 30MW 富氧燃烧示范电站是全球首个通过改造现有火力发电厂实现碳捕获的示范项目。2008 年澳大利亚 Callide 30MW 富氧燃烧示范电站对其 4 号机组进行富氧燃烧改造，2011 年 3 月完成富氧燃烧锅炉改造并开始调试，2011 年 4 月首次在改造后的锅炉上进行空气模式运行，2012 年 3 月首次富氧工况运行，2012 年 12 月正式开始进入示范运行阶段。电厂投资预算 2.45 亿澳元，实际投资 1.8 亿澳元（封存项目没有启动），总运行费用 6400 万澳元。

澳大利亚 Callide 30MW 富氧燃烧示范电站采用 2 台 330t/d 的空气分离装置提供所需氧气和实现空气分离系统的变负荷调节，氧气纯度为 98%，压力为 $1.8 \times 10^5 \text{Pa}$（绝对压力）。空气分离装置采用标准设计，可在 80%～100% 负荷区间运行。经过调整，氧气生产速率可满足锅炉用氧需求。每台空气分离装置通过关断阀与锅炉实现安全隔离。澳大利亚 Callide 30MW 富氧燃烧示范电站系统图如图 6-5 所示，空气分离装置布置如图 6-6 所示。

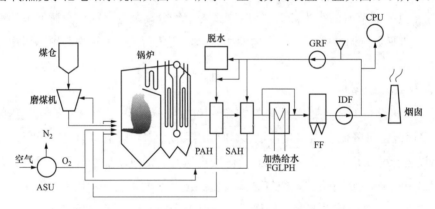

图 6-5　澳大利亚 Callide 30MW 富氧燃烧示范电站系统图

ASU—空气分离单元；PAH——一次循环烟气预热器；SAH—二次循环烟气预热器；FGLPH—烟气低压加热器；

FF—布袋除尘器；IDF—引风机；CPU—CO_2 纯化单元；GRF—烟气再循环风机

图 6-6　澳大利亚 Callide 30MW 富氧燃烧示范电站空气分离装置布置图

2. 德国 Vattenfall 30MW 富氧燃烧示范电站

德国 Vattenfall 30MW 富氧燃烧示范电站于 2008 年投运，电厂设计寿命在 10 年以上的时间里运行 40000h，在空气和富氧气氛下可满负荷运行，且可以燃烧褐煤和无烟煤。德国 Vattenfall 示范电站配备了从氧气制备到烟气净化、冷凝脱水、二氧化碳压缩提纯全部设备，锅炉由阿尔斯通供货，林德供应 CO_2 压缩纯化处理装置，美国空气产品公司另建有一套 1MW 当量的酸性压缩纯化装置。德国 Vattenfall 示范电站为 600MW 大规模商业电站的技术可行性作了验证和准备。

德国 Vattenfall 示范电站空气分离装置由林德公司供应，氧气纯度为 95%～99.5%，压力为 $1.5×10^5$Pa（绝对压力）。空气分离单元启动时间为 60～72h，采用自动变负荷技术，变负荷速率为 1%/min。为适应快速变负荷要求，空气分离单元设置了液氧贮槽，以应对 10%/min 的负荷变化。空气分离装置运行超过 5 天时，需定期对精馏塔主冷器中的液氧进行安全排放，以防止 C_xH_y 积累形成安全隐患。德国 Vattenfall 30MW 富氧燃烧示范电站各主要部件位置见图 6-7。

图 6-7 德国 Vattenfall 30MW 富氧燃烧示范电站各主要部件位置图

3. 美国 FutureGen2.0 项目

美国 FutureGen2.0 项目计划建设 200MW 商业规模富氧燃烧电站（目前已更改为 168MW），项目总预算 13 亿美元，其中美国能源部资助 10 亿美元。该项目对伊利诺伊州 Meredosia 电厂 4 号机组进行富氧燃烧改造，当时计划共分 4 个阶段：2010 年 10 月—2011 年 10 月为预前端工程与设计阶段，2011 年 10 月—2012 年 10 月为前端工程与设计阶段，2012 年 11 月—2016 年 4 月为建设和启动阶段，2016 年 5 月—2018 年 12 月为系统测试阶段。CO_2 压缩纯化装置和空气分离装置由法国液化空气集团提供，巴威公司提供富氧燃烧锅炉及 GQCS 系统（烟气处理系统），阿莫林公司提供富氧燃烧改造技术，FurtherGen Alliance

公司提供 CO_2 管道和封存设备。FutureGen2.0 煤粉富氧燃烧系统图如图 6-8 所示。

FutureGen2.0 富氧燃烧电站空气分离装置的两次大加温时间间隔为 3 年，容量为 4000t/d，可生产纯度为 96.5% 的氧气。空气分离装置设计带基本负荷，在不进行氧气放散的情况下，可实现 78% 的低负荷运行。空气分离系统的变负荷速率为 1.5%/min，液氧贮槽容量可满足电站 4h 的用氧需求。

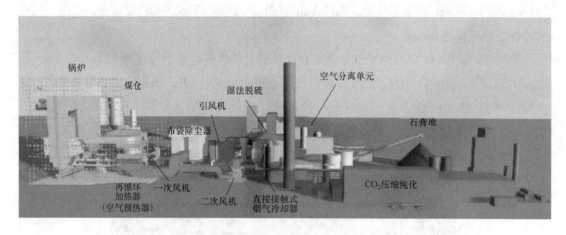

图 6-8　FutureGen2.0 煤粉富氧燃烧系统图

6.2　富氧燃烧压缩纯化系统

6.2.1　概述

烟气处理是将富含 CO_2 的烟气经过冷凝、纯化、压缩等一系列操作最终达到大规模 CO_2 输送和储运的要求。这一系列过程主要是低温冷凝分离的物理过程，将烟气经过多次压缩和冷凝，以引起 CO_2 的相变，从而达到从烟气中分离出 CO_2 的目的。为了避免烟气中水蒸气在运输过程形成冰块造成对管道的阻塞和腐蚀，所以整个过程中烟气的脱水是非常重要的。不同规模 CO_2 运输条件见表 6-4。

表 6-4　　　　　　　　　　　　　　不同规模 CO_2 运输条件

项目	中等规模 CO_2	大规模 CO_2	超大规模 CO_2
CO_2（%）	体积分数＞95	体积分数＞95	体积分数＞95
H_2O（mg/m^3）	＜620	＜62	＜6.2
SO_2（mg/m^3，标准状态）	＜200	＜50	＜5
O_2（Ar、N_2 体积分数）	＜4%	＜4%	—
NO_x（mg/m^3，标准状态）	—	—	＜10.25

6.2.2 传统富氧燃烧压缩纯化系统

目前富氧燃烧 CO_2 的纯化工艺一般有下面 3 种，一般都经过除尘-自然冷却-三级压缩三级冷凝以及三甘醇脱水（TEG）-提纯的过程，主要差别在提纯工艺上。

1. 直接压缩冷凝工艺

直接压缩冷凝工艺流程如图 6-9 所示。

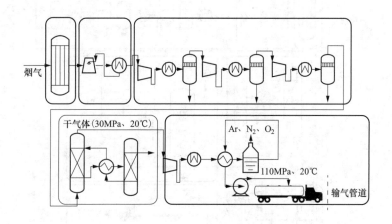

图 6-9 直接压缩冷凝工艺流程图

直接压缩冷凝工艺主要包括 8 个工艺过程：

（1）除尘。

（2）锅炉给水冷却烟气到常温或采用湿法脱硫工艺冷却（损失大量热量），分离出大部分水。

（3）三级压缩三级冷凝分离水，出口压力为 3MPa[为接下来的三甘醇（TEG）脱水做准备]。

（4）三甘醇脱水工艺（TEG，参照天然气脱水工艺）进一步脱水到小于 $63mg/m^3$。

（5）将干燥的烟气压缩到 CO_2 的临界状态。

（6）冷却，使 CO_2 液化。

（7）分离出非冷凝气体（Ar、N_2、O_2）。

（8）利用高压泵将液态 CO_2 进行加压到 11MPa 进行管道运输。

上述是直接压缩冷凝工艺流程。该工艺理论上可行，但是实际分离效果很差，CO_2 回收率只有 40%左右。原文献在分析中将混合气体视做理想气体，按照理论方法计算，得到了分离效率接近 100%的效果，但实际气体在高压下会偏离理想气体状态，不能按理想气体进行计算。该工艺优点是系统比较简单。

2. 自产冷量分离工艺

由于直接压缩冷凝工艺回收率低，因此一般都采用自产冷量分离工艺和 CANMET 自主分离工艺。这两种工艺和直接压缩冷凝工艺相比，就是在最后一步提纯 CO_2 的工艺上有所不同，前面除尘、自然冷却、三级压缩三级冷凝以及 TEG 脱水工艺都是一样的，就是最后分离工艺不相同。

自产冷量分离工艺流程如图 6-10 所示。

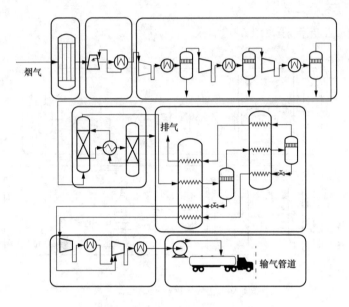

图 6-10　自产冷量分离工艺流程

该工艺与直接压缩冷凝工艺类似，只是进行多级分离，然后将分离出来的气体进行泄压降温冷却气体，达到深冷分离的目的。

该工艺的优点是 CO_2 回收率高，缺点是系统比较复杂。

应用自产冷量分离工艺，针对某概念性 600MW 富氧燃烧机组的压缩纯化系统进行了模拟仿真。

烟气经过除尘后，由锅炉给水进行冷却，充分利用烟气中的余热，然后烟气经过自然冷凝到常温后进入烟气处理系统。烟气进入烟气处理系统后，先经过三级压缩三级冷凝，除去烟气中的 H_2O，烟气出口压力为 3MPa，为后面的三甘醇脱水做好压力准备。烟气中的 H_2O 含量大概在 0.3%左右，H_2O 含量还是比较大，还达不到大规模运输要求。烟气进行进一步脱水，可以采用的脱水方法一般有分子筛脱水或三甘醇脱水（TEG）。由于烟气流量比较大，考虑到脱水的经济性，一般采用三甘醇脱水，此过程类似天然气的脱水过程。经过 TEG 脱水后，烟气中的 H_2O 含量小于或等于 $62mg/m^3$。烟气先后经过两次释放压力（典型参数为 2MPa 和 1MPa）自产冷量使 CO_2 液化，分离出非冷凝气体（Ar、N_2、O_2）以及少量的 CO_2。两股烟气进行汇合后再压缩至 CO_2 的临界状态，冷却液化后将液化的 CO_2 用高压泵加压到 11MPa 进行管道运输或储罐运输。烟气处理系统结果见表 6-5。

成分	进口烟气质量流量	出口烟气质量流量
N_2	35356	3832
O_2	29188	4607
H_2O	7854	11
NO	45	7
NO_2	0.3	0.27
SO_2	1142	1066
SO_3	17	8
CO_2	492003	465777
Ar	5413	1563

表 6-5 　　　　　　　　　烟 气 处 理 系 统 结 果 　　　　　　　　　kg/h

从表 6-5 中的数据可以看出，经过烟气处理系统处理后，烟气可以达到大规模运输的要求，从而也说明富氧燃烧减排在技术上是可以行的。整个过程，系统功耗为 63.59MW，CO_2 回收率为 94.7%。

3. CAMET 自主分离工艺

CANMET 自主分离工艺流程如图 6-11 所示。

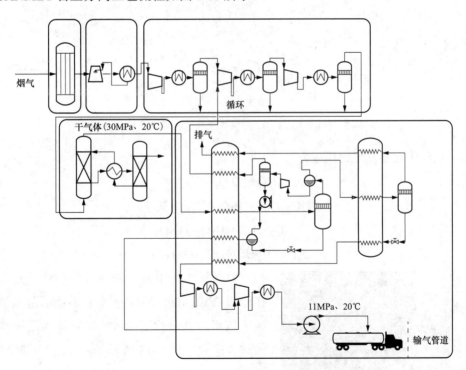

图 6-11　CAMET 自主分离工艺流程

此工艺的特点是在原自产冷量分离工艺多增加一级分离和膨胀，进行充分充分利用自产冷量，并且将一部分其他进行循环分离，流程更加复杂，设备也较多。据 CANMET 实验室的分析比较，CANEMT 自主分离工艺的单位能耗和回收率均比自产冷量分离工艺要好。

在工业上经常采用的 CO_2 分离工艺还有就是精馏法。目前来说比较少用，一般用于天然 CO_2 的提纯上。

6.2.3 先进富氧燃烧压缩纯化系统及应用

1. 美国气体化工公司酸性压缩工艺及应用

美国气体化工公司于 2006 年提出了 SO_2、NO_x、Hg 协同脱除的酸性压缩工艺：烟气首先经过填料塔水洗除掉灰分、H_2O、HCl、SO_3；然后经过两次绝热压缩（第一次压力为 1.5MPa，第二次压力为 3MPa，压缩过程中均与给水交换能量），再经过再生的干燥床，通过自产冷量将 CO_2 冷却到-55℃（接近三相点），非冷凝气以气相被分离，其中 CO_2 分压为 0.5MPa，摩尔分数为 20%～25%；最后根据需要对 CO_2 进行加压，CO_2 纯度可达到 95%～98%。另外，压力为 3MPa 的惰气可以通过透平回收能量。

SO_2、NO_x、Hg 协同脱除的酸性压缩工艺流程如图 6-12 所示。

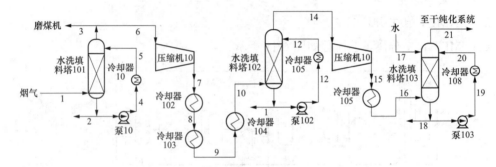

图 6-12　SO_2、NO_x、Hg 协同脱除的酸性压缩工艺流程图

压缩过程中主要发生的反应为

$$NO+1/2\ O_2=NO_2 \tag{6-1}$$

$$NO_2+SO_2 + H_2O=NO+H_2SO_4 \tag{6-2}$$

$$2\ NO_2+H_2O=HNO_2+HNO_3 \tag{6-3}$$

$$3\ HNO_2=HNO_3+2\ NO+H_2O \tag{6-4}$$

图 6-13　德国 Vattenfall 30MW 富氧燃烧示范项目烟气压缩处理系统

美国气体化工公司的烟气压缩处理技术已经在德国 Vattenfall 30MW 富氧燃烧示范项目中得到了应用，并进行了 100%二氧化碳压缩和纯化的试验研究。图 6-13 所示为 Vattenfall 30MW 富氧燃烧示范项目烟气压缩处理系统。

2. 法液空气投资公司压缩纯化系统及应用

法液空气投资公司认为，烟气组分和 CO_2 成品要求对 CPU 的设计和投资有着非常重要的影响，而漏风对烟气组分又有很大影响。目前，对 CO_2 成品埋存的要求还没有共识。这些规定需综合考虑运输和最终利用的要求，而且这些规定都不是针对富氧燃烧系统的，并未考虑到烟气中的 SO_x 和 NO_x。基于此，法液空公司提出了 3 套压缩纯化方案。

（1）无净化：所有烟气经过压缩-干燥-压缩，CO_2 回收率接近 100%，但 CO_2 浓度与进口相当，因此这种方案适用于 CO_2 进口浓度与期望浓度相当且对其他组分浓度无严格要求情况。

（2）部分冷凝：经过压缩-干燥，冷却至非常低的温度冷凝出至少 90% 的 CO_2，冷凝相中 CO_2 浓度取决于成品压力、进口烟气组分、冷凝级数和冷凝温度。对于典型的烟气组成，很容易达到 95% 浓度 CO_2。

（3）部分冷凝+精馏：在（2）的基础上进一步纯化冷凝 CO_2，目标仍为 90% 回收率，很容易得到超过 99% 纯度的 CO_2，且 O_2 含量可以更低。带精馏系统的压缩纯化系统的流程图如图 6-14 所示。

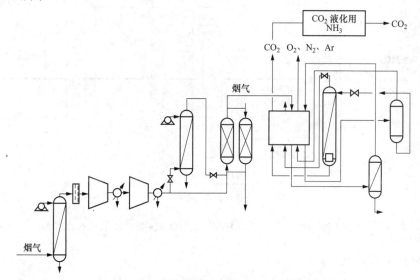

图 6-14　带精馏系统的压缩纯化系统的流程图

法液空的压缩纯化工艺在澳大利亚 Callide 30MW 富氧燃烧示范电站上得到了应用，法液空公司烟气压缩处理系统现场设备照片如图 6-15 所示，该系统每天可以捕集二氧化碳 75t，浓度可以达到 99.9%。

3. 普莱克斯公司高、低硫煤压缩纯化系统

普莱克斯公司针对高硫煤和低硫煤提供了两套相应的 $SO_x/NO_x/Hg$ 脱除方法。其中，高硫煤的脱除方法改自铅室法制硫酸工艺。普莱克斯公司高硫煤 $SO_x/NO_x/Hg$ 脱除工艺流程图如图 6-16 所示。

在 SO_2 反应器和 NO_x 吸收塔中发生的反应主要包括：

（1）SO_2 反应器为

$$SO_2+NO_2 \longrightarrow SO_3+NO \tag{6-5}$$

$$SO_3+H_2O \longrightarrow H_2SO_4 \tag{6-6}$$

$$NO+1/2O_2 \overline{\quad\quad} NO_2 \tag{6-7}$$

图 6-15 法液空公司烟气压缩处理系统现场设备照片

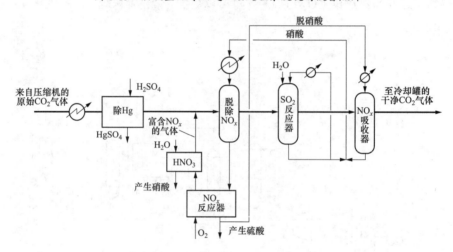

图 6-16 普莱克斯公司高硫煤 $SO_x/NO_x/Hg$ 脱除工艺流程图

（2）NO_x 吸收塔为

$$NO+NO_2+2H_2SO_4 \overline{\quad\quad} 2NOHSO_4+H_2O \tag{6-8}$$

低硫煤工艺首先将烟气冷却至室温，并将冷凝物分离，送到活性炭床进行氧化（SO_2-SO_3、NO-NO_2），当带有 SO_x 和 NO_x 的活性炭饱和以后，通过水洗除掉 SO_3 和 NO_2 进行重生（SO_3-H_2SO_4、NO_2-HNO_3），根据需要可以用 N_2 进行干燥，然后脱 Hg。普莱克斯公司低硫煤 $SO_x/NO_x/Hg$ 脱除工艺流程如图 6-17 所示。

由上述列出的不同系统方案可以看出，不同的压缩系统方案主要是基于对 CO_2 与污染物（如 SO_x、NO_x 与 Hg 等）浓度的要求来设计的，这需要根据 CO_2 的用途来确定，是用于埋存还是工业利用，并不能说明某一个系统方案绝对优于另一种方案。

其实，压缩纯化系统本身并不存在大的技术障碍，真正影响压缩系统技术发展的是压缩系统本身的能耗，最新的结果表明压缩系统的功耗大概在 0.52GJ/t CO_2，即每捕获 1tCO_2，需要消耗 0.52GJ 的能量，这大大降低了整个富氧燃烧电厂的经济性，因此如何提高压缩机的效率，减少压缩系统的能耗才是压缩纯化技术发展的方向。

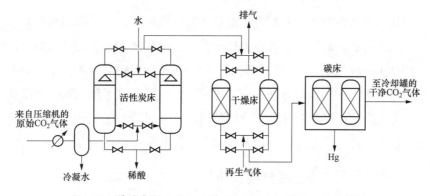

图 6-17 普莱克斯公司低硫煤 $SO_x/NO_x/Hg$ 脱除工艺流程图

目前，针对压缩过程能耗高的问题，Dresser-Rand 公司已经开始了相关的研发工作，预计此项技术能减少 30%～40%的运行成本投资。Dresser-Rand 公司的试验系统与压缩机结构如图 6-18 所示。

（a） （b）

图 6-18 Dresser-Rand 公司的试验系统与压缩机结构
（a）试验系统；（b）压缩机结构

6.3 富氧燃烧空气分离系统优化

对于目前应用于富氧燃烧技术的深冷空气分离技术，其发展趋势是高效率的铝材板翅式换热器、优化的填料塔系统、高级吸附式空气纯化系统、高效优化的流程及先进控制系统等。而目前技术所面临的主要问题在于分离能耗较高，热集成不足及与富氧燃烧技术耦合性不足等。基于不同行业的配套空气分离流程只适用于其相应特定的行业，其分离能耗（分离的能耗定义为产生 1t 某一特定纯度、常压 15℃、60%相对湿度的气氧所需的能量，在这个定义中没有考虑压缩机的效率、干燥再生所需热量和冷却塔热量消耗）也相应地维持在一定的范围，若要改进传统空气分离技术来适用富氧燃烧技术，需根据该技术对于空气分离产品的要求重新设计，包括新的流程选择、新的运行策略、新的控制技术等。传统空气分离本身就存在分离能耗高而其效率不高的不足，为适用低能耗要求，需考虑系统本身的热集成，其中可考虑空气分离空气压缩机热量回收利用、双塔之间热量耦合等提高效率的办法。而对于富氧燃烧技术的特点，还可以考虑不同子系统之间的热集成，即空气分离系统，锅炉及压缩纯化系统之间的热集成，这样既可提高空气分离技术的效率，也可提高整个系统的热效率。运行策略方面，可考虑采用在空气分离系统与锅炉系统耦合处增加储氧罐来应对电力需求随时间变化所带来的干扰。重新设计和优化传统空气分离系统以适用于富氧燃烧技术，将有助于富氧燃烧系统效率的提升和商业化运行。

6.3.1 富氧燃烧三塔空气分离系统

200MW 富氧燃煤电站的纯氧消耗量为 $117501m^3/h$，需配备 2 台 6 万 m^3/h（标准状态）等级的空气分离装置。三塔空气分离工艺流程示意如图 6-19 所示，原料空气在过滤器 AF 中除去灰尘和机械杂质后，进入空气压缩机 TC1，经三级间冷压缩后进入空气冷却塔 AT。空气冷却塔给水分为 2 段，冷却塔下段使用经水处理冷却过的循环水，上段使用经水冷却塔 WT 冷却后的低温水。出空气冷却塔后的空气进入分子筛吸附器 MS 除去水分、二氧化碳和碳氢化合物等杂质。

净化后的加工空气分 4 股：物流 5 经空气压缩机第四级 TC2 进一步压缩至高压，进入主换热器 E1，被返流气体冷却后进一步分成 2 股：一股直接进入高压下塔 C1-1，另一股经自增压冷凝蒸发器 K3 后进入高压下塔；物流 6 进入主换热器，被返流气体冷却后经增压膨胀机的膨胀端 ET 进入上塔 C2；物流 7 进入主换热器，被返流气体冷却后进入低压下塔 C1-2；物流 8 经增压膨胀机的增压端 B 进一步压缩冷却后进入主换热器，被返流气体冷却后进入高压下塔。

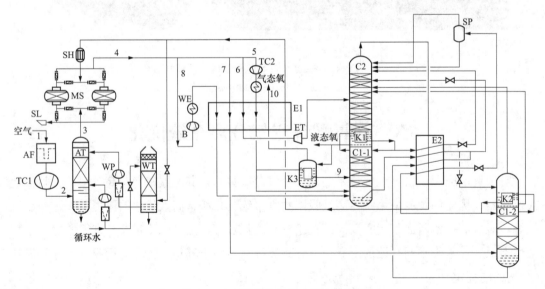

图 6-19　三塔空气分离工艺流程示意

AF—空气过滤器；TC1—空压机前三级；TC2—空压机第四级；AT—空气冷却塔；WT—水冷却塔；WP—水泵；
MS—吸附器；SL—放空消声器；SH—蒸汽加热器；WE—冷却器；B—增压透平膨胀机增压端；ET—增压
透平膨胀机膨胀端；E1—主换热器；K1、K2、K3—冷凝蒸发器；C1-1—高压下塔；C1-2—低压下塔；
C2—上塔；E2—过冷器；SP—汽水分离器

高压下塔一部分液态空气（简称液空）经节流阀后作低压下塔冷凝器 K2 的冷源，然后进入上塔，节流阀后压力设置为 128kPa。其余液空与低压下塔液空混合后节流进入上塔，节流阀后压力设置为 125kPa。高压下塔和低压下塔液氮出过冷器 E2 后经节流阀进入上塔，节流阀后压力设置为 123kPa。经上塔进一步精馏后，在上塔底部获得高浓度液氧，先后进入自增压冷凝蒸发器和主换热器复热，然后出冷箱进入氧气管网。液氧产品从主冷凝蒸发器 K1 底部抽出送入储存系统。从上塔顶部引出污氮气，经过冷器、主换热器复热后出冷箱，然后进入加热器作为分子筛再生气体，多余气体送水冷塔。

由于富氧燃烧对氧浓度要求不高，空气分离装置上塔精馏段回流比相对富余。为充分利用上塔精馏潜力，系统增加一个低压下塔，部分空气被压缩到较低压力进入低压下塔，从而降低上塔精馏段回流比。由于进入高压塔的空气流量减少，空气压缩机压缩功耗下降，从而降低了空气分离系统的制氧能耗。

6.3.2　空气分离流程模拟及优化

基于质量平衡和能量守恒，利用 Hysys 软件对三塔空气分离流程进行了模拟及优化。为简化模拟，对系统做以下假设：

（1）空气分离装置冷损分配在主换热器、高压下塔、低压下塔和上塔。

（2）除节流阀外，所有管道上的切断阀、仪表和流量计引起的压损在相应设备中考虑。

（3）不考虑主换热器、过冷器和冷却器内因高位差造成压力变化而引起的阻力。

三塔空气分离流程模拟主要工艺参数设定见表 6-6。

表 6-6　　　　　　三塔空气分离工艺流程模拟主要工艺参数设定

工　艺　参　数		单位	参数
冷损分配比例	主换热器	%	28.6
	上塔		42.8
	低压下塔		14.3
	高压下塔		14.3
上塔顶部操作压力		kPa	123
塔压降	上塔	kPa	5
	低压下塔		4
	高压下塔		4
主换热器压降	进低压下塔空气	kPa	8
	进高压下塔空气		15
	膨胀空气		8
	氧气		15
	污氮气		15
自增压冷凝蒸发器压降	进下塔空气	kPa	0
	氧气		1

工 艺 参 数		单位	参数
过冷器压降	液氮	kPa	3
	液空		3
	污氮气		6
增压透平膨胀机	增压端效率	%	78
	膨胀端效率		85
	轴承功耗	kW	25
纯化空气入冷箱温度		K	292
增压机后冷却器出口温度			313

为降低制氧单耗，在对三塔空气分离流程进行模拟后，对系统中主要变量进行了优化，包括塔板数、进料位置、空气压缩机中抽压力、液氮含氧量等。优化过程中控制过冷器最小温差不低于 1.3K，主换热器最小温差不得低于 1.3K，主换热器积分温差范围 3.5~4.5K，自增压冷凝蒸发器最小温差不得低于 1K；空气压缩机中抽压力、高压下塔及低压下塔控制变量优化时，主冷凝蒸发器 K1 及辅助冷凝蒸发器 K2 的最小温差不得低于 1.5K。200MW 富氧燃烧空气分离流程优化结果如表 6-7 所示。

表 6-7　　　　　　　　　　200MW 富氧燃烧空气分离流程优化结果*

优 化 参 数		优化结果
塔板数（个）	高压下塔	25
	低压下塔	25
	上塔	54
高压下塔自增压空气进料位置		第 21 块塔板
上塔进料位置	液空	第 22 块塔板
	膨胀空气	第 36 块塔板
	K2 辅冷液空	第 33 块塔板
空气压缩机中抽压力（kPa）		324
液氮含量氧（%）	高压下塔	4
	低压下塔	0.5
低压下塔处理气量（标准状态，m³/h）		89500
制氧单耗（标准状态，kWh/m³）		0.3544

*　氧产品浓度 97%条件下优化结果。

6.3.3　三塔空气分离与双塔空气分离能耗及经济性比较

选取传统双塔空气分离流程作为参比系统。双塔空气分离工艺流程示意如图 6-20 所示，原料空气经吸入口进入自洁式空气过滤器除去灰尘及其他机械杂质，然后进入空气压缩机，经压缩后的空气进入空气预冷系统，出预冷系统后的空气进入分子筛纯化器除去水分、二氧化碳和碳氢化合物后进入冷箱，经过精馏，最后得到出冷箱的产品氧。

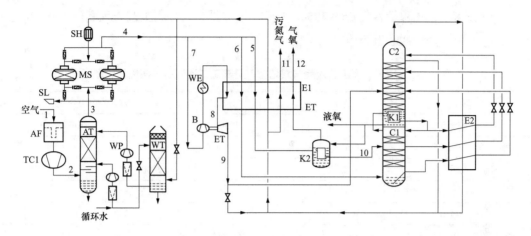

图 6-20　双塔空气分离工艺流程示意

AF—空气过滤器；TC—空气压缩机；AT—空气冷却塔；WT—水冷却塔；WP—水泵；MS—吸附器；SL—放空消声器；
SH—蒸汽加热器；WE—冷却器；B—增压透平膨胀机增压端；ET—增压透平膨胀机膨胀端；E1—主换热器；
K1、K2—冷凝蒸发器；C1—下塔；C2—上塔；E2—过冷器

1．能耗比较

图 6-21 比较了不同氧纯度下三塔空气分离工艺流程与双塔空气分离工艺流程的制氧单耗。由图 6-21 可知，随着制氧纯度由 95% 增加至 99.6%，三塔空气分离流程和双塔空气分离流程的制氧单耗均呈增加趋势，且在氧浓度超过 97% 时，三塔空气分离流程制氧单耗迅速增加。在氧纯度低于 99% 的情况下，三塔空气分离流程的制氧单耗均低于双塔空气分离流程；当制氧纯度大于 99% 时，三塔空气分离流程的制氧单耗高于双塔流程。由于富氧燃烧对氧气纯度要求不高，一般低于 99%，三塔空气分离流程可有效降低富氧燃烧空气分离制氧能耗。

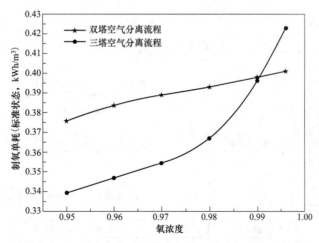

图 6-21　不同氧浓度下三塔空气分离工艺流程与双塔空气分离工艺流程的制氧单耗

2. 经济性比较

三塔空气分离工艺流程和双塔空气分离工艺流程的经济性比较见表6-8。由表6-8可见，三塔空气分离工艺流程设备投资约39500万元，较双塔空气分离工艺流程高出1100万元，但年运行费用约降低833万元/年。

表 6-8　三塔空气分离工艺流程与双塔空气分离工艺流程的经济性比较

项目	单位	三塔空气分离工艺流程	双塔空气分离工艺流程
设备投资	万元	39500	38400
耗氧量*（标准状态）	m^3/h	121135	
机组年利用小时数	h	5000	
年耗氧量（标准状态，$\times 10^6$）	m^3/a	605.675	
上网电价	元/kWh	0.4	
制氧单耗（标准状态）	kWh/m^3	0.3544	0.3888
年运行费用	万元	8586	9419

* 按97%氧浓度计算。

6.4　烟气压缩纯化试验

利用50kg/h CO_2压缩纯化试验装置系统开展研究，该试验系统可进行不同烟气气氛下、宽温度和压力范围内压缩冷凝试验。该试验系统由配气系统、压缩系统、低温洗涤系统、提纯系统、冷凝液化系统及低温储罐等组成。通过不同气源的组合，试验系统能实现不同CO_2浓度与不同组分等多种气氛的压缩冷凝试验，混合气由气瓶气体提供。所有进入进气缓冲罐的气体流量均由对应的质量流量计控制。

6.4.1　试验工艺

1. 工艺流程框图

CO_2压缩纯化试验系统工艺流程框图如图6-22所示。

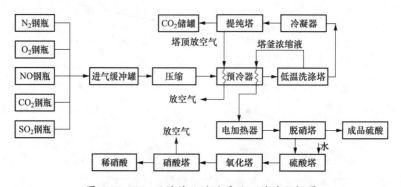

图 6-22　CO_2压缩纯化试验系统工艺流程框图

2. 工艺流程介绍

（1）按照富氧燃烧烟气组分，配制好的原料气经进气缓冲罐进入对应的 CO_2 压缩机一段入口，加压至试验所需要的压力，经预冷器与提纯塔塔顶放空气和低温洗涤塔釜排液换热冷却降温，并且降低温度有利于 NO 氧化生成 CO_2。

（2）冷却后的气体进入低温洗涤塔中用成品液体 CO_2 洗涤，NO_2 和 SO_2 易溶于液体二氧化碳，则原料气中的 NO_2 和 SO_2 被液体二氧化碳浓缩洗涤至低温洗涤塔塔釜，低温洗涤塔塔顶排放气中含有少量的 NO_x 和 SO_2，塔顶气体进入低温吸附塔进一步吸附去除杂质。

（3）去除杂质的气体经冷凝器冷凝液化，液化后的 CO_2 大部分经提纯塔进一步分离残存的 NO_x 和惰性气体组分后，从塔底得到液体 CO_2，成品 CO_2 进入储罐储存；少部分液体 CO_2 经洗涤循环泵升压后进入低温洗涤塔回流口洗涤原料气；提纯塔顶放空气作为冷媒介质进入预冷器冷却原料气。

（4）低温洗涤塔釜含高浓度酸性污染物的液体 CO_2 进入预冷器回收冷量并升温，再经过电加热器升温到 200℃ 左右进入脱硝塔，在脱硝塔内，含硝硫酸经高温烟气加热脱除硫酸中的 NO_x，以确保硫酸的质量，脱硝塔塔釜剩余液体为硫酸溶液，经酸冷器降温后进入硫酸储槽储存。

（5）脱硝塔顶排出的气体进入硫酸塔，在硫酸塔中，NO_x 与 SO_2 首先被含硝硫酸吸收，同时，在液相中与含硝硫酸反应，SO_2 被氧化成 SO_3 并被吸收至溶液中生成硫酸，同时生成 NO。在脱硝塔与硫酸塔中发生如下化学反应，即

$$SO_2 + H_2O = H_2SO_3 \tag{6-9}$$

$$HNSO_5 + H_2O = H_2SO_4 + HNO_2 \tag{6-10}$$

$$H_2SO_3 + 2HNO_2 = H_2SO_4 + 2NO + H_2O \tag{6-11}$$

（6）从硫酸塔出来的烟气基本不含 SO_2，余下的酸性污染物主要为 NO，进入氧化塔与氧气在加压下部分反应，使氧化后的尾气中 NO 与 NO_2 大致为同等比例，氧化塔塔顶的烟气进入硝酸塔中，氮氧化物被水吸收生成稀硝酸。在氧化塔与硝酸塔中发生如下反应，即

$$2NO + O_2 = 2NO_2 + Q \tag{6-12}$$

$$4NO_2 + H_2O = 2HNO_3 + 2NO + Q \tag{6-13}$$

式中 Q——热量。

6.4.2 分析检测方法

在 CO_2 压缩冷凝工艺和脱硫脱硝工艺中需要检测气相中 O_2、N_2、NO、NO_2、SO_2 和 CO_2 含量，在脱硫脱硝工艺中还需要检测液相中硫酸和硝酸的浓度。

1. CO_2、O_2 和 N_2 分析方法

气相色谱使用 5A 分子筛填充柱分离 O_2 和 N_2，使用 502 填充柱分离 CO_2，检测器为热导检测器（TCD）。柱箱温度设置为 50℃，TCD 检测器温度设置为 80℃，桥流设置为 80mA，极性为正。

2. NO、NO_2 和 SO_2 分析方法

烟气分析仪为德图 Testo350 M/XL 型，有 NO、NO_2 和 SO_2 检测元件。

3. 酸碱滴定分析方法

试验使用草酸（二水草酸）作为标准氢氧化钠溶液的基准物，用标准氢氧化钠溶液滴定硫酸和硝酸浓度。

（1）氢氧化钠溶液标定：$H_2C_2O_4+2NaOH=Na_2C_2O_4+2H_2O$ 反应达到终点时，溶液呈弱碱性，用酚酞作指示剂（平行滴定两次）。用氢氧化钠溶液滴定草酸（二水草酸）溶液，沿同一个方向按圆周摇动锥形瓶，待溶液由无色变成粉红色，保持 30s 不褪色，即可认为达到终点，记录读数。

（2）硫酸、硝酸溶液标定：$H_2SO_4+2NaOH=Na_2SO_4+2H_2O$、$HNO_3+NaOH=NaNO_3+H_2O$ 反应达到终点时，溶液呈弱酸性，用甲基橙作指示剂（平行滴定两次）。用硫酸硝酸混合液滴定氢氧化钠溶液，沿同一个方向按圆周摇动锥形瓶，待溶液由黄色变成橙色，保持 30s 不褪色，即可认为达到终点，记录读数。

4. 沉淀滴定分析方法

用硫酸、硝酸混合液滴定 $BaCl_2$ 标准溶液，滴定出 SO_4^{2-} 浓度，以茜素 S 作为指示剂，它在溶液中主要以其阴离子 FIn^- 形式存在，计量点前，溶液中存在着过量的 Ba^{2+}，$BaSO_4$ 沉淀表面吸附 Ba^{2+} 而形成带正电荷的 $BaSO_4Ba^{2+}$，指示剂阴离子 FIn^- 同时也被强烈吸附，溶液呈红色，可用下面的简式表示，即

$$BaSO_4Ba^{2+}+FIn^-（黄色）\rightarrow BaSO_4BaFIn（红色）$$

当达到计量点时，过量的一滴 SO_4^{2-} 离子，可夺去 $BaSO_4$ 沉淀表面吸附的 Ba^{2+}，从而使红色消失，突变为亮黄色，其简式为

$$BaSO_4Ba\,FIn+SO_4^{2-}\rightarrow BaSO_4+FIn^-$$

用硫酸硝酸混合液滴定 $BaCl_2$ 标准溶液，沿同一个方向按圆周摇动锥形瓶，待溶液由红色变成亮黄色，保持 30s 不褪色，即可认为达到终点，记录读数。

6.4.3 研究结果与讨论

6.4.3.1 CO_2 压缩冷凝工艺

在 CO_2 浓度一定的情况下，液化温度和压力影响 CO_2 液化率及液化单位质量 CO_2 所需要的电功率。降低液化温度和提高液化压力，均有利于 CO_2 的液化，可以提高 CO_2 的收率，但同时增加了压缩机和冰机的负荷。通过试验，寻找最佳的液化温度和液化压力，使得产出单位质量液体 CO_2 所需的电功率最小。改变液化温度和压力，对 CO_2 含量为 60%～90%

的原料气进行试验，试验结果如图 6-23～图 6-30 所示。

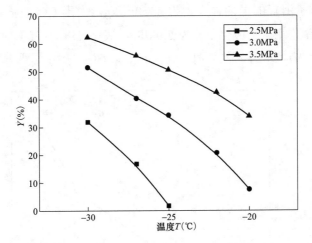

图 6-23 温度和压力对液化率 Y 的影响（体积含量为 60%CO_2）

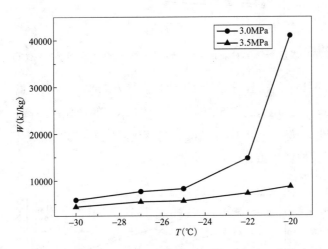

图 6-24 温度和压力对液体 CO_2 功耗（W）的影响（体积含量为 60%CO_2）

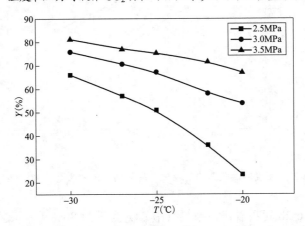

图 6-25 温度和压力对液化率的影响（体积含量为 75%CO_2）

由图 6-23 和图 6-24 可以看出，原料气中 CO_2 含量为 60%（体积含量）情况下，液化器的液化温度为–30℃、液化压力为 3.5MPa 时，液体 CO_2 的液化率最高，为 62.36%；且液体 CO_2 单位质量消耗的电功最少，为 4450kJ/kg。由于 CO_2 含量较低，液化压力对 CO_2 的液化起到关键作用，当液化压力为 3.0MPa，液化温度为–25℃时，冷凝液化的 CO_2 量非常少；液化温度为–20℃和–22℃时，并没有液体 CO_2 产出。

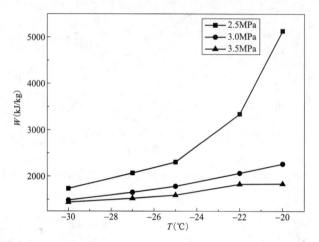

图 6-26　温度和压力对液体 CO_2 功耗的影响（体积含量为 75% CO_2）

由图 6-25 和图 6-26 以看出，原料气中 CO_2 含量为 75%（体积含量）情况下，液化器的液化温度为–30℃，液化压力为 3.5MPa 时，液体 CO_2 的液化率最高，为 81.21%；且液体 CO_2 消耗的单位电功最少，为 1441kJ/kg。当液化温度为–30℃，液化压力为 3.0MPa 和 3.5MPa 时，液体 CO_2 消耗的单位电功相差非常小。

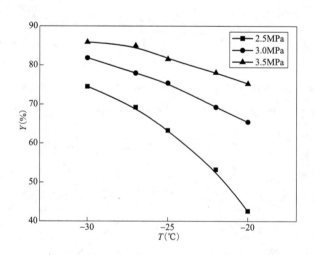

图 6-27　温度和液化压力对液化率的影响（体积含量为 80% CO_2）

由图 6-27 和图 6-28 可以看出，原料气中 CO_2 含量为 80%（体积含量）情况下，液化器的液化温度为–30℃，液化压力为 3.5MPa 时，液体 CO_2 的液化率最高，为 85.92%；液化温度为–30℃，液化压力为 3.0MPa 时，液体 CO_2 消耗的电功最少，为 1273kJ/kg。

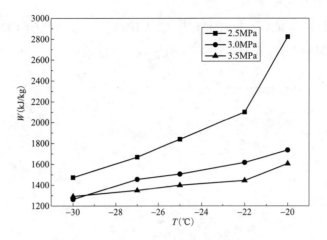

图 6-28 温度和压力对液体 CO_2 功耗的影响（体积含量为 80% CO_2）

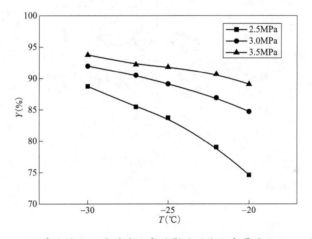

图 6-29 温度和液化压力对液化率的影响（体积含量为 90% CO_2）

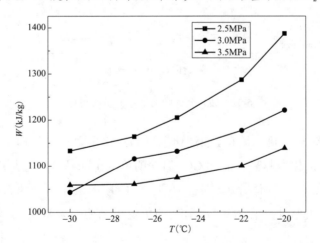

图 6-30 温度和压力对液体 CO_2 功耗的影响（体积含量为 90% CO_2）

由图 6-29 和图 6-30 可以看出，原料气中 CO_2 含量为 90%（体积含量）情况下，液化器的液化温度为-30℃，液化压力为 3.5MPa 时，液体 CO_2 的液化率最高，为 93.77%；液化器的液化温度为-30℃，液化压力为 3.0MPa 时，液体 CO_2 消耗的单位电功最少，为 1043kJ/kg。

相同的液化温度（–30℃）和液化压力（3.0MPa）下，原料气中 CO_2 的含量对液化率和液体 CO_2 功耗的影响如图 6-31、图 6-32 所示。

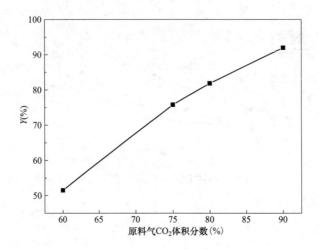

图 6-31　原料气中 CO_2 的含量对液化率的影响

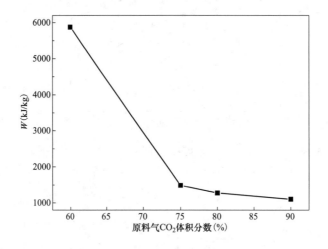

图 6-32　CO_2 含量对液体 CO_2 功耗的影响

由图 6-31 和图 6-32 可以看出，在液化温度和液化压力一定的情况下，原料气中 CO_2 含量越高，CO_2 的液化率越高，液体 CO_2 消耗的单位电功越低。这是由于原料气中 CO_2 含量升高，相应的 CO_2 气体分压升高，有利于 CO_2 的液化。当原料气中 CO_2 体积分数从 60% 增加到 75% 时，液体 CO_2 消耗的单位电功明显降低，从 5876kJ/kg 降低到 1487kJ/kg。

从上述试验结果可以得出，当 CO_2 体积分数为 80% 时，液化温度为–30℃、压力为 3.0MPa 是最优的液化条件，该条件下 CO_2 液化率较高，为 81.86%；液体 CO_2 消耗电功最低，为 1273kJ/kg。同时提纯塔釜的液体 CO_2 纯度大于 99%。因此，CO_2 浓度为 80% 时，压缩冷凝试验中液化温度和压力分别选择–30℃和 3.0MPa。

6.4.3.2　低温洗涤塔 NO_x、SO_2 洗涤试验

液体 CO_2 喷淋量对低温洗涤塔的洗涤效果有着至关重要的影响。CO_2 喷淋量过小会导致洗涤塔顶的 NO_x、SO_2 含量升高；CO_2 喷淋量过大会导致洗涤塔釜富集液中 NO_x、SO_2 浓度降低，导致 NO_x、SO_2 富集程度低。在保证洗涤塔塔顶气中 NO_x、SO_2 含量达到试验限值以下时，尽量减少 CO_2 喷淋量以增加洗涤塔釜中 NO_x、SO_2 的浓度。

实验条件见表 6-9。

表 6-9　　　　　　　　　　　　实 验 条 件 表

实验条件		流量（L/min）	浓度（体积分数，%）
原料配比	CO_2	41.67	80
	N_2	77.09	14.8
	O_2	27.08	5.2
	SO_2	1.18	—
	NO	0.33	—
液化温度（℃）		−35	
液化压力（MPa）		3.0	

通过研究表明：

（1）洗涤塔顶几乎没有 NO_2、NO，且随着液气比的增加略微减少，由于 NO_x 主要成分为 NO_2、N_2O_4 及 N_2O_3，这些物质的沸点均远高于 SO_2 及 CO_2，易于洗涤，所以所需液气比较小，试验所采用的液气比已经大于所需喷淋量，液气比的变化对 NO_x 的影响比较小。洗涤塔顶 SO_2 含量随着液气比的增加明显减少，当液气比从 $0.208L/m^3$ 增加到 $0.52L/m^3$，洗涤塔顶 SO_2 含量逐渐减少甚至消失，说明液气比增大有利于 SO_2 的吸收。当液气比增加至 $0.42L/m^3$ 时，洗涤塔顶放空气中 NO_x 和 SO_2 含量已经符合近零排放要求。

（2）随着液气比逐渐变大，洗涤塔塔釜液中 NO_2 与 SO_2 浓度明显下降，主要原因是由于液气比变大，增加了洗涤塔塔釜液量，从而降低了 NO_2 和 SO_2 的浓度。随着液气比变大，NO 的含量变化不明显且含量较小，主要是因为在低温状态，NO 快速转化为 NO_2 或 N_2O_3，塔釜中 NO 含量非常低，故液气比对塔釜中 NO 含量变化影响较小。在满足洗涤塔顶 NO_x、SO_2 含量满足排放的情况下，为了尽可能地增加洗涤塔釜 NO_x、SO_2 的含量，洗涤塔液气比选择 $0.42L/m^3$，可以确保低温洗涤塔釜 NO_x 和 SO_2 含量。

6.4.3.3　硫硝净化工艺

1. 准备亚硝酰硫酸的制备

配制 $75\%H_2SO_4$、$12\%HNO_3$ 和 $13\%H_2O$ 的混合溶液，向混合溶液中持续地通入 SO_2 气体，至溶液呈现出紫色，亚硝酰硫酸溶液制备完成备用。

向硫酸塔塔釜和吸收塔釜加入一定量的亚硝酰硫酸，向硝酸塔釜加入一定量的水。

2. 硫硝净化工艺试验

该部分试验是通过改变硫硝净化工艺中 NO、SO_2 含量及 NO、SO_2 的比例，试验硫硝净化工艺的脱硫脱硝效果。该试验是在 CO_2 流量为 $4.4m^3/h$、O_2 流量为 5.72L/min，将电加热器温度加热到 220℃，压力在 2.0MPa 条件下进行的，$n_{SO_2}:n_{NO_x}$（SO_2 的质量浓度∶NO_x 的质量浓度）为 0.5~20，硫硝净化工艺，NO 和 SO_2 原料气进气流量如表 6-10 所示。

表 6-10 硫硝净化工艺 NO 和 SO_2 原料气进气流量

试验编号	NO 进气流量		SO_2 进气流量		$n_{SO_2}:n_{NO_x}$
	体积流量 （mL/min）	质量流量 （mg/m³）	体积流量 （mL/min）	质量流量 （mg/m³）	
2-1	184.38	2946.43	840	28571.43	9.70
2-2	92.19	1473.21	840	28571.43	19.39
2-3	92.19	1473.21	110	3617.14	2.46
2-4	452.58	7232.14	110	3617.14	0.50
2-5	184.38	2946.43	110	3617.14	1.23
2-6	184.38	2946.43	420	14285.71	4.85
2-7	92.19	1473.21	420	14285.71	9.70

从图 6-33 和图 6-34 可以看出，硫硝净化工艺对于 NO_x、SO_2 气体的脱除有着明显的作用，硫硝净化工艺整体脱硫率与脱硝率平均均为 98.3%左右，而且 $n_{SO_2}:n_{NO_x}$ 的变化对于硫硝净化工艺效果影响不大。在硫硝净化工艺中，SO_2 的脱除主要在脱硝塔和硫酸塔中进行，NO_x 含量经过脱硝塔和硫酸塔后会增加，是因为亚硝酰硫酸氧化 SO_2 生成 SO_3，自身被还原成 NO，从而增加了气体中的 NO_x 含量，绝大部分 NO_x 最终由硝酸塔吸收。

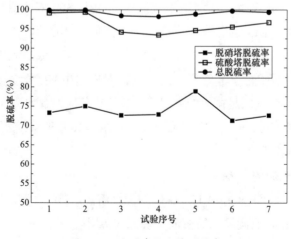

图 6-33 硫硝净化工艺脱硫率

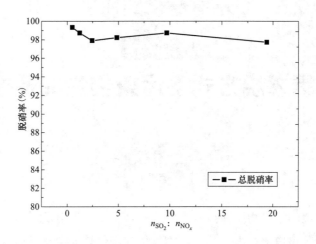

图 6-34 n_{SO_2} : n_{NO_x} 与脱硝率的关系

6.4.3.4 富氧燃烧碳捕集技术全流程工艺试验

全流程工艺试验是在原料气为 80%CO_2、14.8%N_2、5.2%O_2、4000mg/m³ SO_2 和 400mg/m³ NO 条件下进行，液化器的操作温度和操作压力分别为-30℃和 3.0MPa，按照 50kg/h CO_2 产量为满负荷，分别进行负荷率为 75%、100%和 110%试验。全流程工艺试验原料气进气流量如表 6-11 所示。

表 6-11　　　　　　　　　全流程工艺试验原料气进气流量

试验编号	原料气进气流量					液气比（L/m³）	负荷率（%）
	CO_2（m³/h）	N_2（L/min）	O_2（L/min）	SO_2（L/min）	NO（mL/min）		
3-1	27.82	83.94	30.13	0.81	172.50	0.42	75
3-2	37.12	114.37	40.20	1.08	230.81	0.42	100
3-3	39.48	120.83	44.28	1.19	252.87	0.42	110

通过实验研究，得到如下结论：

（1）原料气经过压缩机压缩、预冷器降温后，NO 含量明显减少，同时 NO_2 含量增加，即 NO 在低温条件下被氧化成 NO_2。

（2）转化成的 NO_2 在脱硝塔中全部被硫酸吸收，并在液相中与 SO_2 发生反应，使 80% 的 SO_2 转化为 SO_3 后被水吸收生成硫酸，因为 NO_2 被还原成 NO，所以导致脱硝塔和硫酸 塔顶 NO 含量增高，在氧化塔内 50%左右的 NO 被转化成 NO_2，最后在脱硝塔内被水吸收。

（3）在脱硝塔顶的 SO_2 浓度进一步下降，主要原因是经洗涤塔浓缩后的 SO_2 和 NO_x 在 脱硝塔中反应，使超过 80%的 SO_2 转化为 SO_3 进入液相中，导致此处浓度反而低于浓缩前 的浓度，余下的 SO_2 在硫酸塔中基本转化为 SO_3 而脱除。

（4）富氧燃烧碳捕集工艺能够全流程运行，且各工艺段都能够实现其工艺目的。工艺 能够生产出体积百分数在 99%以上的液体 CO_2，且脱硫脱硝效果明显。

富氧燃烧方式下污染物生成及控制

目前，富氧燃烧的污染物脱除技术主要包括基于常规火电烟气污染物脱除的协同净化技术及烟气压缩一体化净化技术。其中，烟气协同净化技术主要沿用常规空气燃烧的污染物脱除工艺，除尘、脱硫、脱硝分别推荐采用静电除尘器、湿法烟气脱硫工艺和选择性催化还原工艺（SCR）。烟气压缩一体化技术还需要进一步深入研究。下面将对除尘、脱硫、脱硝分别展开介绍。

7.1 除　　尘

7.1.1 富氧燃烧烟尘特点及对电除尘器的影响

富氧燃烧的烟尘特点与空气工况有所差异，主要影响因素有湿度、烟气成分（包括二氧化碳的浓度）、温度等，主要表现在：

1. 湿度增大

富氧燃烧时所用的气体是空气分离获得的氧气和一部分烟气构成的混合气体，烟气再循环使水蒸气累积，水蒸气含量增加，烟气湿度增大。湿度会影响气流分布，从而对电除尘器效率产生影响。烟气湿度增大，气流分布逐渐趋于均匀，并有利于提高击穿电压，降低粉尘比电阻，尤其是烟气温度不是很高时，湿度对电除尘器的性能起着十分重要的作用。

2. SO_2 浓度增大

富氧燃烧时由于烟气再循环使 SO_2 累积，且烟气量大幅度降低，从而使 SO_2 浓度增大，但 SO_2 总量相当。

3. 烟气量减少

富氧工况下除去了助燃空气中的 N_2，使燃烧消耗的气量及产生的烟气量均减少，有利于除尘器选型。

4. 烟尘浓度增大

烟气量的减少使得烟气含尘浓度增大，电除尘器对入口烟气含尘浓度有一定的适宜范围限值，含尘浓度过高，气流均布变差，导致除尘效率降低，易产生电晕封闭。

5. CO_2 浓度大幅提高

富氧燃烧用高纯度的氧代替助燃空气，同时采用烟气循环，使烟气中 CO_2 浓度高达 95%以上，可以较小的代价冷凝压缩后实现 CO_2 的永久封存或资源化利用，较为容易实现大规模化 CO_2 富集和减排。

7.1.2 富氧燃烧煤灰特性对除尘器的影响

1. 灰分影响

以中等含灰煤为例，富氧燃烧工况下的烟气体积流量小于空气燃烧工况，烟气中的含尘浓度较空气燃烧工况高。对于特定的工艺过程和在一般含尘浓度范围内，驱进速度将随着粉尘浓度的增加而增大，但含尘浓度过大，会产生电晕封闭。出口粉尘浓度要求相同时，其设计除尘效率的要求也越高。采用电除尘器则应注意前电场电晕封闭的发生，采用高频电源配套放电性能高且均匀的两线一板的极配型式及断电振打控制等技术，可有效防止电晕封闭的发生。

2. 湿度影响

烟气的湿度对除尘效率有较大影响，湿度高的烟气可以捕集电子形成重离子，使电子的迁移速度下降，从而提高间隙的击穿电压，降低表面比电阻，提高除尘效率。富氧燃烧工况下水蒸气体积高于空气燃烧工况，结合三氧化硫的效果能适当降低飞灰比电阻，有利于静电除尘。

3. 硫含量影响

煤中的硫在燃烧时大部分被氧化成 SO_2，其产生的数量取决于煤中硫的含量、锅炉炉型、燃烧工艺和工况。空气预热器前设置了 SCR 脱硝装置，烟气中的 NO_x 氧化还原为 N_2 和水，使烟气成分发生变化，增加了 SO_3，能起到一定烟气调质作用，在正常情况下，有 0.5%～2%的 SO_2 氧化成 SO_3，SO_3 与 H_2O 结合产生 H_2SO_4 并吸附在飞灰上，能大大降低飞灰的比电阻。富氧燃烧工况的烟气中 SO_2 随着烟气循环的不断累积，其浓度要高于常规空气工况，降低飞灰比电阻，提高电除尘效率。

4. 飞灰成分的影响

飞灰成分的影响主要体现在对比电阻的影响，SiO_2 和 Al_2O_3 都是高熔点、导电性差的物质，是飞灰高电阻的主要因素。锅炉飞灰中 SiO_2、Al_2O_3 含量一般分别占 40%～70%、20%～50%，含量越高，飞灰比电阻越高，不利于除尘。增加一些新的技术措施（如高频电源供电、机电多复式双区技术等）后，对满足低排放要求将更有保证。而飞灰中 Na_2O、K_2O 含量可增加体积电导，使比电阻下降，有利于除尘。K_2O 要通过 Fe_2O_3 起作用。CaO 和 MgO 易与 SO_3 反应生成 $CaSO_4$、$MgSO_4$，从而削弱 SO_3 的作用，并导致飞灰变细，所以是不利因素。

5. 煤质及灰分分析小结

对于本文描述的煤种，由于烟气成分中 SO_3 含量和水蒸气含量增加，同时灰熔点属于中等软化温度灰、$SiO_2+Al_2O_3$ 的含量属于中等水平，转化为方石英、莫来石的量不会太多，适合于采用静电除尘器的除尘。

此外，SCR 脱硝装置将气中的 NO_x 氧化还原为 N_2 和水，使烟气成分发生变化，增加了的 SO_3 能起到一定烟气调质作用，是可以改善电除尘器性能的。

7.1.3 电除尘器对于富氧燃烧烟气特性的适应性分析

烟气参数中对除尘器效率影响较大的是粉尘比电阻、烟气成分、烟气含尘浓度和气流速度等因素，本节将逐项进行分析。

7.1.3.1 粉尘比电阻

粉尘比电阻与电除尘效率之间的关系如图 7-1 所示，比电阻在 $10^4 \sim 10^{11} \Omega \cdot cm$ 之间的粉尘，电除尘效果好。当粉尘比电阻小于 $10^4 \Omega \cdot cm$ 时，根据高斯定理，当粉尘到达集尘极后，容易感应出与集尘极同性的正电荷，由于同性相斥而使"粉尘形成沿极板表面跳动前进"，粉尘无法收集。当粉尘比电阻大于 $10^{11} \Omega \cdot cm$ 时，根据欧姆定理，粉尘层内形成较大的电势差而产生较强的电场强度，使粉尘空隙中的空气电离，出现反电晕现象。正离子向负极运动过程中与负离子中和，使除尘效率下降。

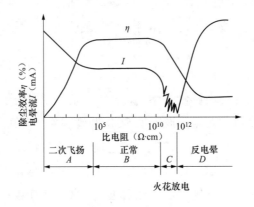

图 7-1 粉尘比电阻与电除尘效率之间的关系

烟气的温度和湿度是影响粉尘比电阻的两个重要因素。图 7-2 所示为不同含湿量下，粉尘比电阻与温度的关系。从图 7-2 可以看出，温度较低时，粉尘的比电阻是随温度升高而增加的，比电阻达到某一最大值后，又随温度的增加而下降。这是因为在低温的范围内，粉尘的导电是在表面进行的，电子沿尘粒表面的吸附层（如水蒸气或其他吸附层）传送。温度低，尘粒表面吸附的水蒸气多，因此，表面导电性好，比电阻低。随着温度的升高，尘粒表面吸附的水蒸气因受热蒸发，比电阻逐渐增加。在低温的范围内，如果在烟气中加入 SO_3、NH_3 等，它们也会吸附在尘粒表面，使比电阻下降，这些物质称为比电阻调节剂。温度较高时，粉尘的导电是在内部进行的，随温度升高，尘粒内部会发生电子热激发作用，使比电阻下降。

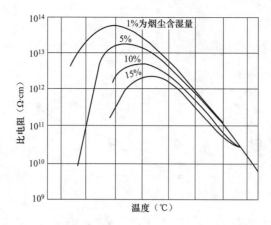

图 7-2 不同含湿量下，粉尘比电阻与温度的关系

从图 7-2 还可以看出，在低温的范围内，粉尘的比电阻是随烟气含湿量的增加而下降的，温度较高时，烟气的含湿量对比电阻影响较小。但是如果烟气中水分过多，当除尘器中烟气温度低于露点时，将会产生结露现象，使电除尘器的极板、极线等粘灰严重或遭到腐蚀，这对除尘器的运行是不利的。以燃用神华煤为例，排烟温度各工况在 150～170℃之间，均高于酸露点温度；烟气中水蒸气含量增加，粉尘的比电阻降低，对电除尘器的运行有利。

7.1.3.2 烟气成分

烟气中各成分对伏安特性影响各不相同，图 7-3 所示为各种烟气介质对伏安特性的影响。

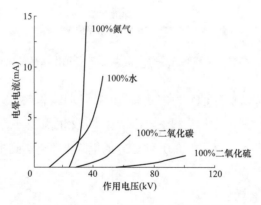

图 7-3 各种烟气介质对伏安特性的影响

从图 7-3 可以看出，在二氧化硫气体中的起晕电压是最大的，其次分别是二氧化碳、氮气、水蒸气。由于富氧燃烧条件下氮气的含量减小较大，而二氧化氮、二氧化硫、水蒸气的含量均有所增加。富氧燃烧工况下烟气中占比例最大的是二氧化碳，其次是水蒸气，其中 CO_2 的体积百分比高达约 70%，较空气燃烧时（CO_2 的体积百分比约为 14%）大大增加，可以预测将会导致起晕电压略有增加，而火花电压提高较大，同时由于富氧燃烧条件下，烟气中水蒸气含量的增加，也会使电除尘器的火花电压增加。因此，CO_2 及水蒸气对静电除尘器的影响不可忽略。

1. CO_2气体放电特性

CO_2和常规烟气条件下的放电特性试验比较如图 7-4 和图 7-5 所示。

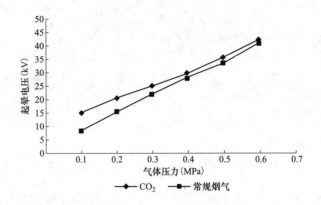

图 7-4　CO_2和常规烟气条件下起晕电压随气体压力的变化曲线

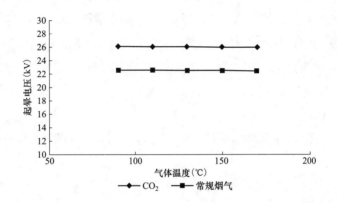

图 7-5　CO_2和常规烟气条件下起晕电压随气体温度的变化曲线

从图 7-4、图 7-5 可以发现 CO_2 与常规烟气的特性曲线非常相似，只是起晕电压上 CO_2 要高于常规烟气。随着气压的增加，起晕电压增加；在相同压力下，CO_2 气体及常规烟气的起晕电压随温度的变化并不明显，但介质为 CO_2 的电除尘器要达到相同的放电特性需要更高的电压。

2. 水蒸气对起晕电压的影响

富氧燃烧条件下，除了二氧化碳外，水蒸气所占比重也很大。研究水蒸气因素对起晕电压的影响，对于研究烟气中的电晕特性有非常重要的作用。从图 7-6～图 7-8 可以看出，当线板间距一定时，同一水蒸气含量下的起晕电压与纯二氧化碳下的都会随着压力的上升而不断上升。而在同一压力下，随着水蒸气含量的增加，起晕电压呈上升趋势。

从图 7-6～图 7-8 对比可以看出，在同一压力下，随着线板间距的减小，起晕电压随水蒸气含量变化的速率也越快。在二氧化碳中加入一定量的水蒸气后，相对于在单纯的二氧化碳条件下，在放电过程中其起晕电压在不同水蒸气含量下，都有不同程度的上升。

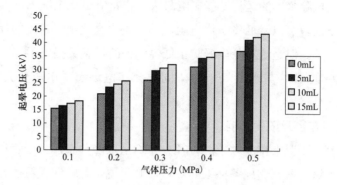

图 7-6 线板间距 2cm 下加入水时气体起晕电压的变化

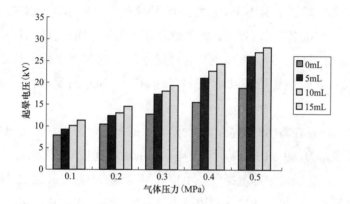

图 7-7 线板间距 1cm 下加入水时气体起晕电压的变化

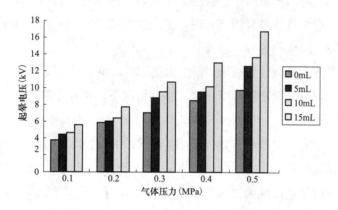

图 7-8 线板间距 0.5cm 下加入水时气体起晕电压的变化

因为在相同的状态下，与二氧化碳相比，水分子在电场内的迁移率比较低，所以如果烟气中的水蒸气含量增加，就会使电场起晕电压变大，进而抑制电场的电晕电流，使电除尘器运行的二次电流减小，在极端条件下，可造成电晕封闭的问题。

但水蒸气在一定程度上可以降低飞灰比电阻，提高除尘效果，因此，富氧燃烧工况下，水蒸气对静电除尘器的具体影响，还需通过进一步试验来确定。

3. 硫含量的影响

煤的含硫量对电除尘器的运行性能影响最大。在富氧燃烧工况下，烟气中的 SO_3 含量较常规烟气条件下高，可以降低飞灰比电阻，不易发生高比电阻粉尘的反电晕现象，对提高收尘效率是有利的。但是这对除尘器防止低温腐蚀的措施又提出了一定的要求。

同时，烟气中的 SO_2 与水蒸气一样，同样会使电场起晕电压变大，具有电晕抑制作用。

7.1.3.3 粉尘粒径及浓度影响

富氧燃烧及空气工况下排放颗粒的粒径分布均呈双峰分布，一个峰在亚微米区域，另一个峰在超微米区域。富氧燃烧条件下的颗粒双峰出现位置略向大粒径方向移动，这主要是由于颗粒燃烧温度较低引起的。

富氧燃烧和空气燃烧工况下 PM_{10} 的微观形貌基本相同。颗粒物中的次量元素和大部分痕量元素在 PM_{10} 各粒径区间质量含量基本一致。但烟气再循环使富氧燃烧工况 PM_{10} 中 S 的含量要明显高于空气工况，这可能是由于该工况下烟气中水蒸气的含量较高，而颗粒中又富含碱性物质 CaO，促进了 CaO 与 SO_2 的反应，所以颗粒物中的 S 含量增加。

电除尘器内同时存在着两种电荷，一种是离子的电荷，另一种是带电尘粒的电荷。离子的运动速度较高，为 $60 \sim 100m/s$，而带电尘粒的运动速度却是较低的，一般在 $60cm/s$ 以下。因此，含尘气体通过电除尘器时，单位时间转移的电荷量要比通过清洁空气时少，即这时的电晕电流小。如果气体的含尘浓度很高，电场内悬浮大量的微小尘粒，会使电除尘器电晕电流急剧下降，严重时可能会趋近于零，这种情况称为电晕闭塞。为了防止电晕闭塞的产生，处理含尘浓度较高的气体时，必须采取措施，如提高工作电压、采用放电强烈的电晕极、增设预净化设备等。

富氧燃烧工况下由于烟气量减少，粉尘浓度过高，粉尘阻挡离子运动，电晕电流降低，严重时为零。所以，有可能出现电晕闭塞，极端情况下，可导致除尘效果恶化。

7.1.3.4 气流速度

电场风速的大小对除尘效率有较大影响，风速过大（$2m/s$），容易产生二次扬尘，除尘效率下降。但是风速过低，电场内的离子风对主气流的影响较大，导致电除尘器体积大，投资增加。一般情况下，电场风速最高不宜超过 $2.0m/s$，除尘效率要求高的风速不宜超过 $1.4m/s$。

7.1.4 富氧燃烧工况除尘器选型建议

由于富氧燃烧工况燃烧烟气具有高 CO_2 浓度、高 SO_2、高水分、高含尘浓度等特点，电场的电晕抑制作用较强，在前级电场容易形成电晕封闭，为了防止发生严重的电晕封闭，除尘器选型建议如下：

（1）富氧条件下除尘器的前两个电场的阳极板间距减小，以减少电晕封闭对前级电场除尘效率的影响。

（2）电晕极选用放电作用强的点放电型电极，如芒刺、锯齿、针刺线等。

（3）前级电场的电压等级较普通工况提高一个等级，以克服电晕抑制效果。

（4）针对灰量大、灰的黏结性强等特点，将灰斗倾角提高，以保证灰斗排灰顺利。

（5）加强保温和加热，防止壁板发生酸露凝结而发生腐蚀。

7.1.5 除尘器方案选择

目前，国内用于火力发电厂的锅炉尾部除尘设备主要有静电除尘器、布袋除尘器和电袋复合式除尘器。实践证明，在静电除尘器能满足要求的情况下采用布袋除尘器或电袋复合式除尘器并不经济，一般仅在静电除尘器难以满足环保标准时采用。

从前面的飞灰特性分析可以看出，静电除尘器对富氧工况的烟气适应性较好。虽然布袋除尘器和电袋复合式除尘器对灰分特性不敏感，不受粉尘比电阻的影响，具有广泛的适应性。但对富氧燃烧而言，富氧燃烧工况烟气量较空气燃烧工况减少，其飞灰浓度则较空气燃烧高，理论上采用布袋除尘器或电袋复合式除尘器的粉尘排放浓度可达到更低，特别是对捕集细微粒子更有利。另外，布袋除尘器和电袋复合式除尘器对烟气的运行环境要求较静电除尘器更为苛刻，主要有下面几个缺点：

（1）布袋除尘器和电袋复合除尘器对含尘气体的湿度是有一定要求的，即使煤质硫含量不高，其烟气的酸露点温度也较低，常规空气燃烧工况下烟气不易结露。但是由于富氧燃烧工况下烟气循环平衡的过程中，烟气中的水蒸气、SO_2、SO_3 等成分不断累积，其平衡后的浓度要远高于常规空气燃烧工程；高 SO_3 和高水分含量使得富氧燃烧工况下，除尘器入口烟气酸露点明显提高，接近 120℃。因此，在富氧燃烧与空气燃烧工况切换、负荷波动等情况下，烟气容易结露，易造成滤袋"糊袋"现象，影响滤袋的过滤性能及寿命。

（2）静电除尘器的阻力较小，为 200～300Pa，而布袋除尘器或电袋复合式除尘器本体的阻力较高，一般为 1000～1500kPa。若采用布袋除尘器或电袋复合式除尘器，将大大增加引风机电耗，不利于节能；此外，布袋除尘器或电袋复合除尘器本体及前后烟道存在较高的负压，对于需要严格控制系统漏风的富氧燃烧烟风系统来说，这是非常不利的。从目前两种类型的除尘器的应用比例来看，静电除尘器应用较为普遍，特别是中型和大型锅炉的项目；布袋除尘器在中小型锅炉除尘工程（锅炉蒸发量<200t/h）的应用在最近也较普遍。

（3）布袋除尘器或电袋复合式除尘器换袋周期短，且成本高昂。

（4）目前 200MW 左右等级的老电厂使用静电除尘器的占大多数，从改造旧的常规电厂为富氧燃烧电厂的需求上来看，静电除尘器在富氧燃烧下的应用也应是目前研究的重点。

7.2 脱 硫

7.2.1 富氧燃烧 SO_2 的生成特性

富氧燃烧气氛中含有高浓度的 CO_2，使燃煤的 SO_2 生成特性有别于传统的空气气氛燃烧方式。富氧燃烧气氛下，由于 CO_2 的传热性质与氮气的差异，所以燃煤的燃烧特性不同于空气条件。富氧密度大，比热高，煤粉颗粒在该条件下燃烧温度较高，燃烧效率高，致使硫的析出速度加快，析出峰值的变化因温度的不同而不同，而燃烧气氛中某些化学成分的不同也导致燃煤中的硫发生不同的化学反应。

煤中硫分按储存形态通常分为有机硫和无机硫两大类，其中无机硫又可分为硫化物硫和硫酸盐硫，有时还有微量的元素硫。

煤中有机硫一般含量较低，但组成很复杂，主要由硫醇、硫化物、二硫化物和硫茂（噻吩）等组分和官能团所构成，有机硫与煤的有机质结为一体，分布均匀，很难清除，一般低硫煤中以有机硫为主，约为无机硫的 8 倍。

硫化物硫在高硫煤的全硫中所含比重较大，约为有机硫的 3 倍。硫化物硫中绝大部分以硫铁矿硫的形式存在，常以极细的颗粒存于煤中，有的与有机质连在一起，有的浸染在有机质中。

硫铁矿遇热分解失去硫分，析出 Sn、H_2S 等气体，这些气体一旦生成，便向周围扩散，在煤粒内部或外部遇氧后，氧化成 SO_2、SO_3 等气体，成为煤燃烧烟气中 SO_2 的一个重要来源。

7.2.2 静态实验中 SO_2 排放

7.2.2.1 SO_2 随时间析出特性

研究获得了水平管式炉在不同气氛下燃烧烟煤和无烟煤 SO_2 随时间的析出特性，如图 7-9 和 7-10 所示。在 O_2/CO_2 气氛下，不同煤种燃烧过程中 SO_2/NO 的析出规律与空气气氛下有明显不同。烟煤在空气气氛下 SO_2 随时间呈双峰析出，而在 21%O_2/79%CO_2 气氛下，SO_2 的析出时间明显延长，析出峰的峰值减小，第二个峰变得不再明显。无烟煤在两种气氛下 SO_2 随时间均呈单峰析出，但在 O_2/CO_2 气氛下析出峰时间有所滞后，峰值减小，析出时间延长。

SO_2 的析出特性与 S 元素在煤中的存在形态密切相关。可以推断烟煤燃烧的第一个 SO_2 析出峰是由煤中的硫铁矿 S 燃烧产生的，第二个峰是由芳香 S 燃烧生成的。

在 21%O_2/79%CO_2 气氛下，较低的挥发分扩散速率和焦炭的燃烧速率以及较差的燃尽性能，使烟煤燃烧的 SO_2 析出的第二个峰值变小且析出时间变长。由于无烟煤较低的挥发分含量，相同气氛下燃烧速率较低，所以 SO_2 析出的第一个峰很低且与第二个峰之间没有

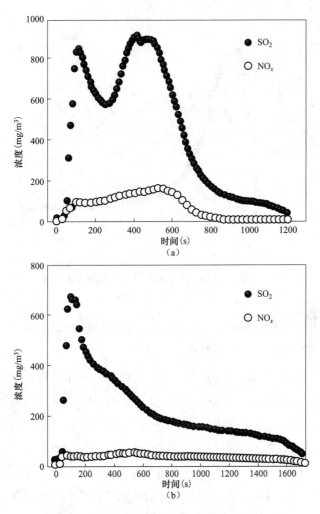

图 7-9 管式炉燃烧 SO_2/NO_x 排放（烟煤）

（a）21%O_2/79%N_2；（b）21%O_2/79%CO_2

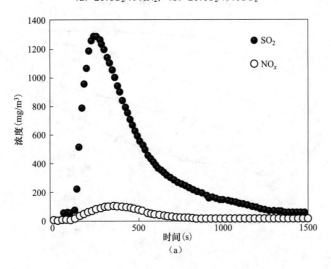

图 7-10 管式炉燃烧 SO_2/NO_x 排放（无烟煤）（一）

（a）21%O_2/79%N_2

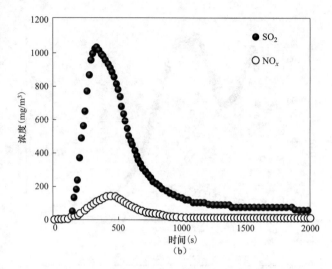

图 7-10　管式炉燃烧 SO_2/NO_x 排放（无烟煤）（二）

（b）21%O_2/79%CO_2

明显界限，两个析出峰重叠在一起，呈单峰析出。燃煤 SO_2 排放量低于 O_2/N_2 气氛。

7.2.2.2　O_2 浓度对 SO_2 排放的影响

根据相关实验，设定反应温度分别为 750℃、850℃、950℃ 和 1050℃ 等，炉内气氛分别为 10%O_2/90%CO_2，21%O_2/79%CO_2，30%O_2/70%CO_2 和 40%O_2/60%CO_2，烟煤和无烟煤 SO_2 排放量均随 O_2 浓度的增加而增加，如图 7-11 所示。随着 O_2 浓度的升高，煤颗粒燃烧放热更加剧烈，煤粒本身的自加热使颗粒温度高于环境气体温度，煤中较难析出的 S 提前析出，同时煤灰对煤中 S 的束缚能力变弱，使 SO_2 排放量增加。但随着气氛温度的升高，煤中大部分的 S 已经析出，O_2 浓度增加对 S 析出的促进作用减弱。O_2 浓度从 10% 增加到 40%，4 个设定温度下，烟煤 SO_2 排放量分别增加了 47.8%、29.5%、27.5%和 41.9%；无烟煤 SO_2 排放量分别增加了 40.4%、30.7%、29.4%和 10.1%。

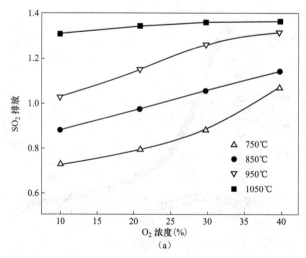

图 7-11　氧浓度对 SO_2 排放的影响（一）

（a）烟煤

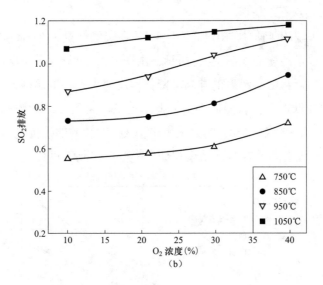

图 7-11　氧浓度对 SO_2 排放的影响（二）

（b）无烟煤

7.2.2.3　CO_2 浓度的影响

保持 O_2 浓度为 21%，分别改变 CO_2 和配气 Ar 的浓度。在 $21\%O_2/79\%Ar$、$21\%O_2/30\%CO_2/49\%Ar$、$21\%O_2/50\%CO_2/29\%Ar$ 和 $21\%O_2/79\%CO_2$ 4 种气氛下开展 CO_2 浓度对烟煤 SO_2 排放量影响实验。结果发现随着 CO_2 浓度的增加，各温度下烟煤和无烟煤的 SO_2 排放量均呈下降趋势。实验结果如图 7-12 所示。

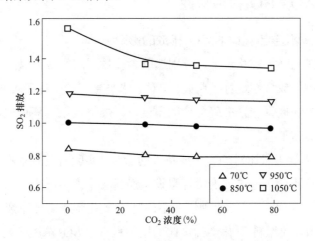

图 7-12　CO_2 浓度对烟煤燃烧 SO_2 排放的影响

在富氧燃烧方式下，一方面，高比热性 CO_2 造成的较低的燃烧颗粒温度使煤的自固硫能力增强；另一方面，气氛中增加的 CO_2、CO 的浓度引起的颗粒表面和气相局部的还原性气氛等促进了 S 向其他物相形态（$S/COS/CS_2$）的转化。而且从图 7-12 中可以看出，温度越高，CO_2 浓度增加对 SO_2 析出的抑制作用越明显。这可能是高温下 CO_2 浓度增加对煤颗粒表面温度的影响更大以及 CO_2 对煤焦的气化作用更明显造成的。

7.2.2.4 添加石灰石的影响

实验按照 Ca/S 比为 1 向原煤中添加了石灰石,在空气气氛和21%O$_2$/79%CO$_2$气氛下石灰石添加对 SO$_2$ 排放量的影响如图 7-13 所示。由图 7-13 可见,各工况添加石灰石后,烟煤 SO$_2$ 排放量均降低,且随着温度的升高,降低程度变大。在低温区,石灰石部分分解,且煤中 S 的转化率较低,石灰石捕捉 SO$_2$ 的概率较小,因此,SO$_2$ 排放降低幅度不大。高温区,由于石灰石的大量分解和 SO$_2$ 的大量析出,CaO 对 SO$_2$ 的捕捉能力大大增强,使 SO$_2$ 降低幅度增加。无烟煤燃烧 SO$_2$ 排放结果与烟煤类似,在此不再赘述。

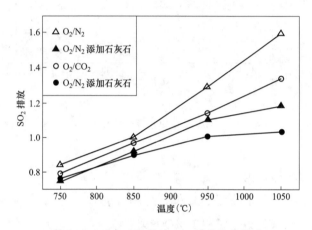

图 7-13　石灰石添加对 SO$_2$ 排放量的影响

7.2.3　动态燃烧 SO$_2$ 排放特性

7.2.3.1　燃料/氧化学当量比对 SO$_2$ 排放的影响

华北电力大学在沉降炉实验台上,分别选取含硫量不同的 3 种煤,对空气和 O$_2$/ CO$_2$ 气氛煤粉燃烧 SO$_2$ 的排放特性进行了研究。相对于水平管式炉中煤粉堆积状态的静态燃烧,在沉降炉中为煤粉燃烧提供一个准确可调的温度场、燃烧气氛和停留时间,相对能够更准确模拟煤粉燃烧的实际工况。

为考察燃料/氧化学当量比对 SO$_2$ 生成特性的影响,实验时使煤粉在炉内的停留时间均为 2s,保持气体流量不变,通过改变给煤量调整燃料/氧化学当量比,实验温度为 1200℃。图 7-14(a)为江苏、广西、宁夏 3 种煤在不同燃料/氧化学当量比下燃烧时烟气中 SO$_2$ 的浓度变化。可以看出,随燃料/氧化学当量比的增加烟气中 SO$_2$ 浓度升高,这主要是因为随燃料/氧化学当量比的增加,加入系统中煤的总量增加,相应的由煤中含硫所带入的硫的总量也就增加,但是气体流量不变,所以燃烧时烟气中 SO$_2$ 浓度升高。

图 7-14(b)中单位质量煤生成 SO$_2$ 的量随燃料/氧化学当量比的增加而迅速减少,尤其是在燃料/氧化学当量比大于 1 以后,减少幅度更大。这主要由于在还原性气氛下,煤中的硫更多地转化为 H$_2$S,COS(氧硫化碳)和 S 以及生成的 SO$_2$ 又被还原。有研究结果表明,当燃料/氧化学当量比小于 1 时,煤炭中的大部分硫都以气态硫化合物的形式进一步被

氧化，转变为 SO_2（质量分数在 90%以上），而 H_2S、COS 很少；当燃料/氧化学当量比大于 1 以后，燃料就会过剩，最后硫化物的气体产物转化为 H_2S，COS 的量就会随燃料/氧化学当量比的升高迅速增加。

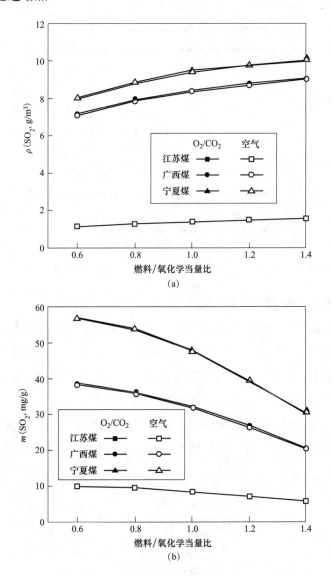

图 7-14 江苏、广西、宁夏 3 种煤在不同燃料/氧化学当量比下燃烧时烟气中 SO_2 的浓度变化
（a）烟气中 SO_2 浓度；（b）单位质量煤 SO_2 生成量
煤中硫含量：江苏（0.58）＜广西（2.29）＜宁夏（3.37）。

从图 7-14 中还可以看出在空气和富氧两种气氛下烟气中 SO_2 浓度以及单位质量煤生成 SO_2 的量几乎没有变化，仅与煤中含硫量以及煤的种类有关。高硫煤对应的 SO_2 排放量也高。由此可知，煤中含硫量是影响 SO_2 生成的最主要的因素。

7.2.3.2　温度对 SO_2 排放的影响

图 7-15 所示为江苏、广西、宁夏 3 种煤在不同温度下燃烧时烟气中 SO_2 浓度的变化，

由图 7-15 可以看出，该实验条件下，单纯改变温度对空气和 O_2/CO_2 气氛下 SO_2 的排放几乎没有影响。烟气中 SO_2 的浓度高低主要取决于煤中 S 含量的多少。

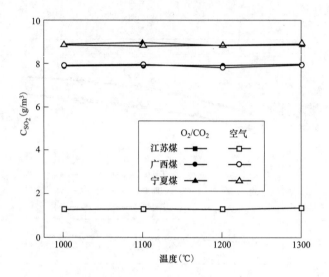

图 7-15　江苏、广西、宁夏 3 种煤在不同温度下燃烧时烟气中 SO_2 浓度的变化

7.2.3.3　石灰石添加对 SO_2 排放的影响

当煤中加入石灰石后，对于煤粉在空气气氛下燃烧时，SO_2 的排放量随温度的升高而增加，而在 O_2/CO_2 气氛下，SO_2 的排放量随温度的升高呈现先减少后增加的趋势。在温度为 1100℃情况下 SO_2 排放量最少，如图 7-16 所示。导致这种变化是由于在 2 种气氛下石灰石固硫特性不同所造成的：一方面，空气气氛下 CO_2 分压较低，石灰石分解较快，在很短的时间内完全分解为 CaO，硫化速率与煅烧速率相比要低得多，于是多余的 CaO 在高温下烧结，使比表面积和孔隙率下降，CaO 活性降低；另一方面，硫化产物 $CaSO_4$ 的摩尔体积

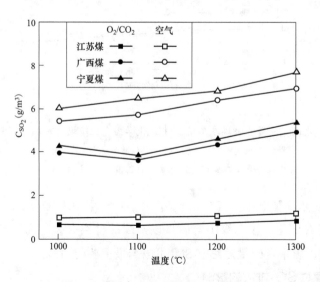

图 7-16　添加石灰石后烟气中 SO_2 浓度变化（燃料/O_2=0.8，Ca/S=2）

较大，造成未反应 CaO 的孔隙堵塞，使参与反应的比表面积进一步减少，导致硫化反应减慢。温度越高，烧结及孔隙堵塞越严重，脱硫效果越不理想。

O_2/CO_2 气氛下较高的 CO_2 浓度使石灰石煅烧分解速率减慢，石灰石完全分解时间延长，使 CaO 所经历的烧结时间减少，即新生 CaO 能够较长时间保持较高的比表面积，相应的硫化反应也就能够较长时间保持较高的反应速率；另外，O_2/CO_2 气氛下煅烧速率减缓使得煅烧和硫化反应在较长的时间内同时进行，由于直接硫化反应和煅烧反应产生的 CO_2 使硫化产物层 $CaSO_4$ 具有多孔性，使得 CaO 孔隙堵塞较轻，所以在高温下石灰石在 O_2/CO_2 气氛下表现出较优的脱硫特性。

在 O_2/CO_2 气氛下，1100℃时获得最大的脱硫效率，接近 60%。因此，加入石灰石后的煤粉在 O_2/CO_2 气氛下燃烧，1100℃时，由石灰石除去的 SO_2 最多，相应的 SO_2 排放量就最少。3 种煤的脱硫效率高低的顺序依次为宁夏煤、广西煤、江苏煤，这与其含硫量高低次序相同，其主要是因为石灰石脱硫效率随 SO_2 浓度的升高而增加。在实际中富氧燃烧采用烟气再循环，会使烟气中 SO_2 浓度比无循环时高许多，这会进一步增加石灰石的脱硫效率。不同气氛下加入石灰石后的脱硫效率如图 7-17 所示。

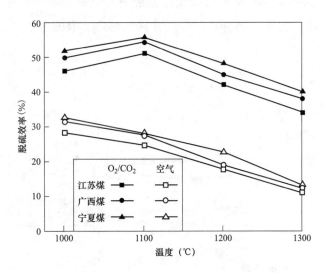

图 7-17　不同气氛下加入石灰石后的脱硫效率

7.2.4　SO_2 排放试验结果

华中科技大学在 0.3MW 试验台上进行了煤粉在空气和富氧气氛的燃烧试验，富氧燃烧工况 O_2% 浓度为 28%，空气和富氧燃烧不同工况下 SO_2 排放量如图 7-18 所示。采用单位质量煤 SO_2 的排放量为指标，从该试验结果来看，采用富氧燃烧方式，对于 SO_2 的影响不大，只比空气燃烧略有降低，这说明 O_2/CO_2 气氛对于 SO_2 的产生并没有太大的影响。而喷钙以后，SO_2 急剧减少，进行烟气循环以后，SO_2 的排放指标再次大量降低，在不循环的基础上再降低了近一倍。采用烟气再循环后，气体中 SO_2 的浓度也增加，SO_2 在炉内的停留时间增加，增加了与脱硫剂的接触时间，这对 SO_2 的脱除作用是十分可观的。

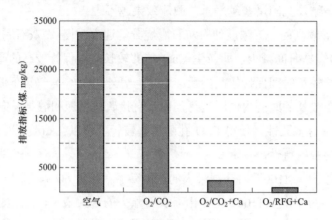

图 7-18 空气和富氧燃烧不同工况下 SO_2 排放量

加拿大 E.Croiset 等在 0.21MW 试验台上测试的循环和不循环工况下 SO_2 排放结果如图 7-19 所示，与华中科技大学的试验结果类似，在不循环条件下，富氧燃烧条件下产生单位能量 SO_2 的排放量和空气燃烧条件差别不大。采用烟气再循环之后，即使不添加石灰石，SO_2 的排放也比未循环工况有一定降低，O_2%浓度为 28%时，SO_2 排放量从 320ng/J 降低到 280ng/J。

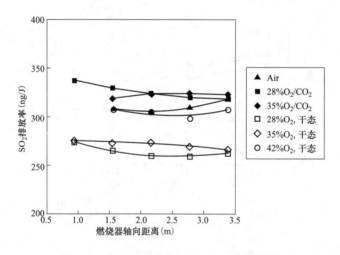

图 7-19 循环和不循环工况下 SO_2 排放结果

阿尔斯通公司在 30MW 试验台上对不同氧/燃料化学计量比下 SO_2 的排放数据进行了测试，见图 7-20。从烟气中 SO_2 的浓度来看，富氧燃烧条件下由于烟气再循环引起烟气中 SO_2 浓度远高于空气燃烧，排放浓度高达空气燃烧的 4 倍。而比较单位能量排放的 SO_2，两种气氛 SO_2 排放量几乎相同，这与华中科技大学和加拿大研究者的试验结果有所差别，而在实验室研究中，同样有学者认为富氧燃烧会使 SO_2 排放量降低，也有人认为对 SO_2 排放量没有影响，关于此问题有待在试验台上进一步验证。

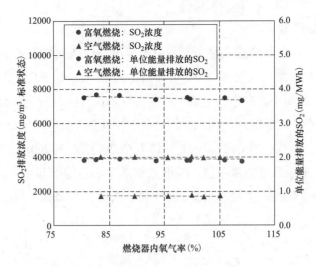

图 7-20　富氧燃烧 SO_2 排放浓度和排放量

7.2.5　富氧燃烧方式下 SO_2 脱除机理

富氧燃烧方式下影响 SO_2 脱除有两方面的因素：一是燃烧气氛中化学成分的改变导致气相中 SO_2 发生化学形态转化；二是 O_2/CO_2 气氛下脱硫剂具有与传统燃烧方式下不同的固硫特性。

1. 均相脱硫机理

富氧燃烧方式最显著的特点是燃烧气氛中含有高浓度 CO_2，导致燃烧气氛中存在一些不同于空气气氛下的组分，如 CO 等，燃烧生成的 SO_2 继续与之反应，生成不同形态的硫的产物，如 COS、SO_2、单质 S 等，SO_2 只是硫产物众多形态的一种，因而引起烟气中 SO_2 的排放量下降。

由于 O_2/CO_2 气氛中存在较高浓度的 CO_2，致使燃烧过程中的炭颗粒周围充满 CO_2，从而发生如下反应，即

$$C+CO_2=2CO \tag{7-1}$$

当煤燃烧过程中所释放的 SO_2 遇到 CO 时，SO_2 被还原，则

$$2CO+SO_2=2CO_2+S \tag{7-2}$$

生成的 S 又与 CO 反应生产 COS（氧硫化碳），即

$$CO+S=COS \tag{7-3}$$

一般煤中均含有一定量的 Al_2O_3，而氧化铝又是 COS 还原 SO_2 的催化剂，它对以下反应具有较好的催化活性，即

$$SO_2+2COS=2CO_2+1.5S_2 \tag{7-4}$$

因此，富氧燃烧条件下，燃煤中的硫一部分以 COS 的形式排放出来；同时 COS 在氧化铝的催化作用下，将一部分 SO_2 还原成单质硫，这两种硫转化形态使烟气中 SO_2 排放减少。

2. 非均相脱硫机理

采用喷钙脱硫时，富氧燃烧条件下石灰石表现出与传统燃烧方式下不同的煅烧特性。石灰石分解率随停留时间的变化（1000℃）如图 7-21 所示。石灰石在空气气氛下的煅烧要比在 O_2/CO_2 气氛下快得多，在空气气氛下，石灰石在 0.75s 时已经分解结束，而在 O_2/CO_2 气氛下，石灰石完全分解的时间约为 1.5s，比在空气气氛下分解时间延长了 1 倍。

在空气气氛下，煤灰中的 $CaCO_3$ 迅速分解为 CaO，CaO 和 SO_2 反应生产大量 $CaSO_4$，它在 CaO 颗粒表面形成致密的覆盖层，阻止了 SO_2 与 CaO 进一步反应，致使脱硫率降低，同时多余的 CaO 发生烧结，使比表面积迅速下降，CaO 活性降低，脱硫性能下降。石灰石煅烧产物比表面积变化如图 7-22 所示。

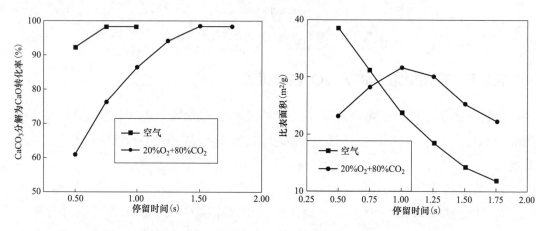

图 7-21　石灰石分解率随停留时间的变化（1000℃）　　图 7-22　石灰石煅烧产物比表面积变化

而在 O_2/CO_2 气氛中，高 CO_2 浓度使石灰石煅烧分解速率减慢。石灰石完全分解时间延长，使 CaO 所经历的烧结时间减少。在 O_2/CO_2 气氛下脱硫过程与煅烧过程同时进行，无大量 CaO 剩余，CaO 不易烧结，同时生成的 CO_2 改善了脱硫产物 $CaSO_4$ 对孔的堵塞，比表面积降低较小，使得石灰石在 O_2/CO_2 气氛下可以较长时间保持良好的脱硫特性。

煤燃烧后的飞灰中含有一定比例的 CaO，可以充当固硫剂。根据非均相脱硫机理，在 O_2/CO_2 气氛下，煤灰的自固硫能力得到增强。富氧燃烧采用烟气再循环提高了烟气中 SO_2 的浓度，增加了 SO_2 与脱硫剂的接触时间，这也会促进富氧燃烧脱硫效率的提高。

结合 SO_2 排放的试验结果，可以发现不添加石灰石时，有些试验结果表明富氧气氛对 SO_2 排放无明显影响，另外，有些结果表明富氧燃烧对 SO_2 排放有一定的抑制作用。添加石灰石之后，由于富氧燃烧对石灰石煅烧特性的影响，脱硫效率比常规空气燃烧显著提高。可以推测富氧条件下均相脱硫机理对 SO_2 排放的影响效果有限，而非均相脱硫对控制 SO_2 排放有重要作用。

7.3 脱 硝

富氧燃烧烟气再循环方式对 NO_x 的生成会产生一定的影响。由于烟气的再循环，NO_x 在煤焦的燃烧早期被还原为 HCN 或者 NH_3。O_2/CO_2 气氛中 NO_x 的生成由于着火的延迟在一定程度上也被延迟。

富氧燃烧能够对 CO_2 减排发挥着积极的作用，但在富氧燃烧条件下，NO_x 污染物依然会存在，且排放浓度是满足不了国家环保要求的，需要采取措施予以控制。采用选择性催化还原剂技术（SCR），对富氧燃烧锅炉、空气兼顾富氧燃烧锅炉进行脱硝方案研究，研究内容主要包括在富氧燃烧工况下脱硝还原剂、脱硝催化剂的适应性，富氧燃烧锅炉、空气兼顾富氧燃烧锅炉的脱硝设计方案以及不同锅炉脱硝方案的经济性比较。脱硝方案是根据锅炉的不同燃烧方式设计的，若是单一的富氧燃烧锅炉，拟推荐采用常规脱硝布置方案；若是空气兼顾富氧燃烧锅炉，拟推荐采用多烟道、多反应器脱硝布置方案。

7.3.1 NO_x 的生成与转化机理

氮氧化物包括 NO、N_2O、NO_2、N_2O_2 等，煤燃烧过程中产生的氮氧化物主要是 NO 和 NO_2，其中以 NO 为主。此外，还有少量的 N_2O 产生。氮氧化物在煤燃烧过程中的生成量和排放量与煤燃烧方式，特别是燃烧温度及过量空气系数等燃烧条件密切相关。在传统的燃烧条件下，煤燃烧生成的 NO_x 中，NO 占 90% 左右，NO_2 占 5%～10%，而 N_2O 只占 1% 左右。

常规煤燃烧生成的 NO_x 有热力型 NO_x、快速型 NO_x 和燃料型 NO_x 3 种类型。其中燃料型 NO_x 是最主要的，热力型 NO_x 的生成和燃烧温度有很大关系，快速型 NO_x 在煤燃烧过程中生成量少。对于富氧燃烧方式下，燃烧气氛中氮气相对较少，产生的热力型 NO_x 和快速型 NO_x 较少，NO_x 主要以燃料型 NO_x 存在，这是富氧燃烧方式区别于常规燃烧方式的一大特点。

7.3.1.1 NO_x 的生成机理

1. 热力型 NO_x（ThermalNO_x）

热力型 NO_x 又称为温度型 NO_x，它是由空气中的氮气和氧反应形成的。热力型 NO_x 的生成可以用 Zeldovich 机理描述，即

$$O+N_2=NO+N \tag{7-5}$$

$$N+O_2=NO+O \tag{7-6}$$

$$2NO+O_2=2NO_2 \tag{7-7}$$

其中第一个反应需要很高的活化能来打破 N_2 的分子结构，该反应控制了热力型 NO_x 的生成速率。只有当反应温度达到 1500℃ 以上，该反应才能发生。因此，燃烧区域的温度

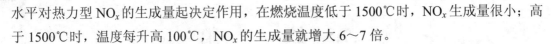

水平对热力型 NO_x 的生成量起决定作用，在燃烧温度低于 1500℃ 时，NO_x 生成量很小；高于 1500℃ 时，温度每升高 100℃，NO_x 的生成量就增大 6～7 倍。

2. 快速型 NO_x（PromptNO$_x$）

快速型 NO_x 是由燃烧时空气中的氮和燃料中的碳氢离子团，如 CH 等反应生成 HCN 化合物 N，进一步快速与氧反应，生成 NO_x。这部分 NO_x 的转换速度极快，但生成量很少，仅占 NO_x 总生成量的 5% 以下。

3. 燃料型 NO_x（FuelNO$_x$）

燃料型 NO_x 是由燃料中含有的氮化合物在燃烧过程中热分解，然后被氧化而生成的。同时，还存在着 NO_x 的还原反应。

以上 3 种煤粉燃烧过程中所产生的 NO_x 中，燃料型 NO_x 是最主要的，在一般的燃烧温度下（1200℃ 左右）它占 NO_x 生成总量的 60%～80%。对于富氧燃烧方式下，燃烧气氛中是没有分子氮的。热力型 NO_x 和快速型 NO_x 是不存在的，只存在燃料型的 NO_x。这是富氧燃烧方式区别于常规燃烧方式的一大特点。下文将针对燃煤过程中燃料型 NO_x 生成机理进一步阐述。

7.3.1.2　燃料型 NO_x 的生成与转化

燃料型 NO_x 的生成与还原不仅与煤种的特性、煤中氮化合物存在的形态、燃料中的氮热解时在挥发分和焦炭中分配的比例和各自的成分有关．还与氧浓度等因素密切相关，燃烧温度也有一定的影响。而煤中氮的化学结合形式不同，它们在燃烧时分解特性也就不同，直接决定了 NO_x 的氧化、还原反应过程和最终 NO_x 的生成量。

7.3.1.2.1　煤中的氮化合物存在的形态

煤中的氮化合物存在两种不同的化合状态，即挥发分氮与焦炭氮。

1. 挥发分氮

挥发分氮是一种不稳定的杂环氮化合物，存在于煤的挥发分中，在燃烧受热时易发生分解，生成挥发性氮化合物，煤中的这部分氮化合物称为挥发分氮。一般情况下，当煤中的挥发分析出一部分后，挥发分氮才开始析出，其析出量随着煤的热解温度和加热速率的增加而增加。

2. 焦炭氮

焦炭氮是一种相对比较稳定的氮化合物，是在挥发分氮析出后残存于焦炭中的燃料氮，它们以氮原子的状态与各种碳氢化合物结合成氮的环状化合物或链状化合物。

7.3.1.2.2　燃料型 NO_x 的生成途径

1. 由挥发分氮转化生成 NO_x

在煤燃烧初始阶段的挥发产物析出过程中，大部分的挥发分氮（气相氮化合物）随煤中其他挥发产物一起释放出来，首先形成中间产物 NH_i（i=1、2、3）、CH 以及 HCN，其中主要是 NH_3 和 HCN。在氧气存在的条件下，含氮的中间产物会进一步氧化而生成 NO；在还原性气氛中，则 HCN 会生成多种胺（NH_i）。胺在氧化气氛中既会进一步氧化成 NO，又能与已经生成的 NO 进行还原反应。

HCN 和 NH$_3$ 两者在氧化性和还原性气氛下有两种不同的反应机理，氧化性气氛中最终形成 NO，还原性气氛中形成 N$_2$。HCN 被氧化成 NCO 后，有两个反应方向，取决于 NCO 所处的反应环境。

氧化性气氛下为

$$HCN+O=NCO+H \tag{7-8}$$

$$NCO+O=NO+CO \tag{7-9}$$

$$NCO+OH=NO+CO+H \tag{7-10}$$

还原性气氛下为

$$NCO+H=NH+CO \tag{7-11}$$

HCN 与 O$_2$ 的总反应为

$$HCN+7/4O_2=NO+CO_2+1/2H_2O \tag{7-12}$$

$$HCN+5/4O_2=1/2N_2+CO_2+1/2H_2O \tag{7-13}$$

可见，在贫氧条件下，HCN 最终生成 N$_2$，在氧气充足条件下则生成 NO。

另一氮化物 NH$_3$ 在不同的气氛下也有不同的反应方向：

氧化性气氛下为

$$NH+O_2=NO+OH \tag{7-14}$$

$$NH+2O=NO+OH \tag{7-15}$$

$$NH+OH=NO+H_2 \tag{7-16}$$

还原性气氛下为

$$NH+H=N+H_2 \tag{7-17}$$

$$NH+NO=N_2+OH \tag{7-18}$$

挥发分中的 HCN 和 NH$_3$ 与自由基 O、OH、O$_2$ 等的氧化反应生成燃料型 NO$_x$ 的机理十分复杂，相关因素众多，既受到燃烧温度、过量空气系数、煤种、煤颗粒大小等的影响，同时也受燃烧过程中的燃料、气氛混合条件的影响，燃烧室局部的自由基浓度的不同，也使 NO$_x$ 的生成反应变得有所差异。

煤燃烧过程中燃料氮的转化路径如图 7-23 所示。

2. 由焦炭中的燃料氮转化生成 NO$_x$

焦炭燃烧时，在焦炭表面生成 NO 的反应和 NO 被还原的反应均属于非均相反应，其反应机理非常复杂，且尚不完全清楚。一般认为，焦炭氮首先转化成 HCN，HCN 再和氧反应生成 NO，即

$$HCN+O_2=NO+CO+H \tag{7-19}$$

NO 可以被 HCN 还原，即

$$HCN+NO=N_2+CO+H \tag{7-20}$$

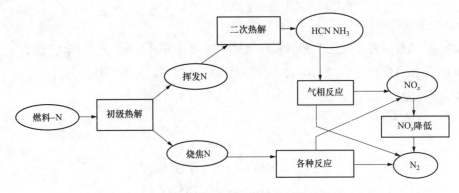

图 7-23 煤燃烧过程中燃料氮的转化路径图

NO 也可以被焦炭还原，在焦炭表面对已生成的 NO 的还原反应为

$$2NO+2C=N_2+2CO \tag{7-21}$$

$$4NO+C+2H_2=2N_2+CO_2+2H_2O \tag{7-22}$$

$$2NO+2CO=N_2+2CO_2 \tag{7-23}$$

在氧化性气氛中，随着过量空气系数的增加，挥发分氮生成的 NO_x 将迅速增加。在煤粉燃烧的一般环境下，挥发分氮生成的 NO_x 通常占燃料型 NO_x 总量的 60%～70%，而焦炭氮所生成的 NO_x 占到 30%～40%。

7.3.1.3 NO_x 破坏机理

燃烧过程中氮元素在氧化性气氛中热解生成 NO_x，而在还原性气氛中则生成氮分子 N_2。NO_x 的降解破坏也就是其在燃烧过程中的还原过程。NO 的还原方式如下。

NO 通过烃根（CH_i）反应生成氰，然后再进一步反应形成氮分子（N_2），主要反应方程为

$$NO+CH=HCN+O \tag{7-24}$$

$$NO+CH_2=HCN+OH \tag{7-25}$$

$$NO+CH_3=HCN+H_2O \tag{7-26}$$

NO 与氨类（NH_i）和氮原子（N）反应生成氮分子（N_2），反应过程为

$$NO+NH=N_2O+H \tag{7-27}$$

$$NO+NH=N_2+OH \tag{7-28}$$

$$2NN+2NH=3N_2+H+H \tag{7-29}$$

$$NH+N=N_2+H \tag{7-30}$$

$$N_2O+H=N_2+OH \tag{7-31}$$

$$N_2O+2OH=N_2+H_2O+O_2 \tag{7-32}$$

此外，NO 还可以被 CO、煤焦、H_2 以及燃料氮等还原。

CO 与 NO 的反应比较简单，反应式为

$$2CO+2NO=2CO_2+N_2 \tag{7-33}$$

上述反应在高温下才具有较高的反应速率，在低于 850℃时，这一反应的反应速率非

常小。在煤粉燃烧过程中，煤焦对这一反应有显著的催化作用使 CO 与 NO 的反应速率明显提高。在 O_2/CO_2 气氛下，初始 CO 浓度较高，这一催化作用更加明显。CO、H_2 主要是在煤焦和灰分的催化作用下还原 NO 的。

1. 富氧条件下煤燃烧 NO_x 的排放特征

当 O_2 浓度提高之后，燃烧更加剧烈，燃烧反应速度更快，可以看出煤粉在 400 s 内均已反应完成，而且 NO 出现的峰值时间也要早于低氧浓度条件。较高氧浓度下，两种气氛 NO 浓度峰值无明显差别，可能由于高氧浓度下两种气氛挥发分的析出均足够快，而且氧量充足，此时氧浓度的变化对 NO 析出影响并不明显。而在 NO 峰值过后，O_2/CO_2 条件 NO 的释放量要低于 O_2/N_2 条件，表明 CO_2 的确在一定程度上抑制了 NO 的释放。

对于煤焦而言，在两种气氛下 NO 均存在一个缓慢释放的过程。随着反应的进行，NO 先缓慢升高然后趋于平衡，O_2/N_2 和 O_2/CO_2 气氛下达到平衡所需时间分别为 65s 和 115s。可以推测，在 O_2/CO_2 气氛下，由于 CO_2–煤焦的气化反应以及 O_2–煤焦的氧化反应的相互竞争，导致 NO 生成受到抑制。

2. 不同 O_2/CO_2 比例下 NO 的释放

图 7-24 给出了低氧浓度下煤粉和煤焦 NO 累积量。NO 的释放用累积量表示，NO 累积量是指在一定时间内 NO 浓度变化的积分。可以看出煤粉和煤焦的 NO 累积量变化的规律一致。在 O_2/N_2 气氛下，煤粉和煤焦受 O_2 浓度变化的影响较为单一。随着 O_2 浓度的升高，煤粉和煤焦的 NO 累积量逐渐增大，从 O_2 浓度 10.5% 的 0.012mol 和 0.007mol 升高到 O_2 浓度 25% 的 0.019mol 和 0.015mol，煤粉和煤焦的 NO 累积量分别升高了 58.3% 和 114.3%，这表明相对于挥发分氮而言，O_2/N_2 气氛下 O_2 浓度的升高更有利于促进煤焦氮向 NO 的转化。在 O_2/CO_2 气氛下，随着 O_2 浓度升高，NO 累积量先降低后升高，在 O_2 浓度为 17.5% 时达到最大值，对应煤粉和煤焦的 NO 累积释放量分别为 0.017mol 和 0.013mol，之后随 O_2 浓度的继续增大 NO 累积量迅速降低，到 O_2 浓度为 25% 时，煤粉和煤焦的累积量分别降低了 24.5% 和 12.1%。

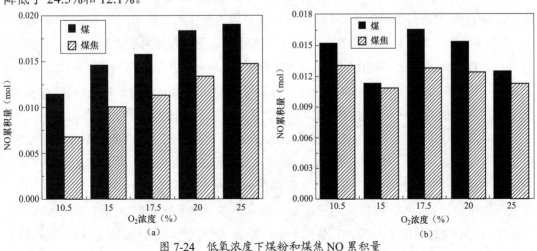

图 7-24 低氧浓度下煤粉和煤焦 NO 累积量
(a) O_2/N_2; (b) O_2/CO_2

对比两种气氛下 NO 累积量变化趋势，除了 O_2 浓度为 10.5%的情况外，可以发现主要差别出现在 O_2 浓度超过 17.5%后，此时 O_2/N_2 气氛下随着 O_2 浓度升高 NO 继续升高而在 O_2/CO_2 气氛下却逐渐下降。这是由于随着 O_2 浓度继续升高，挥发分的释放速率增加，导致在反应初期生成了较多还原性的气体，使炉内局部形成较大的还原区，这有利于 H 自由基的形成并和炉内高浓度的 CO_2 反应生成大的 CO，最终通过 CO 在煤焦表面的催化作用下对 NO 进行还原。

高氧浓度下煤粉和煤焦 NO 累积量如图 7-25 所示。当氧浓度在 21%以上时，随着 O_2 浓度的升高，NO 释放量都逐渐升高。O_2/CO_2 气氛下，煤焦和煤粉的 NO 累积量从 O_2 浓度为 21%的 0.012mol 和 0.042mol 分别升高到 O_2 浓度为 50%时的 0.025mol 和 0.052mol，煤焦和煤粉的 NO 累积量分别升高了 108.3%和 23.8%。而 O_2/N_2 气氛下，NO 累积量从 0.014mol 和 0.048mol 分别升高到 0.027mol 和 0.058mol，NO 累积量分别升高了 92.8%和 20.8%。

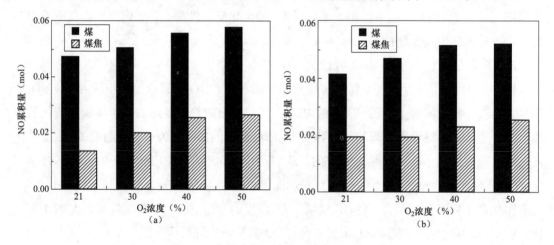

图 7-25 高氧浓度下煤粉和煤焦 NO 累积量

（a）O_2/N_2；（b）O_2/CO_2

结果表明，由于 O_2 浓度的增大，气氛的氧化性增强，促进了含氮中间产物向 NO 的转化，并且 O_2 浓度升高对煤焦氮向 NO 转化的促进较为明显，另外，从图 7-25 中还可以看出，O_2/N_2 气氛下 NO 累积释放量较 O_2/CO_2 气氛下高，这个现象对于煤粉燃烧尤为明显，表明 O_2/CO_2 气氛有利于抑制挥发分氮向 NO 的转化，而对煤焦氮的抑制作用不明显。有研究表明，NO_x 总量的 60%~80%是由挥发分氮形成的，而焦炭中的氮生成的量较少，而 O_2/CO_2 气氛燃烧对挥发分氮的抑制作用更强，从而可以更好地控制 NO_x 的排放。

总的来说，O_2/CO_2 条件下煤粉静态燃烧 NO 释放特性研究表明，当燃烧氧浓度较低时，适当提高氧浓度，促进挥发分迅速析出，在炉内局部形成较大的还原区，通过 CO 在煤焦表面的催化作用下对 NO 进行还原，从而降低 NO 的排放。当氧气浓度超过 21%之后，随氧气浓度的提高，NO 的释放不断增加，因此，工业实际富氧燃烧条件下要适当控制氧浓度。与空气燃烧相比，O_2/CO_2 条件下 NO 的释放量有所降低，表明 O_2/CO_2 气氛能抑制 NO 的释放。然而，在固定床反应器内持续供气条件下一定量煤粉的静态燃烧与实际煤粉炉中的燃烧还是有很大区别的，对应的实际燃烧条件 NO 的释放特性也会有所变化，因此有必要在更接近锅炉实际燃烧状态的连续式反应器中对富氧条件下 NO 的释放进一步研究。

7.3.1.4　煤粉动态燃烧 NO_x 生成与释放

1. O_2/N_2 与 O_2/CO_2 气氛下 NO_x 的排放

在滴管炉上对烟煤进行了燃烧实验，模拟空气和富氧条件下 NO_x 的排放数据如图 7-26～7-27 所示。从图 7-26 和图 7-27 中可以看出，当其他条件不变时，在 O_2 浓度为 21% 的条件下，O_2/CO_2 比 O_2/N_2 气氛烟气中 NO 的沿程浓度降低 1/4～1/3。折算到 O_2 为 6% 时的出口 NO 浓度为 981 mg/m³ 和 576 mg/m³，O_2/CO_2 比 O_2/N_2 燃烧气氛低大约 1/3。此外，图 7-26 显示出 O_2/CO_2 气氛下 O_2 的沿程浓度和最终浓度均低于 O_2/N_2 气氛。表明相同氧浓度，无烟气再循环时，将 N_2 换成 CO_2，NO_x 排放浓度会比常规空气燃烧低 30% 左右。

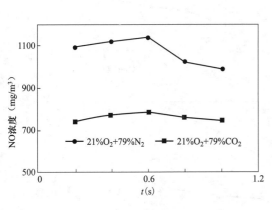

图 7-26　两种气氛下 NO_x 排放特性

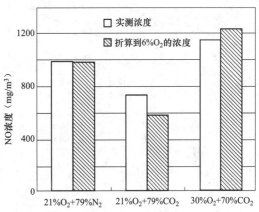

图 7-27　不同气氛下 NO 排放浓度比较

由于 CO_2 的比热比 N_2 要高，O_2 浓度 21% 条件下 O_2/CO_2 气氛燃烧炉膛温度低于空气燃烧条件，为了达到与空气燃烧相同的温度水平，需要将 O_2 浓度提高到 27%～32%。图 7-27 显示，O_2 浓度增加，烟气中 NO_x 的浓度也会增加。当 O_2 浓度由 21% 提高到 30%，折算到 6%O_2 浓度后，出口 NO 浓度从 600mg/m³ 增加到 1200mg/m³，增加了一倍。30% 氧浓度时 NO_x 排放显著增加的原因如下：

（1）燃烧中析出的挥发分可以与 NO 反应，将 NO 还原为 N_2，当氧浓度增大时，与氧反应消耗掉的挥发分物质也增加，参与还原 NO 反应的挥发分物质相应减少，造成 NO 生成量的增加。

（2）实验中氧和燃料的当量比一定，氧浓度增加，对应的单位燃料量所需要的风量减少，相同 NO 排放量下，NO 的浓度也要比氧浓度 21% 时要高。

2. 氧浓度对 NO 排放的影响

图 7-28 给出了在连续给粉条件下 NO 排放浓度随 O_2 浓度的变化情况。图 7-28（a）～图 7-28（c）分别表示温度为 1000、1200、1400℃时，O_2/CO_2 和 O_2/N_2 两种气氛下 O_2 初始

浓度变化对烟气中 NO 排放量的影响。从图 7-28 中可以看出，两种气氛下 NO 排放量均随 O_2 浓度的增大而增加。在空气燃烧时的研究表明，煤中挥发出的 N 会首先形成中间产物 HCN 和 NH_3，HCN 和 NH_3 会经过一系列反应生成 NO 或者 N_2，这取决于燃烧气氛。氧化性气氛下，更多的 HCN 和 NH_3 会朝 NO 方向转化。随着 O_2 浓度的增大，气氛的氧化性增强，进一步促进了含 N 中间产物向 NO 的转化，因此，无论 O_2/N_2 气氛还是 O_2/CO_2 气氛，O_2 浓度增加均会导致 NO 的排放浓度增加。

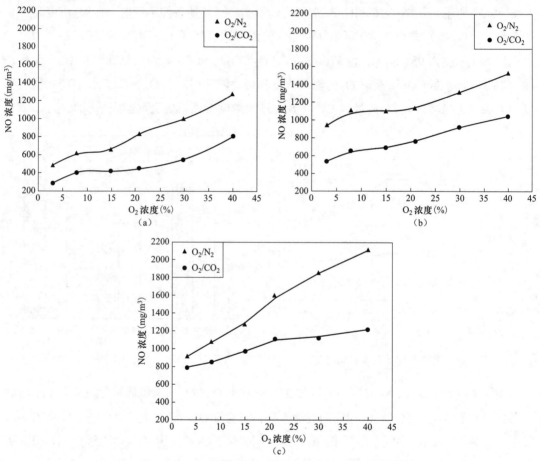

图 7-28　连续给粉条件下 NO 排放浓度随 O_2 浓度的变化情况

（a）1000℃；（b）1200℃；（c）1400℃

同时可以看出，在相同的氧浓度下，O_2/CO_2 气氛下 NO 排放量明显低于 O_2/N_2 气氛 30%～40%。O_2/CO_2 气氛有利于抑制 NO 的排放，一方面，O_2/N_2 气氛下煤燃烧生成的 NO_x 除了燃料型 NO_x 外，还包括热力型 NO_x 和快速型 NO_x，而 O_2/CO_2 气氛不存在 N_2，从而避免了热力型 NO_x 生成；另一方面，由于 CO_2 和 N_2 在比热、热扩散率方面的差异，相同 O_2 浓度时 O_2/N_2 气氛下煤粉燃烧速率比 O_2/CO_2 气氛快，所以 O_2/N_2 气氛下由燃料生成的 NO 量多。

3. 温度对 NO 排放的影响

温度对 NO 排放量有显著的影响。图 7-29 表示不同 O_2 浓度情况下（21%、30%、40%），

O_2/N_2 和 O_2/CO_2 两种气氛下随温度对 NO 排放浓度的变化。图 7-29 表明随温度升高，两种气氛下烟气中 NO 排放量均增加。无论 O_2/N_2 气氛还是 O_2/CO_2 气氛，温度升高都会使中间产物 HCN 和 NH_3 向 NO 的转化比例增加，而转化为 N_2 的比例减小，NO 生成量增加。

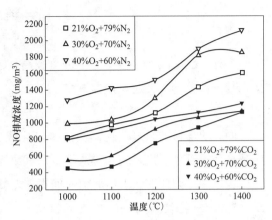

图 7-29　温度对 NO 排放浓度的影响

从 NO 浓度增加值来看，氧浓度为 30% 时，O_2/CO_2 气氛下 NO 排放浓度增加了 600mg/ m^3 左右，而对应的 O_2/N_2 气氛下 NO 的排放浓度增加了 850mg/m^3，氧浓度升高到 40%，O_2/CO_2 气氛下 NO 浓度的增加值仅为 O_2/N_2 气氛 NO 浓度增加值的 1/2。可见温度增加对 O_2/N_2 气氛 NO 排放量影响更大。这是由于对于 O_2/N_2 气氛，温度升高不仅促进燃料中氮向 NO 的转化，同时高温下热力型 NO_x 生成量也增加，综合结果使 NO 排放量比 O_2/CO_2 气氛下增加更多。

从图 7-29 中还可以看出，在高温条件下，O_2 浓度增加对 NO 浓度的影响效果越来越弱，燃烧温度 1000℃时，O_2 浓度从 21% 增加到 40%，NO 的排放浓度增加了 400mg/m^3，而在 1400℃时，O_2 浓度增加对 NO 浓度的影响已经很小，NO 排放浓度增加了不到 100mg/m^3。由于富氧燃烧没有热力型 NO_x 的影响，在高温条件下，即使 O_2 浓度较低，燃料中氮向 NO 转化的比例已很高，此时再增加 O_2 浓度对燃料氮的转化率影响很小，使 NO 的排放浓度基本维持不变。

4. 停留时间对 NO 排放的影响

图 7-30 所示为 O_2 浓度为 21%、氧与燃料的化学当量比为 1.4、温度 1200℃和 1400℃时，O_2/CO_2 气氛下 NO 排放浓度随停留时间的变化曲线。从图 7-30 中可以看出，在两个温度下，随停留时间的延长，NO 排放量先增加然后减小，NO 析出均存在一个峰值，但峰值出现的时间不同。当温度为 1200℃

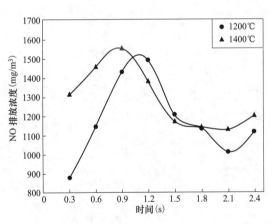

图 7-30　停留时间对 NO 排放浓度的影响

时，NO 析出峰值出现在 1.2s，峰值为 1492mg/m^3；当温度为 1400℃时，NO 析出峰值出现在 0.9s，峰值为 1554mg/m^3。随温度升高 NO 析出峰值出现时间缩短，且峰值增大。

当煤粉进入炉内后其温度迅速升高，挥发分首先迅速从煤中析出，挥发分中的 N 被氧化成 NO，与此同时焦炭开始逐渐着火燃烧，残留在焦炭中的焦炭 N 也被氧化成 NO，随时间的延长两部分 NO 叠加达到一峰值。随后由于 CH_i 自由基等会与 NO 发生反应，生成 HCN，HCN 再进一步反应形成 N_2，即

$$NO+CH=HCN+O \tag{7-34}$$

$$NO+CH_2=HCN+OH \tag{7-35}$$

$$NO+CH_3=HCN+H_2O \tag{7-36}$$

另外，O_2/CO_2 气氛下，CO 浓度较高，CO 在煤焦的催化作用下，也会将 NO 还原成 N_2，使一部分 NO 被还原，即

$$2CO+2NO=2CO_2+N_2 \tag{7-37}$$

同时随煤粉的燃烧消耗，燃料 N 转化成 NO 的量减少，因此 NO 生成量逐渐减小。温度升高使挥发分析出时间和焦炭着火时间缩短，挥发分 N 和焦炭 N 转化成 NO 的速度变快、转化量增加，因此 NO 析出峰值时间提前，峰值增大。

5. 烟气再循环对 NO 生成的影响

富氧燃烧的主要特点是采用了烟气再循环，以烟气中的 CO_2 替代助燃空气中的氮气，与氧一起参与燃烧，这样可大幅度提高烟气中的 CO_2 浓度，CO_2 无需额外分离即可利用和处理。由于采用烟气再循环，将尾部烟气再次送入炉膛，燃烧排放的 NO_x 也会再次进入炉膛，该部分 NO_x 会对总的 NO_x 排放产生影响。

加拿大学者 E.Croiset 等在 0.21MW 的试验台上对一种美国烟煤进行了燃烧试验，试验包含空气燃烧工况、湿式烟气再循环工况和干式烟气再循环工况。其 NO_x 排放的试验结果如图 7-31 所示，图 7-31 中只给出了干式烟气再循环的数据。可以看出，在无烟气再循环时，氧浓度在 28% 条件下，O_2/CO_2 气氛燃烧 NO_x 的排放浓度也要小于空气气氛下 NO_x 的浓度。这与国内研究者的结果也相吻合。

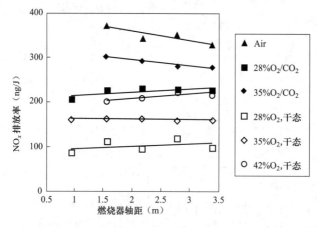

图 7-31 不同烟气再循环下各测点（燃烧器轴距）对 NO_x 排放率的影响

氧浓度提高到 35% 之后，沿程 NO_x 的排放浓度比空气气氛提高了。这是由于氧浓度增加，一方面使燃烧温度增加，高温促进了燃料氮向 NO_x 转化的比例增加；另一方面，燃烧的总风量减少，对生成的 NO_x 稀释作用降低，也会引起 NO_x 浓度相应增加。在烟气再循环条件下，反应器中 NO_x 的浓度比一次通过方式有进一步增加，这主要是由于烟气再循环对 NO_x 的浓度的累积效应，造成 NO_x 排放浓度显著上升。

目前，国内对 NO_x 排放的控制标准是以尾部烟气中 NO_x 的排放浓度为衡量指标的，这

种指标对全部是空气燃烧（氧浓度均为 21%）的电站锅炉来说是合适的。但是，富氧燃烧方式引起燃烧条件发生质的变化，空气中的氮气被完全剔除，代之以循环烟气中的 CO_2；氧浓度提高后，相同燃料和氧量比例下会使燃烧所需风量降低 20% 甚至更多；同时，由于烟气再循环，所以以燃烧产生的烟气仅有 10% 左右会最终排入大气。在 NO_x 生成量相同的情况下，富氧燃烧尾部烟气中 NO_x 的浓度必然高于空气燃烧条件。在不进行合理修正的情况下，目前基于浓度指标的空气燃烧 NO_x 排放标准直接用于富氧燃烧 NO_x 排放并不公平。国外提出了单位能量排放量的概念，NO_x 排放量计算以单位能量产生的 NO_x 为准，计量单位为 mg/MJ 或者 ng/J，这对空气燃烧 NO_x 排放同样适用。

图 7-32 给出了以单位能量为基础的 NO_x 排放的结果，此时的排放规律和以浓度单位得到的 NO_x 排放结果有明显区别，可以看出在所有试验工况下，O_2/CO_2 气氛燃烧 NO_x 的排放均低于空气燃烧条件。这个结果与 NO_x 排放浓度结果并不矛盾，在烟气再循环下，由于 NO_x 的累积作用，排放的 NO_x 浓度很高，但是由于真正排出的烟气质量流量比空气燃烧时小，因此 NO_x 排放总量减少，对应单位能量下 NO_x 排放量也降低。而对空气而言，燃烧时由于大量 N_2 的存在，对应单位能量会有一部分热力型 NO_x 生成。图 7-32 中还可以看出在采用烟气再循环后，NO_x 的排放量比无烟气再循环时进一步降低。相同氧浓度下，有烟气再循环时 NO_x 的排放量比无烟气再循环时降低了 40%～50%。这说明当烟气中 NO_x 再一次进入炉膛燃烧时，有部分 NO_x 被还原成 N_2。

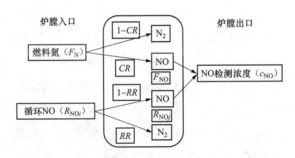

图 7-32　煤在有 CO_2 循环时燃烧 NO_x 的分布图

富氧燃烧烟气再循环虽然提高了烟气中 NO_x 的排放浓度，但降低了单位能量下 NO_x 的排放量，对 NO_x 的总量控制是有利的。富氧条件下 NO_x 生成量的相对多少可以通过燃料氮的转化率来比较，下节将对此进一步阐述。

7.3.1.5　燃料氮转化率

煤在 O_2/CO_2 气氛燃烧与 O_2/N_2 气氛燃烧方式的区别影响到最终 NO_x 的排放，一是用 CO_2 代替了 N_2，二是烟气再循环使产生的 NO_x 再次进入炉膛反应。引起 NO_x 排放降低的原因如下：①在燃烧区高浓度 CO_2 会与煤或煤焦发生还原反应生成大量的 CO，CO 在煤焦的催化作用下促进 NO 的降解；②NO_x 再循环经过火焰区又被挥发分析出的还原组分分解掉；③循环 NO_x 和燃料氮相互作用，进一步减少了 NO_x 的排放。

日本东工大的 Okazaki K 教授对上述 3 种因素对 NO_x 降解的影响大小进行了研究，实

验中使用 CH_4+NH_3 来代表挥发分，在 O_2、CO_2、Ar、NO（循环氮）组成的氧化性气体中燃烧，同时配有少量的煤粉作为含氮的固定炭。添加煤粉的比例通过煤粉耗氧量与 CH_4+煤粉总耗氧量的比值 β 确定，即

$$\beta = 煤粉耗氧量/(CH_4 耗氧量+煤粉耗氧量)$$

CR 表示燃料氮转化成 NO 的比例，RR 表示了循环烟气中 NO 被还原成 N_2 的比例，则

$$CR=F_{NO}/F_N \tag{7-38}$$

$$RR=(R_{NOi}-R_{NOj})/R_{NOi} \tag{7-39}$$

式中　F_{NO}——燃料中 N 转化为 NO 的摩尔数；

　　　F_N——燃料中 N 的摩尔数；

　　　R_{NOi}——炉膛入口循环烟气中 NO 的摩尔数；

　　　R_{NOj}——炉膛出口烟气中来自循环烟气中 NO 的摩尔数。

1. CO_2 浓度对燃料氮转化率的影响

图 7-33 给出了在不同氧气燃料当量比 λ 下，CO_2 浓度变化对 NO 转化率的影响。在 $\beta=0$，即无煤粉添加，仅有气相中挥发分 N 的反应时，随着 CO_2 浓度的增加，NO 的转化率 CR 略有增加的趋势，而且随着氧和燃料当量比 λ 由 0.7 增加至 1.2，CR 增加的趋势越加明显。这表明高浓度 CO_2 会在一定程度促进挥发分中 N 向 NO 的转化。实际上，气相中 CO_2 会发生如下可逆反应，即

$$CO_2+H=CO+OH \tag{7-40}$$

高浓度 CO_2 条件下会生成更多 OH 活性基团，而 OH 活性基团会将 NH 氧化成 NO，即

$$NH_2+OH=NH+H_2O \tag{7-41}$$

$$NH+OH=NO+H_2 \tag{7-42}$$

根据 NO 的转化机理，氧化性条件下，NH 更容易向 NO 转化，因此，CO_2 浓度提高，会使 OH 浓度增加，进而将更多 NH 氧化成 NO，使 NO 的转化率 CR 增加；随着 λ 提高，气氛氧化性增强，上述反应更容易朝 NO 生成的方向进行，使 CR 进一步增加。

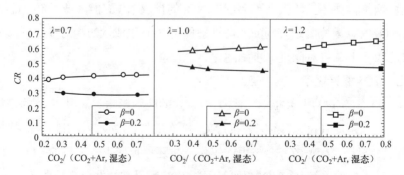

图 7-33　CO_2 浓度变化对 NO 转化率的影响

注：O_2=21%，循环 NO=0，β 表示模拟气体中添加煤粉的比例。

从反应式（7-40）可以看出，CO_2 浓度增加同样会使 CO 的浓度增加，而 CO 浓度增加

会促进 NO 的还原，从而降低 NO 的转化率，即

$$2CO+2NO=2CO_2+N_2 \tag{7-43}$$

从实验结果可知，NO 的转化率总体是增加的，表明均相反应中活性基团 OH 对 N 的氧化作用强于 CO 对 NO 的还原作用。

从图 7-33 中还可以看出，当添加煤粉后，NO 的转化率 CR 随气氛中 CO_2 浓度的增加有下降的趋势。在添加煤粉后，在焦炭表面发生 CO 和 NO 的反应，使 NO 被 CO 还原成 N_2，在这一过程中焦炭起到催化剂的作用，使 CO 对 NO 的降解作用增强，超过活性基团 OH 对 NO 的氧化作用，使 NO 的转化率下降。

从 CR 变化值来看，CO_2 浓度变化引起 CR 的变化量还是很小，CO_2 浓度从 0.3 增加到 0.8，CR 的降低值不到 0.1。可见单纯 CO_2 浓度增加对 NO 的降解没有显著影响。这是由于在焦炭表面发生的 NO 的降解反应属于非均相反应，而在煤粉炉中颗粒间的距离很大（颗粒距离大概是本身直径的 40 倍），CO_2 浓度增加对 NO 的还原反应影响不大。

2. 循环 NO 的影响

在实验研究中，通过改变炉膛进口 NO 的浓度来模拟烟气再循环引起的炉膛入口 NO 浓度增加对 NO 转化率的影响，结果表明：随着入口 NO 浓度的增加，NO 被还原成 N_2 的比例 RR 也增加。这表明在火焰区部分 NO 被还原成 N_2。在火焰区，NO 和 CH 自由基产生 HCN，然后再进一步反应形成氮分子（N_2）。并且随着氧和燃料当量比 λ 由 1.2 降低至 0.7，NO 的降解率不断增加，随着 λ 降低，气相中挥发分的燃烧不完全，CH 自由基的数量增加，与 NO 反应生成 HCN 的机会增大，较强的还原性气氛也促进了 HCN 向 N_2 的转化。

$\lambda=0.7$ 时，随着入口 NO 浓度的增加，NO 向 N_2 的转化率 RR 由 0.5 上升到 0.6，即入口的循环 NO 中有 50%～0% 被还原成 N_2。空气气氛下，采用分级燃烧，在富燃料区的过量空气系数也比较低，有利于抑制 NO 的生成，并促进生成的 NO 向 N_2 的转化。而实验中 $\lambda=0.7$ 所模拟的燃烧工况与富燃料区的燃烧情况类似，并且由于循环 NO 的浓度较高，增加 NO 与 CH 自由基碰撞的机会，对 NO 的降解作用比空气气氛更显著。由烟气再循环引起炉膛 NO 浓度增加在 NO 的降解中占有重要地位。

3. 燃料氮和循环 NO 的相互作用对燃料氮转化率的影响

燃料氮和循环 NO 相互作用时 CR 与 RR 的关系如图 7-34 所示，炉内燃烧的气体中或者只添加燃料氮，或者只有循环 NO。实际富氧燃烧中，燃料氮和循环 NO 是同时存在的，在这种情况下，在出口烟气中检测到的 NO（c_{NO}）由两部分组成，其一来自燃料 N 生成的 NO（F_{NO}），其二是循环 NO 中未被还原的部分（R_{NOj}）。实验中，这两部分 NO 无法通过检测到的 NO 来区别。但 CR 和 RR 之间的关系式为

$$RR=(R_{NOi}-R_{NOj})/R_{NOi}=(R_{NOi}-D_{NO}+F_NCR)/R_{NOi} \tag{7-44}$$

每次试验时 NO 入口浓度，燃料氮添加量和出口检测到的 NO 浓度均为已知的。图 7-34 给出了 $O_2=21\%$，$CO_2/(CO_2+Ar)=0.48$，$\beta=0.2$，$\lambda=0.7$ 时的试验结果，RR 与 CR 之间的函

数关系如图 7-34 所示。在无循环 NO 添加时，燃料氮转化率 CR 获得最大值。而在无燃料氮添加时，循环 NO 的降解率 RR 获得最小值。燃料氮与循环 NO 相互作用的条件下，CR 的值应该低于无循环 NO 时的最大值，而 RR 的值应该高于无燃料氮时的最小值。再结合 CR 与 RR 之间的关系式就可以得出 CR 可能的取值范围在 0.26～0.3 之间，而 RR 在 0.58～0.68 之间。从而可以间接得出检测到的 NO 中两部分 NO 各自所占比例的大小。

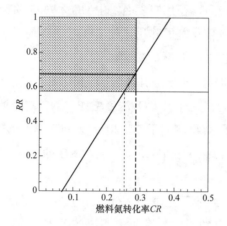

图 7-34　燃料氮和循环 NO 相互作用时 CR 与 RR 的关系

注：$O_2\%=21\%$，$CO_2/(CO_2+Ar)=0.48$，$\beta=0.2$，$\lambda=0.7$。

4. 各因素影响 NO 还原的比例

实际富氧燃烧中，由于采用了烟气再循环，NO 的累积效应导致排放烟气中 NO 的浓度高于空气燃烧的工况，但是由于大部分烟气又被循环送入炉膛燃烧，实际排出系统的烟气量是比较小的，最终排放的这部分 NO 占燃料氮的比例才是最令人关注的。通过研究表明：

（1）由于 O_2/CO_2 气氛下高浓度 CO_2 与煤或煤焦发生还原反应生成 CO，在煤焦表面发生 NO 和 CO 的反应促进 NO 的降解，所占比例为 10%。

（2）由于再循环烟气中 NO 经过火焰区被挥发分析出的还原组分还原，造成 NO 减少的贡献占 50%～80%。

（3）由于循环 NO 与的相互作用，对 NO 的减少的贡献占 10%～50%。

由于富氧燃烧中有大约 80% 的烟气会再循环进入炉膛，通过一系列的化学反应，循环烟气中超过 50% 的 NO 在火焰区被燃料中的挥发分再次还原成为 N_2，显著减少了 NO 总量的排放。烟气再循环促进 NO 的还原是富氧燃烧条件下燃料氮的转化率低于空气燃烧的重要原因。

7.3.1.6　混煤燃烧 NO_x 的排放特性

由于我国煤炭资源分布和经济发展在区域上的严重不均、电煤运输能力不足等原因，致使我国燃煤电厂普遍存在煤质差和煤质多变的问题。为了克服由此给发电机组运行带来的困难，保证电厂的安全经济运行，在传统燃烧方式下，许多大型发电机组都可能采用混煤燃烧。

1. O_2/CO_2 气氛下单煤及混煤 NO 生成的比较

O_2/CO_2 气氛下单煤及混煤燃烧 NO 排放浓度随 O_2 体积分数的变化关系如图 7-35 所示。从图 7-35 中可以看出，混煤燃烧时，NO 的排放浓度也是随着 O_2 体积分数的增大而增大。烟煤 NO 排放浓度增加十分显著，当 O_2 体积分数从 5%增加到 30%时，NO 排放浓度由 217mg/m³ 增加到 395mg/m³，而无烟煤 NO 排放浓度仅小幅增加，由 323mg/m³ 增至 337mg/m³，O_2 体积分数对烟煤 NO 生成的影响更为显著。这是因为挥发分含量对燃料氮的释放有较大的影响，虽然烟煤的含氮量低于无烟煤，但其挥发分含量远高于无烟煤，煤粉燃烧过程中首先煤粉被加热随后挥发分析出燃烧 O_2 体积分数的增加，反应气氛的氧化性逐渐增强，大量的挥发分氮向 NO 转化。

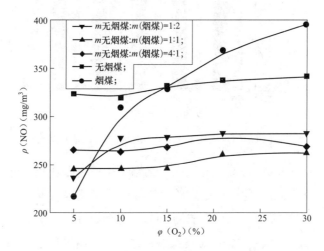

图 7-35　O_2/CO_2 气氛下单煤及混煤对 NO 排放浓度 ρ（NO）
随 O_2 体积分类 φ（O_2）的变化关系

O_2 体积分数对混煤 NO 排放浓度的影响基本与单煤相似，但对于不同掺混比例的混煤其影响规律有所不同。对于无烟煤/烟煤比例为 1:2 的混煤，当 O_2 体积分数从 5%增加到 10%时，NO 排放浓度大幅增加，此时类似于对烟煤的影响；而随 O_2 体积分数的继续增加，NO 排放浓度只是略微增加，此时类似于对无烟煤的影响。对于无烟煤与烟煤比例为 1:1 和 4:1 的混煤，O_2 体积分数对 NO 排放浓度的影响与对无烟煤 NO 排放浓度的影响相似，随 O_2 体积分数增加，NO 排放浓度仅略微增加。这表明无烟煤与烟煤混烧时，混煤的 NO_x 排放特性更倾向于挥发分含量较低的无烟煤。

2. 掺混比例对混煤 NO 生成的影响

传统燃烧方式下的混煤燃烧实验结果表明：混煤燃烧时 NO_x 排放量可能在 2 组分煤种之间，也可能高于或低于各组分煤种，主要与组分煤种的煤质特性、掺混比例和燃烧条件等有关。O_2/CO_2 气氛下掺混比例对 NO 排放浓度的影响如图 7-36 所示。图 7-36 显示了 O_2 体积分数为 21%时，O_2/CO_2 气氛下单煤及不同掺混比例的混煤燃烧时 NO 排放浓度以及按组分煤种比例加权平均所得的计算值。从图 7-36 中可以发现，混煤的 NO 排放浓度均低于组分煤种，且低于其各自的加权计算值。随混煤中无烟煤所占比例的增加，NO 排放浓度先减小后增加，当无烟煤/烟煤质量比为 1:1 时，NO 排放浓度达到最小值。这说明，掺混比例对混煤氮的析出有较大的影响，混煤氮的析出过程十分复杂，并非是各组分煤种氮析出过程的简单叠加，各组分煤种氮的析出是既相互独立又相互影响的。

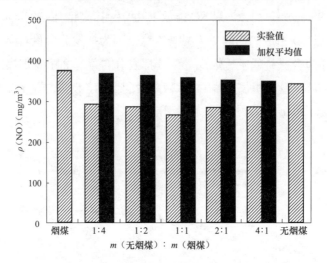

图 7-36　O_2/CO_2 气氛下掺混比例对 NO 排放浓度的影响

　　由于烟煤与无烟煤的煤质特性差异较大，其燃烧特性也存在较大的差异。烟煤着火迅速，挥发分中芳香杂环及吡咯等热不稳定的含氮物质首先裂解并氧化形成 NO_x，而无烟煤着火滞后，挥发分析出较慢，由烟煤生成的 NO_x 与无烟煤挥发分中的还原性物质以及焦炭发生还原反应生成 N_2，使 NO_x 的排放浓度减少；这种氮析出过程中的相互作用在无烟煤与烟煤质量比为 1:1 时达到最大，此时 NO_x 的排放浓度最小；而随混煤中无烟煤比例的不断增加，这种相互作用逐渐减弱，因此 NO_x 的排放浓度增加。混煤 NO_x 的生成是氮析出过程、中间产物的相互反应、中间产物与 NO_x 的还原反应以及焦炭与 NO_x 的还原反应等综合作用的结果。以上分析说明，O_2/CO_2 气氛下无烟煤与烟煤混烧，若掺混比例选择合理，则可在一定程度上降低 NO_x 排放水平。

　　3. 掺混比例对氮转化率的影响

　　氮转化率 X 表示了烟气中 NO 所含的氮原子数与煤中含氮的原子数的比值。O_2/CO_2 气氛下掺混比例对氮转化率的影响从图 7-37 中可以看出烟煤燃烧时的氮转化率远大于无烟煤，而混煤的氮转化率随混煤中无烟煤比例的增加而逐渐减小。当掺混比例为 1:1 时，混煤氮转化率与无烟煤相当；而掺混比例为 2:1 和 4:1 时，其氮转化率均小于无烟煤。这表明混煤的氮转化率与掺混比例有较大的关联，但并非简单的线性关系。对比发现，氮转化率最小时所对应的掺混比例与 NO 排放浓度最低时所对应的掺混比例并不相同，掺混比例不同则含氮量不同。这表明混煤燃烧时烟气中 NO 的最终排放浓度是由混煤的氮转化率和含氮量共同决定的。而混煤的氮转化率和含氮量均与掺混比例密切相关，因此掺混比例是控制混煤富氧燃烧过程中氮氧化物排放的关键因素。

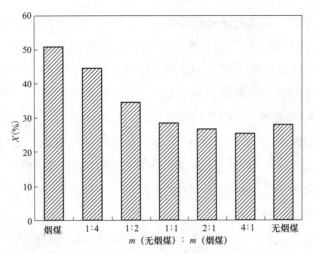

图 7-37　O_2/CO_2 气氛下掺混比例对氮转化率的影响

7.3.1.7　富氧燃烧示范项目 NO 排放特点

目前，国内外文献中还没有查到关于富氧燃烧商业化运行电厂的数据。不过，国外已经有一些富氧燃烧的示范项目，也得到一些 NO_x 排放的数据，以下给出部分示范项目的试验结果。

Doosan 公司在自行研发的 40MW 富氧燃烧试验台上进行了测试实验，研究 O_2/CO_2 气氛和空气气氛下 NO 排放的相对结果。采用传统的浓度单位来衡量时，富氧燃烧 NO 的排放浓度要比空气气氛高出许多，只有采用单位能量 NO 排放量标准来衡量，富氧燃烧 NO 的排放才会低于空气燃烧情况。

阿尔斯通公司在德国 SchwarzePumpe 电厂建造的 30MW 富氧燃烧示范工程中的试验结果。采用单位能量下 NO_x 排放量来计算，富氧燃烧 NO_x 排放量可降至 0.1 kg/MWh，而相同条件下空气燃烧 NO_x 的排量高于 0.2kg/MWh，富氧燃烧 NO_x 排放比空气燃烧降低了 50% 以上，这与 Doosan 公司的试验结果类似。

华中科技大学建成了国内第一台中试规模的富氧循环燃烧试验台。该台的主体是一个竖直燃烧炉，给粉装置和燃烧器安装在竖直燃烧炉的顶部，由空气和 CO_2 组成的一次风携带的煤粉从竖直燃烧炉的顶部进入，火焰自上而下燃烧，产生的烟气从底部的排烟段排出。该试验台同时具有烟气湿循环和干循环的功能。表 7-1 给出了该试验台上的试验结果。可以看出烟气再循环使尾部烟气中 NO_x 排放浓度比无循环的情况增加了 50% 以上。从单位质量煤的 NO_x 排放数据来看，烟气再循环 NO_x 排放量最低，空气燃烧情况 NO_x 排放最高。富氧燃烧比空气燃烧下 NO_x 的排放量降低了 70% 以上。

表 7-1　　　　　　　　　　　　　尾部烟气中 NO_x 浓度

工况	NO_x（mg/m^3）	NO_x（mg/kg）
Air	998.55	5563.85
O_2/CO_2	511.8	2176.86
O_2/RFG（干循环）	788.55	1457.82

值得指出，华中科技大学的试验结果中，即使烟气再循环引起NO_x浓度大幅增加，但是其排放浓度仍小于空气燃烧工况，这与 Doosan 公司的试验结果并不吻合。由于NO_x的释放行为非常复杂，影响因素多，两种试验结果的不同可能受到燃烧工况、煤质以及试验台本身结构不同等多种原因的影响。或者说由于受多种因素的影响，富氧燃烧烟气再循环后NO_x的排放浓度可能高于对应的空气燃烧工况，也可能低于空气燃烧工况。但从单位质量煤或者单位能量NO_x排放角度来比较，所有单位的试验结果均是一致的，富氧燃烧技术确实能很大程度降低NO_x的排放。这也说明由于富氧气氛和空气气氛有明显区别，仍然采用传统的浓度指标来衡量富氧条件下NO_x的排放多少有待商榷，对O_2/CO_2气氛下污染物的排放有必要采用更科学的评价方式。

富氧条件下燃烧气氛和燃烧方式的改变影响了燃煤NO_x的排放特性，与空气燃烧相比，O_2/CO_2条件下 NO 的释放量有所降低，O_2/CO_2气氛能抑制 NO 的释放，而且对 NO 转化的抑制作用对于挥发分的影响更明显。

相同氧浓度下（O_2=21%），无烟气再循环时，将N_2换成CO_2，NO_x排放浓度会比常规空气燃烧低 30%左右。提高氧浓度和燃烧温度，都会促进燃料氮向 NO 的转化。烟气再循环会使烟气中 NO 浓度成倍增加，但单位燃料排放量降低。

从单位燃料产生NO_x量来看，富氧燃烧 NO 排放比常规空气燃烧条件降低了 50%左右。其原因在于：

（1）采用用CO_2代替了N_2，避免热力型NO_x产生。

（2）在燃烧区高浓度CO_2会与煤或煤焦发生还原反应生成大量的 CO，CO 在煤焦的催化作用下促进 NO 的降解。

（3）烟气中NO_x再循环经过火焰区又被挥发分析出的还原组分分解掉。

研究表明，烟气再循环促进 NO 的还原是富氧燃烧条件下燃料氮的转化率低于空气燃烧的重要原因。

富氧燃烧和空气燃烧条件有明显区别，仍然采用传统的浓度指标来衡量富氧条件下NO_x的排放无法真正反映 NO 排放量的多少，建议采用单位质量燃烧NO_x排放作为评价标准。

7.3.2　富氧燃烧NO_x的排放控制

7.3.2.1　燃烧中NO_x控制方法

在常规空气燃烧中，从NO_x生成机理出发，并经过火力发电厂长期的运行实践检验，已经得出了NO_x排放的基本规律。NO_x生成的一般规律是燃烧环境中的氧气浓度越高、温度越高、温度场越不均匀，生成量越大。因此，对于NO_x的基本控制策略如下：

（1）减少燃烧空间中的氧浓度，即降低过量空气系数。

（2）在有过剩空气的条件下，降低局部高温和平均温度水平。

（3）缩短燃烧产物在高温高氧燃烧区内的停留时间；而在氧浓度较低的条件下，则应维持足够的停留时间，使燃料中的 N 不易生成NO_x，并使已有的NO_x经过均相和非均相反应被分解还原。

（4）加还原剂，使之生成 NH 和 HCN，进一步反应形成 N_2。

常规空气燃烧针对 NO_x 具体的控制方法包括一次控制措施和二次控制措施。一次措施指在燃烧过程中采用的措施，在炉膛内实现，为低 NO_x 燃烧技术，包括空气分级、燃料分级、采用低氮燃烧器、烟气再循环等；二次措施为燃烧后措施，即尾部烟气净化措施，主要有 SCR 和 SNCR。这些方法对 O_2/CO_2 气氛下煤粉燃烧 NO_x 控制具有很好的参考价值，同时由于富氧燃烧本身的特点，在采用富氧燃烧的锅炉上还有新的控制方法。

1. 分级配风

常规燃烧中的空气分级是通过调整燃烧器及附近区域或整个炉膛区域内空气和燃料的混合状态，使燃料经过"富燃料燃烧"和"贫燃料燃烧"两个阶段，实现 NO_x 生成量下降的燃烧控制技术。在富燃料燃烧阶段，由于氧量较低，抑制了热力型 NO_x 的生成，同时，不完全燃烧使中间产物（如 HCN 和 N）将部分已生成的 NO_x 还原成 N_2，减少燃料型 NO_x 的生成。在贫燃料燃烧阶段，燃料燃尽，但由于此区域温度已降低，新生成的 NO_x 量有限，因此，总体上 NO_x 的排放量少。

在富氧燃烧中，O_2 浓度增加虽然不会引起热力型 NO_x 产生，但是 O_2 浓度增加，燃烧区域的氧化性气氛增强，更多的 HCN 和 NH_3 会朝 NO 方向转化。同时 O_2 浓度增加会使燃烧温度升高，也会使 NO_x 生成量小幅增加。因此，借鉴空气分级的方式，在富氧燃烧采用类似的分级配风的方法，在主燃烧区适当减少 O_2 的注入量，降低燃料中 N 向 NO 的转化，同时由于是富燃料燃烧，该区域燃烧温度也会相应降低。在随后的燃尽区再注入过量的氧气，保证煤粉燃尽。

已有学者研究了富氧燃烧时分级配风对 NO_x 排放的影响。Maier 等人在 20kW 电加热炉（无烟气再循环）上得到的实验结果。燃尽风在距离燃烧器喷口 2m 处注入。可以看出分级配风对富氧燃烧时 NO_x 的排放控制同样有效。分级配风后 NO_x 的排放浓度比无分级时降低了 60% 以上。在实际的富氧燃烧锅炉中，具体的燃尽风喷口的位置、分级配风后各级注氧量的多少以及通入风量的大小等参数还有待进一步确定。

2. 低氮燃烧器

低氮燃烧器已经在空气燃烧煤粉炉上广泛应用，并取得良好的 NO_x 排放控制效果。低氮燃烧器核心技术是在燃烧器区域实现分级燃烧，低氮燃烧器和空气分级、SCR 等技术综合运用，来满足 NO_x 排放限值的要求。参考常规燃烧器设计，O_2/CO_2 条件燃烧器的设计应实现以下目标：

（1）在燃烧初期，使挥发分迅速析出，形成还原性气氛。

（2）产生初级贫氧区（富燃料区），最大限度减少燃烧 N 向 NO_x 的转化。

（3）优化还原区温度和停留时间，抑制 NO_x 生成。

（4）在富燃料区，增加焦炭的停留时间，促进在焦炭表面发生的 CO/NO/char 的反应，促进 NO 的还原。

富氧燃烧时通过燃烧器产生贫氧区的方式更加灵活，可以通过在一次风中降低注氧量，保持风量不变，使氧浓度降低，也可以通过氧浓度不变减小风量来实现，具体的设计还要考虑着火和燃烧的稳定性。

3. 燃料分级

燃料分级是利用燃料在氧量不足的条件下生成还原烃类等物质和 NO_x 的还原反应将其转化为 N_2。在主燃烧区后再引入部分燃料，在相对贫氧状态燃烧，产生碳氢活性基团，将主燃烧区生成的 NO 还原为 N_2（NO 再燃）。通常采用天然气作为再燃燃料。

在 O_2/CO_2 气氛下，由于 CO_2 浓度很高，会与还原性物质反应生成氧化性的–OH 活性基团，高浓度 CO_2 会消耗部分用于还原 NO_x 的 CH–，同时生成的–OH 会将气相中 N 氧化成 NO。因此，富氧燃烧会对燃料分级产生消极影响，抑制了 NO 的再燃。

4. 烟气再循环

常规燃烧中烟气再循环是从锅炉的尾部烟道出口抽出部分烟气直接送入炉膛或者与一次风或二次风混合后送入炉内。这样既降低了燃烧温度，又降低了氧气浓度，因此，可以降低 NO_x 的排放浓度。常规空气燃烧中烟气再循环的比例不可能很高，而在富氧燃烧中，为了提高尾部烟气中 CO_2 的浓度，烟气再循环的比例可达 70%，甚至更高。由上述富氧燃烧 NO_x 的控制机理研究可知，O_2/CO_2 气氛下烟气再循环对控制 NO_x 排放起到重要作用。循环烟气中的 NO_x 在经过火焰区域时与挥发分产生的还原性物质反应转化为 HCN 或 NH_3，再进一转化成 N_2。

7.3.2.2 燃烧后控制

燃烧后控制是在尾部烟道中将燃烧过程产生的 NO_x 转化为无害的 N_2。最常用的两种方法是 SCR 和 SNCR。对富氧燃烧而言，若装有 CO_2 压缩收集系统，在高压下 NO 可以转化为 NO_2，NO_x 还可以 NO_2 的形式去除。

1. 选择性催化还原法 SCR

选择性催化还原法（SCR）是在常规空气燃烧煤粉炉中最常用也是非常有效的方法。采用的还原剂一般为液氨或者氨水，NO_x 被还原的反应为

$$4NO+4NH_3+O_2=4N_2+6H_2O \tag{7-45}$$

$$2NO_2+4NH_3+O_2=3N_2+6H_2O \tag{7-46}$$

这些反应属于气固相表面催化反应，反应的温度窗口一般在 300～400℃，根据选用催化剂的种类不同，该温度窗口可能有所变化。催化剂在 NO_x 还原过程中起到关键作用，但是关于富氧燃烧条件烟气气氛变化对催化剂的影响还未见研究报道。

从富氧燃烧的流程来看，富氧燃烧提供了新的 SCR 布置思路：SCR 的处理成本和处理烟气量成正比，由于富氧燃烧采用了烟气再循环，布置在烟道尾部可使需要处理的烟气量减少；另外，从反应动力学角度，高压环境对 NO_x 的还原反应有不利影响，SCR 不适合布置在流程中的高压位置。图 7-38 给出了富氧燃烧系统流程中 SNCR 和 SCR 可能的布置位

置，包括除尘器之前、除尘器之后、烟气脱硫之后和烟囱入口之前 4 个位置。

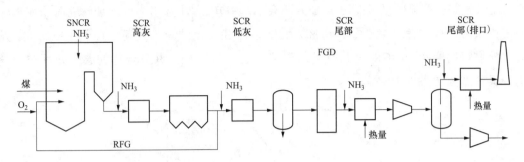

图 7-38　富氧燃烧系统流程中 SNCR 和 SCR 可能的布置位置图

（1）除尘器之前：在循环烟气引出口和除尘器之前布置 SCR 装置是目前燃煤电厂最常用的方法，该段的烟气温度刚好在催化剂的工作温度窗口范围内。在富氧燃烧系统中，布置在烟气再循环之前烟气处理量相对较大，跟空气燃烧相比，烟气再循环相当于增加了烟气停留时间，SCR 装置需要的体积变小。但该种布置方式也存在一定的问题：NO_x 被还原为 N_2 之后，经过烟气再循环又一次进入炉膛，在高温下可能会被氧化成 NO_x（热力型 NO_x），从而增加脱硝的成本。

（2）除尘器之后：在循环烟气引出口之后（除尘器之后）布置 SCR 有两点优势，与布置在除尘器前相比，需要处理的烟气量降低为原来的30%左右，SCR 装置的体积大大缩小，初投资和脱硝的运行成本均会降低；同时，处在经过除尘后的干净烟气环境中的催化剂使用寿命会增加。该布置方式要求系统配备价格昂贵的高温除尘器，这也是目前常规燃煤电厂极少采用此种方案的原因。在富氧燃烧系统设计时，采用高温烟气再循环方案也要求有高温除尘器，使富氧燃烧中在该位置布置 SCR 成为可能。

（3）烟气脱硫之后：富氧燃烧由于烟气再循环的累积作用，烟气中 SO_2 浓度较常规空气燃烧要高，烟气在经过 SCR 装置时，部分 SO_2 可能会被氧化成 SO_3，冷凝后对烟道的腐蚀性增加。SCR 布置在烟气脱硫之后可避免产生 SO_3 的腐蚀。但是该位置经过脱硫装置后，烟气温度降低，需要将烟气重新加热到脱硝所需温度，这会对电厂循环热效率产生一定影响。

（4）烟囱入口之前：在富氧燃烧系统中，经过 CO_2 压缩纯化之后，NO_x 中的 NO_2 会留在液态 CO_2 中，NO 会随不凝气体排出，该部分需要处理的烟气量非常小，在进入 SCR 之前同样需要加热，但是所需能量较少。该方案存在的问题是压缩后的 CO_2 中会含有 NO_2 杂质，存在二次污染风险。

2. 选择性非催化还原（SNCR）

SNCR 方法的原理与 SCR 相同，也是通过 NH_3、尿素等物质将尾部烟气中的 NO_x 还原为 N_2。该方法不需要催化剂，所需要的反应温度更高（＞800℃）。但是温度过高，会使 NO_3 被氧化为 NO 的趋势增加，因此，电厂一般选取的处理温度在 800～1000℃ 之间。炉内活性基团和烟气成分的变化对脱硝最佳温度有很大影响。富氧燃烧锅炉中，烟气成分和比例与空气燃烧有明显区别，高浓度 CO_2 还会引起 $-OH$ 活性基团浓度增加，进而影响 NO_x 的还原反应。有学者对空气燃烧和富氧燃烧条件 SNCR 的脱硝效率进行了模拟研究，发现富氧燃烧时采用 SNCR 的最佳处理温度高于空气燃烧，并且合适的温度处理窗口变宽。具体结果见图 7-39。

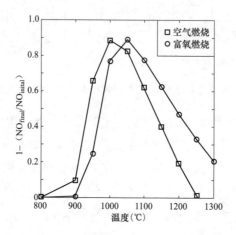

图 7-39　空气燃烧和富氧燃烧对 SNCR 脱硝的影响比较（气相化学反应模拟结果）

注：NO_{final}：NO_{inital} 为最终 NO 值/初始 NO 值。

在富氧燃烧系统中，SNCR 要布置在烟气再循环出口之前，被还原的 N_2 和过量的 NH_3 在随烟气返回炉膛中同样有可能再次被氧化生成 NO_x。而且与 SCR 相比，没有了催化剂的催化反应，需要的 NH_3 对 NO_x 的摩尔比更高，可能有更多的 NH_3 被氧化为 NO_x。另外，为了保证尾部 CO_2 的纯度，富氧锅炉可能在微正压运行，与常规煤粉炉相比，增大了氨逃逸的风险。

3. NO_x 吸收

液相吸收 NO_x 是工业制硝酸过程中的重要环节，液相吸收 NO_x 原理如图 7-40 所示。气相中的 NO 在 O_2 的作用下被氧化成 NO_2，NO_2 在液相表面被吸收生成 HNO_2，再经过一系列反应最终在液相生成 HNO_3。而 NO 被氧化为 NO_2 的反应是吸收过程的关键一步，而富氧燃烧系统中 CO_2 压缩过程的高压低温条件有利于 NO_2 的形成。图 7-41 给出了不同压力下 NO 向 NO_2 的转化率，可见常压下 NO 的转化率非常低。随着压力增加，NO 转化为 NO_2 的比例迅速上升，当系统压力在 3MPa 时，超过 90%的 NO 都转化为 NO_2。NO_2 增加会使气相中 N_2O_4 的浓度增加，更利于液相吸收。

国外曾提出过将液相吸收 NO_x 方法用于常规煤粉炉的设想，但是在常压下将 NO 迅速氧化为 NO_2 需要强氧化剂（O_3/H_2O_2）和高效催化剂，限制了该方法工业应用。而在富氧燃烧系统中，由于 CO_2 压缩本身就需要高压环境，促进了 NO 向 NO_2 的转化，采用该方法可以省去 SCR 设备，并能获得较高的 NO_x 脱除率，具有不错的发展前景。

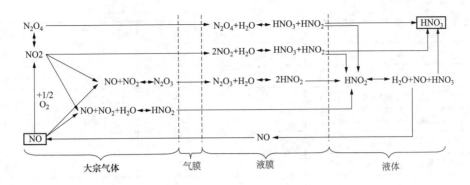

图 7-40 液相吸收 NO_x 原理图

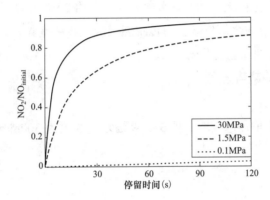

图 7-41 不同压力下 NO 向 NO_2 的转化率

7.3.3 富氧燃烧工况下催化剂的适应性

影响脱硝系统成功运行的一个重要制约因素是脱硝催化剂的使用。目前的催化剂产品是否能够满足富氧燃烧工况下的烟气条件是我们非常关心的问题。

富氧燃烧燃煤锅炉烟气条件有别于传统的燃煤锅炉烟气条件，富氧燃烧烟气中的 CO_2、H_2O 等参数浓度高，同时富氧燃烧锅炉起炉到正常运行烟气变化大，工况复杂。目前，对高 CO_2 浓度和高水含量烟气下 SCR 脱硝催化剂的性能研究较少，市场上还没有富氧燃烧锅炉采用 SCR 脱硝催化剂的工程实例。本书主要针对蜂窝式催化剂进行分析。

7.3.3.1 烟气工况差异

以燃用神华煤的 200MW 锅炉为例，BMCR 工况烟气参数见表 7-2。

表 7-2　　　　　　　　　　200MW 锅炉 BMCR 工况烟气参数

项目		单位	空气工况	富氧干循环	富氧湿循环
体积流量	湿态	m³/h	1817154.0	1371926.0	1234005.0
	标准状态、湿态	m³/h	694431.0	533804.3	480140.3

续表

项　　目	单位	空气工况	富氧干循环	富氧湿循环
温度	℃	368	357.0	357.0
含水量（H_2O，湿态）	%	7.62	12.41	19.79
含氧量（O_2，湿态）	%	3.29	3.14	3.48
含氮量（N_2，湿态）	%	74.45	10.40	8.89
含二氧化碳（CO_2，湿态）	%	14.60	74.8	68.6
含尘浓度（标准状态6%O_2，干态）	g/m^3	19.0	29.4	35.5

从表 7-2 中数据可知，200MW 锅炉 BMCR 工况下湿循环富氧燃烧锅炉相对燃煤锅炉烟气量减小约 30%，温度下降约 10℃，水含量增大至约 20%，CO_2 含量从 14% 增至 70% 左右，含尘浓度增大。富氧燃烧烟气条件与传统燃煤烟气条件差异较大。参考上述烟气条件，按照如下方式开展催化剂性能实验研究。

7.3.3.2　CO_2 影响趋势研究

1. 样品制备

选取一个 2051G 新单体，制取 3 根 3×3=9 通道、长度为 300mm 的催化剂试验样品。

2. 试验条件

试验条件见表 7-3。

表 7-3　　　　　　　　　　　试　验　条　件

工　况	T-01	T-02	T-03
烟气量（标准状态，m^3/h）	1.4	1.4	1.4
烟气中 CO_2 含量（%）	15	40	70
温度（℃）	360	360	360
水含量（%）	20	20	20
氧含量（%）	4	4	4
NO_x 浓度（mg/m^3/）	616	616	616
SO_2 浓度（mg/m^3/）	2285	2285	2285
测试项目	脱硝效率，转化率	脱硝效率，转化率	脱硝效率，转化率
测试时间（h）	30	30	30

3. 测试结果

测试结果见表 7-4。

表 7-4　　　　　　　　　　　测　试　结　果

项　　目	T-01	T-02	T-03
初始脱硝效率（%）	83.23	79.04	78.05
催化剂活性 K_0 值（m/h）	35.38	31.12	30.26
SO_2/SO_3 转化率（%）	0.4	0.39	0.37

7.3.3.3 水含量影响趋势研究

1. 样品制备

选取一个 2051G 新单体，制取 3 根 3×3=9 通道、长度为 300mm 的催化剂试验样品。

2. 试验条件

试验条件见表 7-5。

表 7-5 　　　　　　　　　　　　试 验 条 件

工　　况	T-01	T-02	T-03
烟气量（标准状态，m^3/h）	1.4	1.4	1.4
烟气中 CO_2 含量（%）	70	70	70
温度（℃）	360	360	360
水含量（%）	8	15	20
氧含量（%）	4	4	4
NO_x 浓度（$mg/m^3/$）	616	616	616
SO_2 浓度（$mg/m^3/$）	2285	82285	2285
测试项目	脱硝效率，转化率	脱硝效率，转化率	脱硝效率，转化率
测试时间（h）	30	30	30

3. 测试结果

测试结果见表 7-6。

表 7-6 　　　　　　　　　　　　测 试 结 果

项　　目	T-01	T-02	T-03
初始脱硝效率（%）	81.85	77.76	78.32
K_0 值（m/h）	33.70	29.82	30.49
SO_2/SO_3 转化率（%）	0.41	0.35	0.39

7.3.3.4 结果分析

1. CO_2 浓度对催化剂性能的影响趋势

从图 7-42 中趋势可知，脱硝效率和 SO_2/SO_3 转化率都随 CO_2 浓度增加而降低，说明 CO_2 对催化剂性能有抑制作用；当浓度从 15% 增至 40% 时，催化剂性能下降显著；之后随着 CO_2 浓度增加，下降趋势较缓。说明当 CO_2 浓度达到一定值后对催化剂性能抑制作用没有成比例增大。

2. H_2O 含量对催化剂性能的影响趋势

从图 7-43 中可知，随着烟气中水含量增加，催化剂脱硝效率下降；虽水含量对 SO_2/SO_3 转化率的影响趋势略显杂乱，但整体呈随水含量增加 SO_2/SO_3 减小的趋势，变化范围较小。

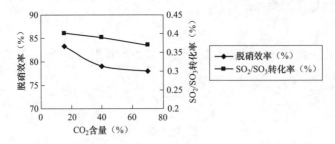

图 7-42　CO_2 含量对催化剂性能影响趋势图

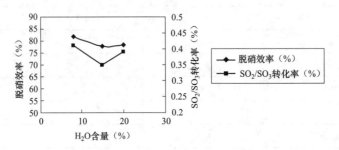

图 7-43　H_2O 含量对催化剂性能影响趋势图

根据实验结果，富氧燃烧烟气中水蒸气和 CO_2 含量大，对催化剂性能有抑制作用，但 SCR 催化剂仍可适应于富氧燃烧锅炉。在工程应用设计选型时，应对催化剂的性能设计充足余量，且因烟气中水含量大、灰黏度大，应选择较大孔径催化剂，同时配置吹灰能力强的蒸汽吹灰器。

7.3.4　不同锅炉方案脱硝系统的差异设计

7.3.4.1　富氧燃烧锅炉脱硝布置方案

以 200MW 燃用神华煤富氧燃烧锅炉为例，对于 SCR 脱硝技术，干湿两种循环烟气参数变化幅度不大（对照表见表 7-7），可采用同一种脱硝布置形式以满足锅炉 NO_x 的脱除。

富氧干循环与湿循环方式的烟气参数比较见表 7-7。

表 7-7　　　　　　　　　　富氧干循环与湿循环方式的烟气参数比较

序号	名　称	单位	富氧干循环	富氧湿循环
1	体积流量（湿态）	m^3/h	1412485	1399257
2	体积流量（标准状态，湿态）	m^3/h	536354	532636
3	质量流量	kg/s	257.9	244.6
4	温度	℃	373	371
5	压力	kPa	−1.82	−1.82
6	含水量（H_2O，湿态）	%	12.41	19.74
7	含氧量（O_2，湿态）	%	3.14	3.14

续表

序号	名　　称	单位	富氧干循环	富氧湿循环
8	含氮量（N_2，湿态）	%	10.40	9.40
9	NO_x（6%O_2，标准状态，干态）	mg/m³	500	500
10	含尘浓度（6%O_2，标准状态，干态）	g/m³	29.4	31.7
11	二氧化硫（6%O_2，标准状态，干态）	mg/m³	1762.9	1899.3
12	三氧化硫（6%O_2，标准状态，干态，转化率按2.5%）	mg/m³	4.4	4.8

鉴于上述富氧燃烧锅炉，SCR脱硝方案的实施如下。

（1）每台机组布置2台反应器，反应器截面尺寸为5990mm×8020mm。每台反应器拟设置3层催化剂层，采用"2+1"的模式，即初装2层催化剂，预留1层催化剂层。单个反应器每层催化剂模块数量为24块。每层催化剂层高为3.3～3.5m。反应器入口、出口烟道烟气流速均按小于15m/s设计。反应器入口烟道竖直段下方设置灰斗，防止烟道飞灰沉降引起积灰；反应器出口烟道采用竖直方式设计，不会造成烟道积灰。

（2）从前面的烟气参数中可以看出，富氧燃烧时锅炉省煤器出口的烟尘浓度较高，可采用节距略大的催化剂适应这种工况。本方案拟采用8.2mm节距的催化剂，催化剂孔内流速约为6.6m/s，反应器空塔流速约为5.0m/s。根据多个脱硝项目运行经验来看，这样的烟气流速处于合理范围。同时，在催化剂上方布置蒸汽吹灰器以加强吹灰，防止烟尘在催化剂上集聚、堵塞催化剂孔。每层催化剂上布置两台蒸汽吹灰器。

（3）根据流场模拟结果，在反应器入口烟道中设置导流装置，并在反应器顶部上方设置整流器，使烟气流场均匀，为后续的脱硝反应提供良好的流场环境。

富氧干、湿循环SCR脱硝装置图如图7-44所示。

7.3.4.2　空气兼顾富氧燃烧锅炉脱硝布置方案-烟气补给方案

空气兼顾富氧燃烧锅炉脱硝布置方案是一种新型的锅炉方案，使锅炉在空气燃烧工况或富氧燃烧工况下均能够安全稳定地运行。但锅炉在空气燃烧与富氧燃烧工况下的烟气参数变化较大，其中最重要的是烟气量发生了较大的变化，造成同一脱硝装置无法适应这两种不同工况的问题。

若按照空气燃烧工况选择适宜的催化剂孔内烟气流速、反应器空塔烟气流速和反应器烟道烟气流速时，富氧燃烧工况下烟气量大为减小（见表7-8），会出现催化剂孔内烟气流速、反应器空塔烟气流速以及反应器烟道中的烟速过低从而造成烟尘堵塞催化剂孔、烟道积灰和脱硝装置阻力增加等问题。若按照富氧燃烧工况设计选择适宜的催化剂孔内烟气流速、反应器空塔烟气流速和反应器烟道烟气流速时，在空气燃烧工况下则会使催化剂孔内烟气流速、反应器空塔烟气流速以及反应器烟道中的烟速过高，易造成催化剂和烟道磨损加剧。

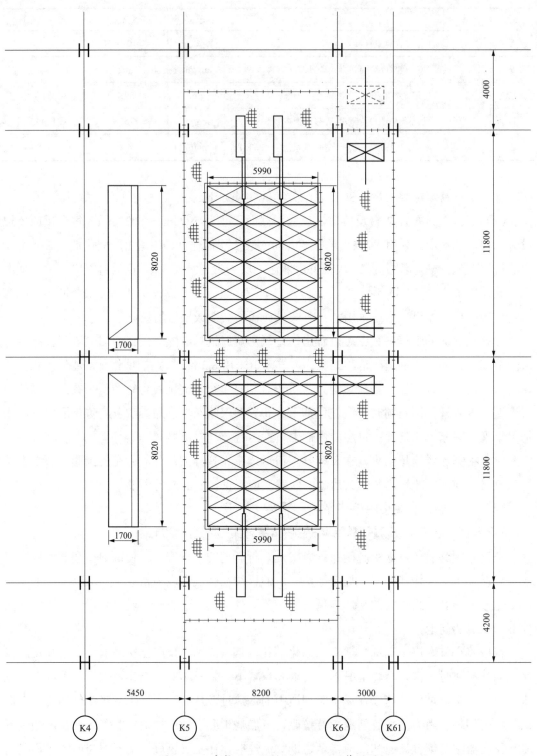

图 7-44　富氧干、湿循环 SCR 脱硝装置图

表7-8　省煤器出口BMCR工况下烟气参数（空气燃烧与富氧干、湿循环燃烧对比）

序号	名　称	单位	空气燃烧	富氧湿循环	富氧干循环
1	体积流量（湿态）	m³/h	1829318	1419849	1436257
2	体积流量（标准状态，湿态）	m³/h	694431	533229	536117
3	质量流量	kg/s	256.1	244.9	257.8
4	温度	℃	373	380	384
5	压力	kPa	−1.40	−1.40	−1.40
6	含水量（H_2O，湿态）	%	7.62	19.74	12.41
7	含氧量（O_2，湿态）	%	3.29	3.14	3.14
8	含氮量（N_2，湿态）	%	74.45	9.40	10.40
9	NO_x（$6\%O_2$，标准状态，干态）	mg/m³	400	500	500
10	含尘浓度（$6\%O_2$，标准状态，干态）	g/m³	19.0	31.7	29.4
11	二氧化硫（$6\%O_2$，标准状态，干态）	mg/m³	1141.4	1899.2	1762.9
12	三氧化硫（$6\%O_2$，标准状态，干态，转化率按2.5%）	mg/m³	2.9	4.8	4.4

因此，必须要采取有效措施来解决空气兼顾富氧燃烧锅炉脱硝方案的实施。

（1）当锅炉采用空气兼顾富氧燃烧方案时，应将空气燃烧工况视为锅炉的长期运行工况。应首先偏向满足锅炉空气燃烧工况，再采取其他措施弥补该脱硝方案在富氧燃烧工况下存在的不足，使其能够同时适应空气燃烧和富氧燃烧两种不同工况。具体的脱硝方案设计如下（首先考虑空气燃烧工况）：

1）每台机组布置2台反应器，反应器截面尺寸为5990mm×10975mm。采用"2+1"的模式，即每台反应器设置3层催化剂，初装2层，备用1层。每层催化剂模块数量按3×11共布置33块。每层催化剂层高为3.3～3.5m。反应器入口、出口烟道烟气流速均按小于15m/s设计。反应器入口烟道竖直段下方设置灰斗，防止烟道飞灰沉降引起积灰；反应器出口烟道采用竖直方式设计，不会造成烟道积灰。在每层催化剂上布置2台蒸汽吹灰器和2台声波吹灰器，用于加强吹灰，适用于不同燃烧工况下烟尘浓度。

2）从对比的烟气参数中可以看出，富氧燃烧工况时锅炉省煤器出口的烟尘浓度较高，可采用节距略大的催化剂去适应这种工况。采用8.2mm节距的催化剂，催化剂孔内流速约为6.56m/s，反应器空塔流速约为4.75m/s，该烟气流速处于合理范围。

3）根据流场模型结果，在反应器入口烟道中设置导流装置，并在反应器顶部上方设置整流器，使烟气流场均匀，为后续的脱硝反应提供良好的流场环境。

通过上述3个方面的设计，使本套脱硝系统能够满足锅炉在空气燃烧工况时的运行要求。

（2）当锅炉切换到富氧燃烧工况时，按照增大省煤器处出口的烟气量考虑，使脱硝装置满足富氧工况下的运行要求，具体有如下措施：

1）空气兼顾富氧燃烧锅炉在富氧工况下工作时，会采用烟气再循环方式将除尘器后的烟气抽取部分经空气预热器加热后变成锅炉热一次风和热二次风，重新进入炉膛内帮助锅炉燃烧。该措施在一定程度上补充、增大了省煤器出口的烟气量。

2）在锅炉的热一次风或热二次风风道中设置脱硝补给风道，并设置电动挡板用于脱硝补给风道的打开和关闭。利用富氧燃烧工况下烟气再循环系统，通过脱硝补给风道为脱硝装置另补充一定量的烟气，增加进入脱硝装置中烟气量，进一步弥补富氧燃烧工况比空气燃烧工况烟气量小的不足，合理提高脱硝系统中烟道、催化剂孔内以及反应器空塔流速，避免烟道积灰和催化剂积灰、堵塞的情况出现，保证脱硝装置能够安全稳定的运行。

再循环烟气通过空气预热器加热后，其形成的热一次风和热二次温度可达到 340℃，加之补充到脱硝装置中的热一次风（或热二次风）风量仅占锅炉省煤器出口烟气量的15%左右，不会明显降低进入脱硝反应器的烟气温度，能有利地保证脱硝所需的烟气温度。

（3）在利用烟气再循环系统补充脱硝的烟气量时，会出现 3 个方面的问题：

1）烟气再循环系统从除尘器后抽取的烟气量有所增加，需要提升风机运行能力，从而增加了风机设备的初投资和电耗等。

2）锅炉运行时将对从除尘器中抽取出来的低温烟气进行增氧，以达到锅炉富氧燃烧的要求。当通过脱硝补给风道补充脱硝烟气量时，将使循环烟气在空气预热器出口分流，分流后进入炉膛的循环烟气将有部分氧气损失，因此，需要提高增氧装置的运行能力，从而增加了增氧装置的初投资和电耗等。

3）若在高温情况下对循环烟气进行增氧，可无需提高增氧装置的运行能力，一定程度上节约增氧装置的初投资和电耗等。但在高温环境下增氧是否会使增氧工作危险性提高，还需要进一步论证。

从上述分析中可以看出，采用烟气补给方案在理论上能够解决空气兼顾富氧燃烧锅炉脱硝装置对两种不同工况的适应问题。但是烟气补给方案是利用注氧后的循环烟气进行脱硝烟气补给，会造成部分注氧烟气的流失，既增加了注氧成本，同时又要增加烟气分流的控制，在运行成本方面会有很大的提高。若将注氧方式改为高温注氧，则可能会增加高温注氧的安全风险。可见，采用烟气补给方案虽然存在可行性，但在注氧方面造成很大的浪费，在运行过程中显得很不经济，又或存在安全运行风险，不推荐使用烟气补给的脱硝方案。

7.3.4.3 空气兼顾富氧燃烧锅炉脱硝布置方案–多烟道多反应器方案

为了能更好地解决空气兼顾富氧燃烧锅炉脱硝装置对两种不同工况的适应问题，同时兼顾经济成本、考虑系统安全风险，还需另外寻找有效路径。从空气兼顾富氧燃烧锅炉的运行特点得知，省煤器出口烟气量的大小依然是脱硝系统设计的重点，本方案为脱硝装置设置多烟道多反应器，通过控制脱硝反应器的运行数量使脱硝系统适应锅炉在空气燃烧或富氧燃烧时的不同工况。

如前文所述，锅炉在空气燃烧条件下的烟气量较大，富氧干循环和富氧湿循环燃烧条件下的烟气量相对空气燃烧时均要小 30%左右，而干、湿循环燃烧情况下的烟气量则基本相当。由此可见，为使烟气在脱硝烟道、反应器以及催化剂孔内的流速处于合理的范围，空气燃烧、富氧（干循环或湿循环）所需的烟道和反应器截面大小应有所不同。具体脱硝系统设计方案如下：

（1）每台机组布置 3 台反应器（即 A、B、C 3 个反应器），3 个反应器中每层催化剂模块布置分别为 3×9=27 个模块、3×5=15 个模块和 3×9=27 个模块，反应器截面尺寸相应有 2 种规格，分别为 5990mm×9005mm 和 5990mm×5065mm。采用"2+1"的模式，即每个反应器设置 2 层催化剂，初装 2 层，备用 1 层。每层催化剂层高为 3.3～3.5m。反应器入口、出口烟道烟气流速均按小于 15m/s 设计。每台锅炉省煤器出口烟道分为两部分，以锅炉中心线对称布置。单个省煤器出口烟道又分为大小不一的两个烟道，使烟气分流，分别进入 A、B 反应器或 C、B 反应器中。省煤器出口分流的烟道入口处设置烟气挡板，B 反应器入口烟道设置烟气挡板 B1 和 B2，在 B 反应器出口烟道（分别接入 A 反应器和 C 反应器的出口烟道）上设置烟气挡板 B3 和 B4，以适应不同的工况需要。

在每层催化剂上布置 2 台蒸汽吹灰器（A、C 反应器）和 2 台声波吹灰器（B 反应器），用于加强吹灰，适用于不同燃烧工况下烟尘浓度。

（2）当锅炉处于空气燃烧时，省煤器出口的烟气量较大，为了使脱硝装置满足运行要求，B 反应器入口、出口烟道上的所有烟气挡板全部打开，使烟气通过 A、B、C 3 个反应器，A、B、C 3 个反应器全部投入脱硝运行。本方案采用 8.2mm 节距的催化剂，此时催化剂孔内流速约为 6.28m/s，反应器空塔流速约为 4.54m/s，烟气流速处于合理范围。

当锅炉处于富氧燃烧时，省煤器出口的烟气量相对减小，为了使脱硝装置满足运行要求，B 反应器的入口、出口烟道挡板全部关闭，使烟气不通过 B 反应器，B 反应器停止运行，省煤器来的全部烟气通过 A、C 两个反应器，A、C 两个反应器完成脱硝运行。此时催化剂孔内流速约为 6.22m/s，反应器空塔流速约为 4.50m/s，这样的烟气流速与空气燃烧条件下的基本一致，也非常理想。

（3）根据流场模型结果，在反应器入口烟道中设置导流装置，并在反应器顶部上方设置整流器，使烟气流场均匀，为后续的脱硝反应提供良好的流场环境。

空气兼顾富氧燃烧锅炉 SCR 脱硝装置如图 7-45 所示。

当采用多烟道、多反应器脱硝方案时，会出现以下问题：

1）由于每台机组布置了 3 个反应器，同时考虑到空气预热器的结构设计特点，后部钢结构（脱硝钢结构）需要进行调整，会出现单独形成钢结构体系的情况，从而使占地面积略有增加并且脱硝钢架不与锅炉钢架发生干涉。

2）脱硝烟道支路以及烟道挡板较常规空气燃烧锅炉或富氧燃烧锅炉都多，使投资成本有所上升。

总体上说，本方案技术可行，能够适用空气燃烧和富氧燃烧两种不同工况的脱硝要求。

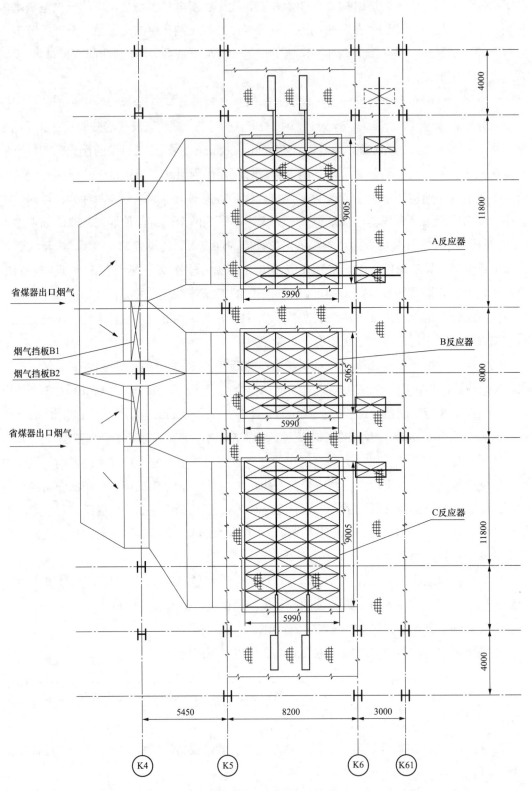

图 7-45　空气兼顾富氧燃烧锅炉 SCR 脱硝装置图（多烟道方案）

　　多烟道多反应器脱硝方案是在已经完全成熟、可靠的空气燃烧锅炉脱硝技术基础上衍生出来的，具备良好的技术储备及广泛的工程业绩。虽然，在富氧燃烧时脱硝设计方案需要面对一些新的技术问题，但仍在可控范围之内。因此，当采用空气兼顾富氧燃烧锅炉方案时，推荐采用多烟道、多反应器脱硝方案。

富氧燃烧碳捕集
关键技术
第8章
富氧燃烧控制系统

8.1 概　　述

富氧燃烧因技术路线、技术方案的不同，故工艺系统配置差异性较大。热工控制系统为实现工艺控制意图和要求，需根据个体差异制定个性化的控制策略。热工控制系统应具有远方监控、远方操作、自动检测、自动控制、顺序控制、自动保护等功能，大多采用DCS分散控制系统来实现控制目标，系统主要包括数据采集与处理系统（DAS）、模拟量控制系统（MCS）、顺序控制系统（SCS）、锅炉炉膛安全监控系统（FSSS）、脱硫等辅助设备控制系统（BOP）等。因富氧燃烧与空气燃烧系统的主要区别体现在烟风系统，本章主要针对富氧燃烧锅炉烟风控制系统进行说明。

8.2 富氧燃烧控制系统的特点

富氧燃烧技术和传统空气燃烧技术具有良好的承接性，它采用烟气再循环的方式，用空气分离获得的高纯度的氧气和一部分回送的锅炉排烟构成的混合气代替空气作为燃烧时的氧化剂和送粉风，经过循环累积将燃烧排烟中的二氧化碳体积浓度提升至较高水平，进而满足低成本的二氧化碳压缩纯化工艺设备要求，实现二氧化碳的工业化捕集以期达到近零排放的目标。富氧燃烧系统与常规空气燃烧系统的不同主要表现在风烟燃烧流程的工艺控制和调节方式的一些变化，大致可从以下6个方面理解。

8.2.1 富氧燃烧系统运行过程多模式

按照目前的技术发展状况，一般情形下，富氧燃烧系统的设计建设通常都是参照业已成熟的空气燃烧系统基础理论进行的。技术上，普遍认为系统的富氧燃烧和空气燃烧运行模式可互为灵活切换，富氧燃烧对于常规空气燃烧具有良好的技术承接性。

另外，富含高浓度二氧化碳的烟气经过除尘、脱硫、除湿等工艺流程，或循环，或排放，或压缩提纯，都将要求建立一系列风烟系统的操作切换程序和控制调节机制；循环烟气引取点的不同，也可形成富氧燃烧工况下的干循环模式和湿循环模式，甚至形成高温烟气循环模式。由此可见，富氧燃烧系统必然具有运行过程的多模式特点。

富氧燃烧循环烟气的处理过程，燃料燃烧后产生的烟气水分含量较大，还有一个重要的冷凝除湿工艺。根据循环烟气是否经过冷凝除湿工艺处理，可进一步划分的两种富氧运行模式为干循环和湿循环。实际上，一次循环烟气通常需要采用干烟气，以承担一次风的携粉入炉的输送功能。因此，所谓干循环或湿循环，主要应该针对二次风中的循环烟气是"干"还是"湿"，详见图8-1、图8-2。

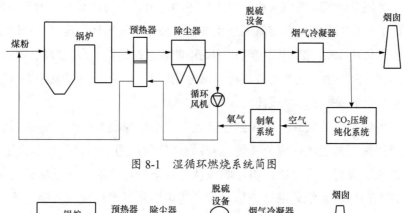

图 8-1 湿循环燃烧系统简图

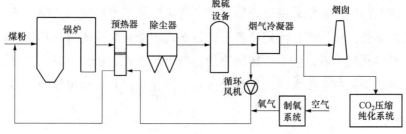

图 8-2 干循环燃烧系统简图

8.2.2 具备多模式平稳切换功能

富氧燃烧系统各种运行模式有其各自的技术特点和操控需求，故系统的运行过程需在多个运行模式之间进行切换，例如空气燃烧→富氧燃烧（干循环或湿循环）、富氧燃烧（干循环或湿循环）→空气燃烧等。当然，这些切换不会是频繁的。

每个模式在系统运行中均承担有既定的角色，或为工况过渡，或长时间生产运行，或降级为空气燃烧运行，或调整运行负荷。但无论切换到哪种模式，都需要借助精心设计的工艺流程中风烟管路，工艺设备，气体储存和收集设备，送风、引风机动力装置，以及一系列实现相关管路通断、风量调节、风压匹配等功能的关断或调节风门、阀门和执行器等装置方能得以实现。然而，锅炉燃烧和风烟循环是一个连续的过程，运行模式的改变必然会涉及风烟管路的通断切换，以及由此而带来的一系列供风、供氧、炉内参数的变化。考虑电厂锅炉负荷特性的要求，富氧燃烧系统各种运行模式之间的切换必须做到平稳顺畅，尽可能将切换扰动过程对锅炉燃烧系统及汽水系统性能波动带来的影响减小，过程可控、受控，实现能量转换的安全稳定；同时，在确保各个控制回路稳定的前提下，使切换操作更加快捷、平顺、准确。

因此，归纳设计出系统各种模式切换的操控逻辑，提出并实现模式切换过程中风烟系统的操作切换程序和平稳控制调节机制，建立一套风烟循环平衡控制策略，是富氧燃烧控制系统十分关键的技术。

8.2.3 富氧燃烧系统是闭式风烟循环

传统空气燃烧系统风烟燃烧流程是以大气环境作为首尾关联节点，大气环境相对于单个燃烧系统近于无穷大空间，但富氧燃烧系统是将部分烟气循环回送至炉膛燃烧区域充当燃料输送和对流传热介质，燃料燃烧氧化剂则由制氧系统提供的高纯度氧气承担，无需系统外新空气助燃，锅炉出口烟气经处理后一部分循环入炉，另一部分富余烟气通过二氧化碳压缩提纯系统捕集或排放，形成闭式或半闭式循环。

基于富氧燃烧系统闭式或半闭式循环模式，对系统控制会带来一定的影响。首先，对于锅炉这类持续剧烈燃烧反应的系统,炉膛燃烧区的压力平衡是一个非常敏感的问题，稍有不慎，熄火、爆燃均有可能，将影响系统的安全稳定，造成严重后果。其次，为了减少锅炉本体的漏风，系统采用微正压运行，这更增加了燃烧区域控制的难度，安全性进一步恶化。另外，风烟燃烧流程中各工艺设备均可能同时受闭合循环流量、压力等参数波动的影响，相互关联，整个循环回路的协调更加困难。由此可见，富氧燃烧系统的风烟燃烧循环流程控制难度大，相互耦合深，必须建立一套安全可靠的调节控制方法与之相适应。

8.2.4 富氧燃烧系统需增加敏感烟气成分监控

富氧燃烧模式下，循环烟气替代空气回送至循环管路，并在适当区域与高纯度氧气混合，形成燃料燃烧所需的氧化剂条件。燃料和含氧混合烟气入炉混合燃烧后，炉内辐射和烟气对流换热可获得与空气燃烧模式相近的辐射和对流换热总量水平。

空气燃烧情况下，锅炉燃烧只需考虑燃尽后烟气中的含氧量，用以作为燃烧效率或燃料燃尽度的衡量。但在富氧燃烧情况下，通常循环烟气中的氧气分压约需控制在 3%，循环烟气和氧气形成的入炉混合气的平均氧分压为 26%～30%，其中混合气一次风出于送粉安全因素的考虑需严格将氧分压限定在 18%～21%；混合气二次风的氧分压一般限定在32%以下，过高氧分压也会危及系统安全。锅炉燃烧控制需要根据炉膛出口氧分压的大小不断对一次风和二次风的供氧量进行实时调节，从而改变混合气（特别是二次风）氧分压的大小，同时均衡循环烟气总量，以维持炉内烟气总量和炉膛出口氧分压，保证锅炉换热效率和燃尽率，同时保障系统的运行安全。

富氧燃烧系统实际运行时，负荷稳定的情况下，燃料量恒定，一次风基本稳定，混合气氧分压达到一定的数量后，注氧量即可保持不变，也可作为炉膛出口氧量的微调。此时的燃烧控制作用，主要依靠二次风循环烟气量和注氧量的控制调节装置实现。

可见，对于富氧燃烧系统，除了流量、压力、温度的监测外，一次风、二次风，甚至三次风的氧浓度的实时监测与控制调节，是燃烧控制和运行安全的一个十分重要的环节。

此外，富氧燃烧烟气循环的目的，是将燃烧后烟气中的二氧化碳通过累积效应不断富集起来，消除了空气中氮气等其他气体的稀释作用，这也正是富氧燃烧从根本上大幅减少 NO_x 排放的原因。正是烟气循环的持续发生，烟气中才能逐渐富集到高浓度的二氧化碳，现有低成本技术捕获 CO_2 的工艺要求才能得以满足。当然，循环烟气中二氧化碳浓度的高低也会在一定程度上影响到锅炉换热效果，也能反映出循环管路和设备的漏风状况。另外，从系统安全运行的角度考虑，循环烟气中一氧化碳浓度过高是一种危险的状况，也是必须监测的参数。

总之，除了国家环境监测部门要求配备烟气分析仪持续监测排放烟气的相关参数之外，富氧燃烧系统中，为了保证系统正常和安全地运行，需要在风烟循环管路相应位置增设一系列诸如氧、二氧化碳、一氧化碳、氮气等气体浓度的监控点；在炉边或容易产生烟气泄漏的人员活动区域设置有害气体报警监测点。简言之，富氧燃烧系统必须将风烟循环回路部分浓度参数纳入监控范畴。

8.2.5 风烟燃烧过程控制关联因素多

闭式或半闭式循环的富氧燃烧系统，它的微正压运行、配风供氧的流量控制、送引风回路的压力平衡、不同模式下的管路切换以及烟气处理设备的操作扰动都会或大或小地引起整个风烟燃烧过程的波动，给系统的控制带来不容忽视的影响。

富氧燃烧系统锅炉侧风烟子系统和燃烧子系统的控制，涉及模式切换过程、供氧配风过程、燃烧调控过程、风烟循环过程和排烟压缩过程 5 个基本过程。这其中，包含了若干套互锁、自锁控制逻辑和时序控制程序；包含了循环烟气管路各段压力均衡控制和渐变过程的平滑切变；包含了循环烟气量、一次风量、二次风量、烟气总量以及风温的调控；包含了各路入炉气的氧浓度及平稳配供氧的监控调节，以及燃烧效率或过量空气系数的控制；包含了更为严格的炉膛压力控制和循环管路相应工艺节点的压力控制；包含了烟气循环、限量排烟和二氧化碳压缩纯化系统的入口烟气量的恒压协调控制；包含了一系列被控变量的上下限安全约束监控。

最重要的是，上述所有过程都将是相互关联、相互约束、相互影响的，每一个状态的改变牵涉面都较大，每一个变量的调节都会与其他变量产生一定程度的耦合。因此，富氧燃烧系统的控制，最复杂、最关键的就在于上述 5 个基本过程中涉及众多关联因素的控制方法和控制策略的设计。

8.2.6 安全监控和保障措施更为严格

由于富氧燃烧系统注入风烟管路和燃烧区域的是纯氧、系统闭式或半闭式循环空间的结构特点、风烟循环过程最终是高浓度的二氧化碳气体，所以无论从系统设备安全运行方面还是从运行操作人员的人身安全角度，富氧燃烧系统的安全监控和保障措施必须更为严格。系统设备故障的安全响应程序、自锁互锁逻辑、状态监控和故障报警功能的配置、运行降级或跳机预案流程的实现等均应该更加细致深入地加以分析探讨，谨慎设计，认真调试。只有这样，才能不断提高富氧燃烧系统运行的安全性，避免人身、设备事故的发生。

8.3 主要工艺过程的控制原则

富氧燃烧系统与空气燃烧系统运行控制的差异主要表现在锅炉侧风烟子系统和燃烧子系统的控制，涉及模式切换过程、供氧配风过程、燃烧调控过程、风烟循环过程和排烟压缩过程主要过程，下面分别讨论他们的工艺目标和控制原则。

8.3.1 模式切换过程

燃烧模式切换过程一般可分解成空气燃烧阶段、混合燃烧阶段、微富氧燃烧阶段、富氧燃烧阶段 4 个阶段。

1. 空气燃烧阶段

空气燃烧阶段锅炉处于空气燃烧工况，处于锅炉空气燃烧正常点火启动后的平稳运行阶段，或是从富氧燃烧切入空气燃烧模式后的平稳运行阶段，或是为空气燃烧模式切入富氧燃烧模式的准备阶段。

2. 混合燃烧阶段

混合燃烧阶段处于空气燃烧切入富氧燃烧模式的最初阶段，或是富氧燃烧切入空气燃烧模式的末尾阶段。此阶段燃烧配风的特点是较多的空气和较少的氧气共同提供入炉燃料的氧化剂，炉膛总氧分压虽然高于空气燃烧的氧分压（21%），但低于微富氧燃烧阶段的氧分压。空气切入富氧时氧分压呈逐渐上升趋势，富氧切入空气时氧分压呈逐渐下降趋势。此阶段循环烟气量偏小，由于抽取的空气量较大，空气中的氮气对烟气中二氧化碳浓度的稀释影响较大。

3. 微富氧燃烧阶段

微富氧燃烧阶段处于空气燃烧切入富氧燃烧模式的末尾阶段，或是富氧燃烧切入空气燃烧模式的初期阶段。此阶段燃烧配风的特点是较多的氧气和较少的空气共同提供入炉燃料的氧化剂，炉膛总氧分压虽然低于富氧燃烧的氧分压，但高于混合燃烧阶段的氧分压。空气切入富氧时氧分压呈单调上升趋势，富氧切入空气时氧分压呈单调下降趋势。此阶段循环烟气量较大，由于抽取的空气量较小，烟气中的氮气对烟气中二氧化碳浓度的影响较小。

4. 富氧燃烧阶段

富氧燃烧阶段锅炉处于富氧燃烧工况，或是从空气燃烧切入富氧燃烧模式后的平稳运行阶段，或是为富氧燃烧模式切入空气燃烧模式的准备阶段。此阶段锅炉正常运行出力，循环烟气中二氧化碳浓度较高，烟囱排烟量和二氧化碳压缩系统捕获的烟气量呈增减互补的关系。

模式切换过程涉及一次风和二次风压力和流量、供氧量、氧分压、烟气量等参数的变化。由于燃烧过程的连续性和锅炉运行的安全性，决定了模式切换过程一定是一个渐变的过程。切换过程首先要保证燃烧的稳定性，其次是维持锅炉出力相对稳定，保证燃烧效率能保持在较好的水平。模式切换过程参数的控制还应注意：

（1）入炉燃料量不变，入炉总氧量应保持不变。

（2）炉膛出口烟气总量应保持不变（或相近）。

（3）一次风氧分压控制在21%以下。

（4）氧分压安全的情况下，一次混合风量大小不变。

（5）富氧燃烧模式通常采用微正压运行。

8.3.2 供氧配风过程

供氧配风过程，实际上是指系统进入富氧燃烧模式切入/切出的过程中或者富氧燃烧模式运行的过程中，入炉混合气的参比调配过程。换言之，在富氧燃烧系统的模式切入/切出过程中，将涉及空气、循环烟气以及氧气的输送、混合、调配、节制等问题，其中包括工艺参数变量的调节，诸如流量、压力、氧浓度等。它们是通过风门（阀门）的通断、开度的改变，风机的转速增减，气源压力的升降等机构执行操作的。空气燃烧模式的配风和富氧燃烧模式的供氧配风有很大的不同。

8.3.2.1 一次风参数

模式切换过程中，假设一次风中空气流量为 Q_{air1}，一次风循环烟气中氧浓度为 C_{rec1}，一次风氧气注入前流量为 Q_1（不包含氧气流量），注入氧气纯度为 C_1。

一次风中循环烟气量 Q_{rec1} 为

$$Q_{rec1} = Q_1 - Q_{air1} \tag{8-1}$$

一次风氧气注入前氧浓度 $C_{\_1}$ 为

$$C_{\_1} = \frac{21\%Q_{air1} + C_{rec1}(Q_1 - Q_{air1})}{Q_1} = \frac{21\%Q_{air1} + C_{rec1}Q_{rec1}}{Q_1} \tag{8-2}$$

一次风供氧流量 Q_{asu1} 为

$$Q_{asu1} = Q_{z1} - Q_{air1} - Q_{rec1} \tag{8-3}$$

式中 Q_{z1} ——一次风总流量。

一次风中氧分压 p_1 为

$$p_1 = \frac{C_1 Q_{asu1} + C_{rec1}Q_{rec1} + 21\%Q_{air1}}{Q_{z1}} = \frac{C_1 Q_{asu1} + C_{rec1}Q_{rec1} + 21\%Q_{air1}}{Q_{asu1} + Q_{air1} + Q_{rec1}} \tag{8-4}$$

8.3.2.2 二次风参数

模式切换过程中，假设二次风中空气流量为 Q_{air2}，入炉总氧分压为 p，二次风循环烟气中氧浓度为 C_{rec2}，二次风注氧前流量为 Q_2（不包含氧气流量），注入氧气纯度为 C_2。

二次风中循环烟气量 Q_{rec2} 为

$$Q_{rec2} = Q_2 - Q_{air2} \tag{8-5}$$

二次风机前未注氧时氧浓度为

$$C_{-2} = \frac{21\%Q_{air2} + C_{rec2}(Q_2 - Q_{air2})}{Q_2} = \frac{21\%Q_{air2} + C_{rec2}Q_{rec2}}{Q_2} \tag{8-6}$$

二次风供氧流量为

$$Q_{asu2} = \frac{p(Q_{asu1} + Q_1 + Q_2) - 21\%(Q_{air1} + Q_{air2}) - C_{rec1}Q_{rec1} - C_{rec2}Q_{rec2} - C_1Q_{asu1}}{C_2 - p} \tag{8-7}$$

二次风中氧分压为

$$p_2 = \frac{p(Q_{asu1} + Q_1 + Q_{asu2} + Q_2) - p_1(Q_{asu1} + Q_1)}{Q_{asu2} + Q_2} \tag{8-8}$$

8.3.2.3 排烟变化

切换过程中锅炉生成的烟气量为 Q_{fg}。

烟囱烟气流量 Q_{cg} 为

$$Q_{cg} = Q_{fg} - Q_{rec1} - Q_{rec2} \tag{8-9}$$

8.3.3 燃烧调控过程

锅炉在富氧燃烧模式正常运行工况下，一旦负荷稳定，风烟燃烧系统的各个方面的控制调节都将趋于稳定的平衡点（工作点），控制系统此时的主要工作就是将各种被控变量稳定控制在各自的平衡工作点附近，满足相应的调节快速性和精确性指标。前面提到的燃烧调控过程的主要任务可以归纳陈述如下：

1. 一次风调控

一次风氧气注入量主要根据循环烟气与氧气混合后的氧浓度不超过一定限度而定（一般为 18%～21%），可保证送粉系统安全运行。根据负荷指令，形成燃料量给定，建立满足入炉煤粉输送条件的一次风（循环烟气+氧气）风量及风压。在燃料量（煤粉）不变的情况下，一次混合风的总体积流量是基本保持不变的，无论是空气或是高浓度二氧化碳烟气。

2. 二次风调控

二次风风量的多少，一方面取决于炉内燃料（煤粉和助燃油）燃烧所需的氧气量，另一部分取决于建立锅炉炉膛燃烧辐射换热区多相流场所需的混合气体积总量和保证对流换热面热交换所需的烟气总量。理论上，富氧燃烧高浓度二氧化碳烟气循环的总烟气量可略低于空气燃烧模式。但是，考虑注氧安全性等问题，需要将二次风（混合气）氧浓度限制在上限之下，该值是按照工艺给定数值进行控制的，技术路线不同所要求的控制点也有所不同。系统通过二次风机转速和风门开度的调节，实现二次风量的控制。富氧工况下二次风循环烟气量可能短时间有所增加(特别在切换时),一是稀释入炉二次风混合气的氧浓度,二是可加快富集到高浓度二氧化碳烟气的速度(较低漏风率时)。需要注意的是,过大的循环烟气量将造成火焰中心后移,使过热器、空气预热器等设备单元面临超温考验。

3. 炉膛压力控制

传统空气燃烧锅炉,通常采用炉膛负压运行。富氧燃烧锅炉,为了获得锅炉本体较低的漏风率,建议炉膛采用微正压运行以隔绝空气渗入。这种技术要求使得炉膛压力的控制要求更加敏感快速,锅炉运行的安全性也将受到严重挑战。需要遵循的调控原则有:

(1)要求采用适当的方法增强引风环节对风压控制调节的稳定性、快速性、准确性和可靠性。

(2)微正压运行方式仅在完成空气燃烧至富氧燃烧模式切换并稳定运行后采用,或者仅在二氧化碳浓度富集和维持捕获阶段使用。

(3)负压和微正压的转变须遵循严格的时序逻辑,平稳渐变为佳。

4. 燃烧率控制

与空气燃烧模式一样,富氧燃烧也用炉膛出口烟气氧分压(氧浓度)来评价燃料燃烬率的高低。富氧燃烧工况下,炉膛出口氧浓度一般可控制在 3%左右。通常可通过二次风的注氧量的大小进行调节;特定负荷下的一次风的注氧量通常保持不变,但也可作微调。

5. 炉膛温度控制

富氧燃烧炉膛温度控制与空气燃烧模式下是相似的,富氧燃烧火焰温度相对较高,特别是循环烟气量较大时,炉内温度场高温区的分布可能后移,需要从设计和运行上加以考虑。

8.3.4 风烟循环过程

风烟循环过程是烟气在引风机、送风机的作用下,经由锅炉本体和循环管路建立的风烟处理、分配、收集或排放的工艺流程。虽然风烟燃烧过程相互影响,密不可分,除尘、除湿、脱硫工艺对风烟成分及状态都将产生影响,但其中涉及控制调节的重要方面可从以下 3 个关键问题加以考虑:

1. 循环汇流点压力控制

富氧燃烧系统的风烟管路是一套闭合回路,当燃烧系统炉膛压力以微正压运行时,整个风烟回路气动敏感性将大幅提升,导致炉膛压力稳定性降低甚至恶化,风烟循环沿程的所有风机、调节门和烟气处理设备的运行状态的变化都可能对炉膛压力造成影响,因此,富氧燃烧风烟循环沿程分段稳压控制的要求由此产生。或者说,风烟循环闭合管路一旦形成,各段管路的风烟压力变化就会与常规空气燃烧系统中的压力参考点(大气)失去直接依存关系,形成所谓的压力悬浮状态,可能造成整个循环回路各段风烟压力的大幅波动、随机漂移,这对燃烧控制是十分不利的。因此,虽然一次风和二次风各自的工艺流程和管路走向可能不尽相同,但为了较好地实现一、二次风的配风调节和燃烧效率的控制,需要建立一个风烟循环压力基准点,将这个点压力较好地控制在一个限定的范围内,从而保证炉膛压力的平稳或具有良好快捷的动态响应特征。建议采用一、二次风循环汇流点(一、二次风机入口调门之前)作为压力控制基准点。通常基准点压力设定在不同运行模式下可不同,但富氧燃烧二氧化碳捕集工况下,基准点压力设定通常设置为捕集系统入口工艺参数要求的正压值。

2. 烟气循环均衡控制

空气燃烧模式下,烟囱是烟气唯一的出口,通常需尽量减少排烟阻力,不加限制。富氧燃烧模式则不然,烟气可能的通道至少有 3 条:烟囱、一次风和二次风循环管路、二氧化碳捕集系统(压缩纯化)入口。因此,富氧燃烧的烟气在不同的运行状态下烟气的走向和数量大小是变化的,不同运行模式时流经各通道的最佳烟气量将与系统的运行工况密切相关,需要通过有效手段调配,统筹管理。此时,这些烟气、氧气和混合气之间的数量关系较为复杂,相关调节过程也是相互影响的。因此,设计选择适当的调节装置或调节手段十分重要,均衡控制将是一个主体原则,故称之为烟气循环均衡控制。需要注意一、二次风量中供氧量对于混合气体积和质量流量的影响。

3. 干/湿循环控制

富氧燃烧模式下的干/湿循环模式,是指锅炉燃烧后产生的烟气是否进行除湿脱硫处理,然后再回送二次风机入口的两种工艺流程。由于富氧循环烟气水分含量大,一次风源始终引自经过除湿之后的循环烟气,故只有二次风管路与湿循环有关。富氧燃烧系统是半闭式或全闭式循环,送风机和引风机之间必然存在一定程度的耦合,部分或全部二次风湿循环投入后,引风机、二次风机和炉膛压力的控制将变得更为复杂。湿循环回路,宜增设可控阻尼单元以使二次风机在相应的运行模式下工作于特性较优的动态工作点。

8.3.5 排烟压缩过程

富氧燃烧系统生产运行过程中,风烟燃烧系统除了完成配风配氧、送风引风、炉膛压力、燃烧效率、炉温分布、沿程风压均衡等状态调控之外,还需面临如何建立二氧化碳捕集系统工艺要求,以及怎样控制和消除捕集系统对风烟循环管道内烟气流量和压力等参数的影响。显然,烟囱排放量和捕集系统吸取量等于富氧燃烧所产生的烟气总量。或者说,系统不进行二氧化碳捕获时,富氧燃烧所排放的烟气总量等于进行完全二氧化碳捕获时捕集系统从风烟管路所吸取的富含高浓度二氧化碳的烟气量。二氧化碳被分离提取后,烟气中的其他气体成分,再经由烟囱排放入大气。

富氧燃烧是闭式或半闭式循环,引风出口烟气量和烟囱排烟、捕获泵吸、循环回送等节点的是平衡关系,排烟管路节点处是正压,正压的获得依靠后续的调节门完成,故通常将这个节点的压力作为相关风机、风门、阀门协调控制的参考点。

二氧化碳捕集系统需要根据烟气生成总量、烟囱排放量和循环烟气量来确定捕集系统烟气摄取量。要求具有一定响应速度的捕集量调节和装置切入或切出功能。

8.4 富氧燃烧系统控制策略

8.4.1 模拟量控制系统（MCS）

机组模拟量控制主要包括机组协调控制方式、炉跟机方式、机跟炉方式、汽包水位调节、燃油压力调节、氧量校正、送风调节、炉膛压力调节、一次风压调节、过热蒸汽温度调节、再热器事故喷水控制、连排水位调节、一次风注氧浓度控制、二次风注氧浓度控制等，其中机跟炉方式、汽包水位调节、燃油压力调节、炉膛负压调节、一次风压调节、过热蒸汽温度调节、再热器事故喷水控制、连排水位调节等与普通煤粉炉是一致的。本节主要讨论机组协调控制、炉跟机控制、送风调节、氧量校正、注氧浓度控制几部分。

1. 机组协调控制

普通煤粉炉协调控制主要是汽轮机、锅炉、电气的协调，富氧燃烧锅炉因为加入了制氧系统，在进行协调控制时必须加入制氧系统的协调控制，制氧系统制氧量应接受锅炉输入指令信号的控制，当制氧系统自动故障时，整个协调控制切换到锅炉燃料主控状态，整个机组升降负荷速率限制除受汽轮机、锅炉、电气设备升降负荷速率限制外，也受到制氧系统负荷升降速率的限制。

2. 炉跟机控制

富氧燃烧对炉跟机的控制的影响和协调控制基本一样，当制氧系统自动故障时，整个控制系统切换到手动模式。

3. 送风调节

当富氧燃烧锅炉一次风和二次风运行在定氧浓度方式时，富氧燃烧的送风调节和普通煤粉炉基本相同，风量跟踪机组燃料量，供氧量跟踪锅炉风量。主要区别在于锅炉在富氧工况下风量发生了很大的变化，在富氧工况下用于配风控制的 PID 参数和空气燃烧的 PID 参数会存在较大的差异，因此，实际运行时应在 DCS 建立和调试独立的配风控制逻辑，并在富氧工况的投切过程中实现两者的无扰切换控制。另外，在锅炉升降负荷时，除了风煤互锁外，还应当设计氧量闭锁；当供氧母管压力低、风量低、配氧浓度低时，闭锁风量增，同时闭锁锅炉增加燃料量。

4. 氧量校正

氧量校正的逻辑对于普通煤粉炉和富氧燃烧锅炉基本一样，都是用于锅炉的配风校正，不同的是普通煤粉炉设计氧量校正值为 6%，富氧燃烧锅炉推荐值为 3% 氧浓度。

5. 注氧浓度控制

配氧浓度控制为单回路 PID 控制，被调量为一、二次风中烟气的氧浓度，供氧量跟踪循环烟气量。富氧燃烧锅炉一次风和二次风运行在定氧浓度控制方案时，在低负荷，因为燃料量大幅减少，循环烟气量也会大幅减少，使炉膛烟气流速降低，导致传热特性变坏。另外，因为烟气流速降低，导致水平烟道易积灰，另外在定氧浓度控制下，低负荷工况和 BMCR 工况下烟气量变化太大，导致风机选型困难等问题，一般采用定氧浓度控制的机组不能运行在过低的负荷工况，有资料介绍其负荷不能低于 80%。基于上述原因，对于需要低负荷运行的机组，可以考虑将富氧燃烧的配风方式（二次风）进行改进：由定氧浓度方式下，机组风量跟踪燃料量，修改为供氧量跟踪机组燃料量，循环烟气量跟踪机组负荷。高负荷时，减少循环烟气倍率，二次风量处于较高氧浓度下运行；低负荷时，提高循环烟气量，二次风量处于低氧浓度下运行。改进后的配风方式有利于解决富氧燃烧低负荷下烟气量过低的问题。

8.4.2　顺序控制系统（SCS）

锅炉顺序控制主要包括引风机顺序控制、送风机顺序控制、一次风机顺序控制、空气预热器顺序控制、锅炉大联锁、锅炉疏水顺序控制、制氧系统顺序控制、一次风投切顺序控制、二次风投切顺序控制。其中引风机顺序控制、空气预热器顺序控制、锅炉疏水顺序控制和普通煤粉炉是一样的，不再展开讨论。送风机和一次风机顺序控制富氧与普通煤粉的区别在于：启动时需在顺序控制最前增加开启入口空气阀、关闭烟气再循环阀的步序，停机在顺序控制末端增加开启入口空气阀、关闭烟气再循环阀的步序，其余的同普通煤粉炉的顺序控制。

8.4.3　富氧燃烧锅炉炉膛安全监控系统

炉膛安全监控系统（Furnace Safeguard Supervisory System，FSSS）包括燃烧器控制系统及燃料安全系统，它是现代大型火力发电机组的锅炉必须具备的一种监控系统。它能在锅炉正常工作和启停等各种运行方式下，连续地密切监视燃烧系统的大量参数与状态，不断地进行逻辑判断和运算，必要时发出运作指令，通过各种联锁装置使燃烧设备中的有关部件（如磨煤机组、点火器组、燃烧器组等）严格按照既定的合理程序完成必要的操作，或对异常工况和未遂性事故做出快速反应和处理。防止炉膛的任何部位积聚燃料与助燃剂的混合物，防止锅炉发生爆燃而损坏设备，以保证操作人员和锅炉燃烧系统的安全，FSSS 是监控系统、安全装置、安全联锁功能级别中的最高等级。

富氧燃烧系统由于闭式或半闭式循环、高浓度注氧、炉膛微正压运行，以及一系列运行模式切换风（阀）门的引入，系统的复杂程度和调控难度显著增加，给系统运行的安全性和可靠性带来严峻挑战。因此，除了具备常规空气燃烧锅炉中的炉膛安全监控系统功能之外，控制系统在安全监控及故障响应方面的设计要求必然进一步提高。富氧工况下锅炉的 FSSS 逻辑与普通煤粉一样，主要包括以下几部分：炉膛吹扫、主燃料跳闸（MFT）、燃油燃料跳闸（OFT）、首出原因记忆、点火条件、点火能量判断、FSSS 公用设备（如火焰检测冷却风、密封风系统）控制等。另外，因为富氧燃烧增加了供氧系统以及烟气再循环，故需增加供氧阀，烟气再循环阀，一、二次风机入口空气阀的逻辑。在富氧工况下，主燃料跳闸指令 MFT 产生时，必须在切断燃料的同时，切断氧供应，并维持送风、引风烟气循环，待炉膛压力稳定后，从烟气循环工况切换到空气工况，以便彻底吹扫燃料，避免在烟气循环模式下，燃料随烟气循环进入循环管路，给后续富氧燃烧运行模式带来安全隐患。

富氧燃烧锅炉控制系统安全方面的差异设计主要可从下列几个方面考虑：

（1）富氧燃烧平稳切入过程中的异常退出顺序控制及稳调预案。

（2）富氧燃烧运行过程中供氧异常的快速切出顺序控制及稳调预案。

（3）炉膛和风烟循环管路的吹扫策略和操控程序的变化。

（4）切入或切出操作过程中负荷变化扰动的同步响应策略。

（5）同时满足空气燃烧和富氧燃烧过程的超驰设定方案。

（6）MFT 和 OFT 产生在富氧燃烧过程中的响应顺序控制逻辑。

8.4.4 空气与富氧切换过程燃烧系统调节控制策略

目前，实现富氧燃烧过程有两种途径，第一，直接用氧气取代空气与燃料混合燃烧，第二，按照传统燃烧方式，首先进行空气燃烧，然后用氧气取代空气切换到富氧燃烧过程。由于目前对富氧燃烧特性的理解还不够，因此，实现富氧燃烧过程的方式主要是第二种，即从空气燃烧切换至富氧燃烧。此种方式不仅可靠性高，对于已有的发电机组也可实现。

对于空气燃烧锅炉，通常通过合理的调节燃烧系统进入炉膛的总空气量及各喷嘴的配风，并监测和优化炉膛出口的氧分压在 6%左右，达到稳定和优化燃烧的目的。

对于富氧燃烧锅炉，喷入炉膛的循环烟气量和氧气量都是可调节量，除了控制炉膛出口的氧分压在 3%左右以外，还需要控制入炉气体的平均氧分压达到设计参数。相应的控制变量包括进入炉膛的空气量、空气分离系统供氧量，以及一次循环烟气流量和二次循环烟气流量。4 个控制变量分别通过控制相关风机频率和阀门开度来进行控制，可通过 PID 控制器调节相关控制量使得被控量在目标范围内。

8.4.4.1 空气燃烧工况与富氧工况切换控制

空气燃烧工况向富氧燃烧工况切换时，煤粉燃烧器应投入运行，且负荷稳定。为了保证系统切换时对锅炉燃烧的影响减到最小，切换时控制系统还应当具备以下条件：

（1）锅炉配风和氧量校正自动完好，并在自动状态。

（2）一次风和二次风配氧浓度控制状态完好，具备自动投入条件。

（3）锅炉处于燃料主控，煤料供应处于稳定状态。

1. 切入控制

燃烧过程的连续性和锅炉运行的安全性，决定了模式切换过程一定是一个渐变的过程。因此，按照燃煤锅炉运行原理，在入炉燃料量保持不变的情况下，切换过程首先是逐渐减少入炉空气量，增加烟气循环量，开始注入氧气并逐渐增加。根据锅炉燃烧区过量空气系数或氧分压的变化，逐渐增加一次风和二次风中注氧量，逐步替换空气量，安全稳定地维持炉膛出口氧分压处于 2%～3%的水平。系统风烟管路从空气燃烧模式切换到富氧燃烧模式，锅炉实现了从全空气燃烧到全纯氧燃烧的过渡，只要调配得当，整个过程可以短时间平稳地完成。切入过程完成后，风烟燃烧系统还需要经过一段时间的烟气循环，使烟气中二氧化碳逐渐富集到较高浓度的状态（70%～80%或更高），才能实现二氧化碳的高效低能耗捕获。这一阶段伴随的调节过程是循环烟气注氧量的不断增加，直至稳定平衡。

2. 运行控制

切入过程完成后，无论二氧化碳捕集系统是否投入运行，系统已经实现全空气燃烧到全纯氧燃烧的运行模式的改变，余下的问题是如何保证锅炉系统在满足负荷要求的情况下，安全、稳定、高效、连续地低排放生产运行。

这一阶段风烟燃烧系统的监测控制任务，主要包括：

（1）一次风调控。

（2）二次风调控。

（3）炉膛压力控制。

（4）燃烧率控制。

（5）炉膛温度控制。

（6）循环汇流点压力控制。

（7）烟气循环均衡控制。

（8）干/湿循环控制。

3. 切出控制

富氧燃烧运行由半闭式或全闭式循环模式切出的目标是回归普通空气燃烧运行模式，是切入的逆过程，相关参数量值的变化关系基本是切入的逆向变化过程。主要有正常切出和非正常切出两种方式。

（1）正常切出。富氧燃烧循环系统运行模式切出，首先是将尾部烟气与烟囱建立排放通道，并从送风侧导入空气，减少循环烟气量，降低纯氧供给，直至100%关断纯氧供给，完成模式切换。为了保证锅炉燃烧过程的稳定，这些操作均应该是一系列渐变过程。其控制目标应遵循稳定燃烧、风烟平衡、压力恒定、氧量维持等。

（2）非正常切出。其是指需要直接停炉的故障操作。一旦跳闸指令形成，无论系统处于什么运行模式，首先的响应是切除燃料，燃料切除的同时完全开放排烟，停止捕集，炉膛压力速降为负压。但是，燃料切除后应该迅速地适当降低循环混合气的氧分压，即减小供氧量，但不能立即停止供氧，而应该在减少供氧的同时尽快开启空气入口，使残余燃料正常燃尽。非正常切出时可视需要形成多套快慢切出方案。

8.4.4.2 漏风控制

对于富氧燃烧过程而言，漏风不仅会导致锅炉排烟损失和引风机电耗增加，还会导致烟气中二氧化碳的浓度降低，使得压缩纯化系统的能耗大幅增加；如果漏风过于严重，或许会导致最终的二氧化碳浓度达不到压缩纯化的要求，还可能在某区域富集 CO_2 等有害气体造成人员伤害。因此，必须加强对于漏风的监测与控制，如在引风机进、出口增加 O_2 浓度监测、富氧燃烧时锅炉微正压控制在+100Pa 左右、磨煤机处增设 CO_2 浓度监测等。

富氧燃烧碳捕集
关键技术
第9章
系统经济性分析

9.1 工 程 概 况

某项目计划建设 1 台 200MW 富氧燃烧超高压燃煤空冷发电机组,同步建设烟气脱硫、脱硝设施。项目设计煤种为陕西神木县锦界煤,燃煤特性、灰分分析见表 4-2。

9.1.1 研究原则

锅炉采用岛式露天布置,考虑该项目燃煤特性以及富氧燃烧烟气循环特点,燃烧制粉系统采用中速磨正压直吹式系统,富氧燃烧电厂的烟风系统是近似的闭式循环系统,大部分锅炉排烟(约 80%)作为循环烟气与空分岛来的氧气(纯度≥97%)在一次、二次风机出口混合后,返回烟风系统作为一、二次风,输送至制粉系统和燃烧系统。根据二次循环烟气抽取位置不同,富氧燃烧的烟气循环系统可分为干循环和湿循环两种类型。根据对 200MW 富氧燃烧示范工程的总体规划,该机组建议采用典型的空气-富氧燃烧兼容系统,以空气燃烧作为参考系统来设计改造富氧燃烧系统,在进行富氧燃烧示范运行后,可转入空气燃烧长期运行。主要对以下 5 个基本方案进行对比研究:

方案一:空气燃烧基准方案。

方案二:富氧燃烧干循环新建方案。

方案三:富氧燃烧干循环兼容方案。

方案四:富氧燃烧湿循环新建方案。

方案五:富氧燃烧湿循环兼容方案。

9.1.2 机组情况

该项目推荐采用 200MW 超高压参数、Π型布置、单炉膛、自然循环汽包富氧燃烧锅炉,四角切圆或前后墙对冲燃烧、挡板调温、固态排渣、平衡通风、全钢构架、全悬吊结构,全紧身封闭,锅炉配套回转式空气预热器。

汽轮机采用超高压参数、一次中间再热、单轴、三缸、双排汽、空冷凝汽式汽轮机。

空冷发电机额定容量 235.5MVA,额定功率 200MW。

9.2 富氧燃烧各方案技术特点

9.2.1 锅炉本体及系统

9.2.1.1 锅炉本体

该项目以 200MW 超高压锅炉为对象，进行富氧干、湿循环四角切圆燃烧锅炉和富氧干、湿循环对冲燃烧锅炉和空气兼顾富氧燃烧锅炉的多个设计方案研究。

锅炉采用Π型布置、单炉膛、自然循环汽包炉、四角切圆燃烧或对冲燃烧，过热器采用喷水调温，再热器采用挡板调温，固态排渣，采用微正压平衡通风。炉膛截面形状一般原则：对于四角布置燃烧器的炉膛来说，炉膛截面的宽、深比例一般不大于1.2，尽量采用正方形布置；对于前、后墙对冲燃烧器布置的锅炉，炉膛截面宜采用长方形布置。

根据煤质特性，结合数值模拟的分析结果和燃烧器布置要求、富氧燃烧干循环锅炉和富氧燃烧湿循环锅炉方案，由于循环烟气中氧浓度为 26% 左右，炉内烟气量接近，通过计算和布置，可以采用同一锅炉方案。富氧燃烧四角切圆锅炉方案与富氧燃烧前、后墙对冲锅炉方案，锅炉热负荷指标选取基本一致，炉膛宽度、深度方向尺寸不同主要是根据燃烧器布置方式来选取的。

考虑锅炉燃用的煤质结渣性比较强，结合 200MW 超高压锅炉设计经验，该项目锅炉容积热负荷推荐选取为 120～133kW/m³，略低于锅炉手册的推荐值，断面热负荷选取为 3.96～4.36MW/m³，在锅炉手册推荐值范围内。富氧燃烧锅炉方案与空气兼顾富氧燃烧锅炉方案的结构布置型式是一致的。总体来说，由于富氧工况下烟气中三原子气体比例增加，炉内辐射传热呈增强的趋势，可以通过选取合适的循环倍率、循环烟气中氧浓度，使得富氧工况煤粉理论燃烧温度与空气燃烧工况比较接近，炉内辐射传热与空气燃烧工况相当。

由于锅炉富氧燃烧工况的结渣倾向更强，因此建议对于空气兼顾富氧方案，富氧燃烧工况宜降低负荷运行，避免结渣。

对于空气兼顾富氧燃烧锅炉方案，锅炉空气燃烧工况烟气体积流量是富氧燃烧工况的 1.5 倍，因此在富氧燃烧工况受热面烟速偏低，建议此方案富氧工况运行不低于75% BMCR。

各方案设计煤质 BMCR 工况锅炉主要性能数据见表 9-1。

表 9-1　　　　　　　　各方案设计煤质 BMCE 工况锅炉主要性能数据表

项　　目	单位	富氧四角方案		富氧对冲方案		空气兼顾富氧方案		
		湿循环	干循环	湿循环	干循环	空气	湿循环	干循环
循环倍率	%	74	70.6	74	70.6	—	74	70.6
循环烟气氧浓度	%	26	26	26	26	—	26	26

项　　目	单位	富氧四角方案		富氧对冲方案		空气兼顾富氧方案		
		湿循环	干循环	湿循环	干循环	空气	湿循环	干循环
空气预热器进口一次风温	℃	80	70	80	70	30	80	70
空气预热器进口二次风温	℃	130	70	130	70	25	130	70
空气预热器出口一次风温	℃	337	332	337	332	338	348	352
空气预热器出口二次风温	℃	341	340	341	340	344	352	357
一次风率	%	27.9	26.4	27.9	26.4	24.31	27.9	26.4
二次风率	%	72.1	73.6	72.1	73.6	75.69	72.1	73.6
空气预热器出口烟气温度	℃	217	179	217	179	128	218	179
实际燃料消耗量	t/h	90.8	91.3	90.8	91.4	91.98	90.8	91.3
排烟热损失	%	4.36	4.87	4.36	4.87	5.55	4.4	4.91
锅炉低位热效率	%	94.3	93.8	94.3	93.8	92.5	94.2	93.7

9.2.1.2　脱硝装置

1.　富氧燃烧锅炉脱硝布置方案

富氧燃烧工况主要包括 4 种锅炉方案，分别是富氧燃烧干循环对冲燃烧、富氧燃烧干循环四角燃烧、富氧燃烧湿循环对冲燃烧以及富氧燃烧湿循环四角燃烧锅炉。

上述四种锅炉燃烧器的布置形式对烟气参数基本没有影响，而干循环与湿循环方式对锅炉烟气参数的影响甚微。就脱硝技术而言，影响其整体方案设计的主要环节在于烟气参数（如烟气量大小）。因此，在上述四种锅炉方案烟气参数差异不大的情况下，完全可采用同一种脱硝布置形式以满足锅炉 NO_x 的脱除。每台机组布置两台反应器，每台反应器拟设置 3 层催化剂层，采用 "2+1" 的模式，即初装 2 层催化剂，预留 1 层催化剂层。

2.　空气兼顾富氧燃烧锅炉脱硝布置方案

对于空气兼顾富氧燃烧工况，从空气兼顾富氧燃烧锅炉的运行特点得知，省煤器出口烟气量的大小依然是脱硝系统设计的重点所在，锅炉在空气燃烧条件下的烟气量较大，富氧干循环和富氧湿循环燃烧条件下的烟气量相对空气燃烧时均要小 30% 左右，而干、湿循环燃烧情况下的烟气量则基本相当。由此可见，为使烟气在脱硝烟道、反应器以及催化剂孔内的流速处于合理的范围，空气燃烧、富氧（干循环或湿循环）所需的烟道和反应器截面大小应有所不同。推荐脱硝装置设置多烟道多反应器，通过控制脱硝反应器的运行数量来使脱硝系统适应锅炉在空气燃烧或富氧燃烧时的不同工况。

采用此方案能够满足锅炉在空气燃烧和富氧燃烧工况时的运行要求。但由于每台机组布置了 3 个反应器，同时考虑空气预热器的结构设计特点，后部钢结构（脱硝钢结构）需要进行调整，会出现单独形成钢结构体系的情况，从而使占地面积略有增加并且脱硝钢架不与锅炉钢架发生干涉；脱硝烟道支路以及烟道挡板较常规空气燃烧锅炉或富氧燃烧锅炉都多，使投资成本有所上升。

9.2.1.3 烟风系统

富氧燃烧燃煤电厂的烟风系统与常规空气燃烧燃煤电厂基本相同，主要区别在于富氧燃烧电厂锅炉侧系统前端增设了空气分离系统，烟风系统部分新增了烟气再循环系统及其相关的辅助系统，烟气系统末端增加了 CO_2 压缩纯化系统。

富氧燃烧电厂的烟风系统是近似的闭式循环系统，大部分锅炉排烟作为循环烟气与空分岛来的氧气（纯度＞97%）在一次、二次风机出口混合后，返回烟风系统作为一、二次风为制粉系统和燃烧系统服务。

根据二次循环烟气抽取位置不同，富氧燃烧的烟气循环系统可分为干循环和湿循环两种类型。而一次循环烟气始终取自烟气冷却器和烟气换热器之后的干燥烟气。

不论干循环或湿循环方案，烟气系统主要设备设置与常规机组基本相同，不同之处在于，由于锅炉排烟中水蒸气含量较高（约为 20%），为防止制粉系统结露引起腐蚀和堵粉，需在脱硫装置后设置烟气冷却器和 GGH，先将烟气温度降低到约为 32℃（部分水蒸气冷凝被去除，以使烟气出口含水率在 5% 左右），再将烟气加热至 80～90℃，使得循环烟气高于水露点温度，避免一次风系统发生结露。

不论是富氧燃烧新建或兼容方案，锅炉需在常规空气燃烧模式下启动并达到一定负荷，待锅炉炉膛燃烧处于稳定状态，再切换至富氧燃烧工况。因此，一、二次风机入口设置两路吸入口，一路取自环境空气，在常规空气燃烧模式下使用；一路取自烟气，在富氧燃烧模式下使用。

1. 方案一：空气燃烧基准方案

（1）引风机出口的全部烟气依次通过回转式烟气换热器原烟气侧、脱硫装置和 RGGH 净烟气侧后，经由烟囱排入大气。

（2）一次风机采用就地吸风的方式，将空气升压后送入空气预热器加热后再进入直吹式制粉系统，用于干燥和输送煤粉。

（3）二次风机采用就地吸风的方式，将空气升压后送入空气预热器加热后，进入炉膛助燃。

（4）每台炉设置 2×50% 容量的离心式一次风机和二次风机（带变频装置）。

（5）引风机与增压风机合并设置，每台炉设置 2×50% 容量离心引风机（带变频装置）。

2. 方案二：富氧燃烧干循环新建方案

（1）引风机出口的全部烟气依次通过 RGGH 原烟气侧、脱硫装置和烟气冷却器后，烟气分为以下 4 部分：

1）至 CO_2 压缩纯化装置完成碳捕集。

2）经 RGGH 净烟气侧升温至 80℃ 成为干烟气，一部分作为一次风循环烟气，另一部分作为二次风循环烟气，剩余烟气经烟囱排入大气。

（2）一次风循环烟气经一次风机升压后，与注入的纯氧混合成为一次风。一路送至空气预热器，加热后的热一次风与冷一次风按磨煤机要求的入口温度混合后，进入磨煤机作为干燥剂和输送风；同时，密封风机抽取部分冷一次风，对磨煤机进行密封，防止煤粉外漏。

（3）二次风循环烟气经二次风机升压后，与注入的纯氧混合成为二次风。二次风全部送至空气预热器，加热后的热二次风进入炉膛作为助燃风。

（4）每台炉设置 2×50%容量的离心式一次风机和二次风机（带变频装置）。

（5）引风机与增压风机合并设置，每台炉设置 2×50%容量离心引风机（带变频装置）。

3．方案三：富氧燃烧干循环兼容方案

该方案与方案二基本相同，区别在于烟风系统及设备需同时满足锅炉空气燃烧工况下长期稳定运行。

4．方案四：富氧燃烧湿循环新建方案

（1）引风机出口烟气分成两路，一路进入二次风机，升压后与注入的纯氧混合成为二次风，经空气预热器加热后，热二次风进入炉膛作为助燃风；另一路依次通过脱硫装置和烟气冷却器后，烟气分为以下 3 部分：

1）至 CO_2 压缩纯化装置完成碳捕集。

2）经 MGGH 升温至 90℃后，一部分作为一次风循环烟气，后续流程与富氧燃烧干循环新建方案（方案二）相同。

3）剩余烟气经烟囱排入大气。

（2）每台炉设置 2×50%容量的离心式一次风机和二次风机（带变频装置）。

（3）每台炉设置 2×50%容量的离心式引风机（带变频装置）。

（4）每台炉设置 1×100%容量离心式增压风机（带变频装置）。

5．方案五：富氧燃烧湿循环兼容方案

该方案与富氧燃烧湿循环新建方案（方案四）基本相同，区别在于烟风系统及设备需同时满足锅炉空气燃烧工况下长期稳定运行。

每台炉设置 2×100%容量离心式增压风机（带变频装置）。空气燃烧时两台增压风机运行，富氧湿循环方式运行时投运 1 台增压风机。除增压风机外，其余辅机配置同湿循环新建方案。

9.2.2 主要附属设备

各方案锅炉侧主要辅机配置见表 9-2。

表 9-2　　　　　　　　　　各方案锅炉侧主要辅机配置　　　　　　　　　　　　kW

名称	型式及主要规范	台数	空气燃烧	富氧干循环	富氧湿循环
			电动机功率	电动机功率	电动机功率
一次风机	离心加变频	2	550	600	600
二次风机	离心加变频	2	700	400（700）	450（700）
引风机	动叶可调轴流式	2	2300	—	—
	离心加变频	2	—	2200（2300）	1400（1100）

续表

名称	型式及主要规范	台数	空气燃烧	富氧干循环	富氧湿循环
			电动机功率	电动机功率	电动机功率
增压风机	离心加变频	1（2）	—	—	1600
中速磨煤机	MPS170、ZGM80G MPS150HP－Ⅱ	5	280	280	280
密封风机	离心式	2	110	110	110
静电除尘器	双室五电场，出口浓度 >40mg/m³（标准状态）	2	—	—	—

注 1. 空气燃烧及富氧干循环方案采用引风机与增压风机合并。

2. 括号内为兼容方案数据。

3. 富氧湿循环新建方案设置 1 台增压风机，兼容空气方案设置两台增压风机。

9.2.3 各方案主厂房布置

各方案主要锅炉及炉后布置存在较大差异。

方案一：引风机及脱硫增压风机合并设置；设置 RGGH；脱硫采用单塔双循环，布置在烟囱侧面。

方案二、方案三：引风机及脱硫增压风机合并设置；设置 RGGH；脱硫采用单塔双循环，布置在烟囱侧面。

方案四：设置两台引风机（离心+变频）；设置一台增压风机（离心+变频）；设置两级 MGGH，热回收器布置在除尘器入口，再加热器设置在烟气冷却器出口；脱硫采用单塔双循环，布置在烟囱侧面；设置管式烟气冷凝器。

方案五：设置两台引风机（离心+变频）；设置两台增压风机（离心+变频）；设置两级 MGGH，高温段布置在除尘器入口，低温段设置在烟气冷却器出口；脱硫采用双塔并联，布置在烟囱两侧；设置管式烟气冷凝器。

9.3 富氧燃烧各方案技术经济比较

9.3.1 各方案主要技术经济指标

各方案主要技术指标如表 9-3 所示。

表 9-3 各方案主要技术指标

序号	项目	单位	空气燃烧	富氧燃烧（干循环）	富氧燃烧（湿循环）
1	机组台数	台	1	1	1
2	发电功率	MW	200	200	200

序号	项目	单位	空气燃烧	富氧燃烧（干循环）	富氧燃烧（湿循环）
3	年利用小时	h	5000	5000	5000
4	年发电量（×10^8）	kWh	10	10	10
5	锅炉保证效率	%	92.5	93.8	94.3
6	管道效率	%	99	99	99
7	发电标煤耗	g/kWh	319.94	315.51	312.30
8	发电厂发电热效率	%	38.44	38.98	39.38
9	发电厂用电率	%	10.04	31.97	31.38
10	供电标煤耗	g/kWh	355.65	463.78	455.11
11	供电效率	%	34.58	26.52	27.02
12	CO_2排放浓度	%	~14.6	≥80	≥80
13	NO_x排放浓度（标准状态）	mg/m³	>100	>100	>100

注 1. 采用纯凝工况数据。

2. 未考虑CO_2压缩纯化部分。

3. 空分压缩机按电驱动考虑。

9.3.2 总的经济性分析

1. 初投资

根据上述 5 个方案计算的初投资比较见表 9-4。可以看到，在设备初投资上，常规空气燃烧方案最低，其次为富氧湿循环新建方案，富氧湿循环兼容方案最高。几个方案常规设备部分的费用相差不大，最主要的投资差异，是由富氧燃烧方案需要设置空气分离系统而引起。而富氧湿循环兼容方案的脱硫系统考虑需要兼容空气工况，设置了两套吸收塔系统，所以初投资较其他几个方案高。

表 9-4　　　　　　　　　　各方案初投资比较（1 台炉）　　　　　　　　　　万元

序号	项目	空气燃烧基准方案	富氧燃烧干循环新建方案	富氧燃烧湿循环新建方案	富氧燃烧干循环兼容方案	富氧燃烧湿循环兼容方案
1	锅炉设备	12400	11700	11700	12400	12400
2	脱硝系统	2600	2800	2800	3500	3500
3	锅炉主要辅机设备	2653	4324	4171	4426	4403
4	脱硫系统	3401	3401	2981	3410	4959
5	空气分离系统	—	29200	29200	29200	29200
6	总计	21054	51425	50852	52936	54462

注 表中只包括各方案初投资有差异之处。

2. 运行费用

根据上述 5 个方案计算的运行费用比较见表 9-5。可以看到，在年运行费用方面，富氧燃烧锅炉效率较高，耗煤量较小，因此，锅炉设备的运行费用较常规空气燃烧方案低 260～373 万元/年，但由于富氧燃烧方案的烟风系统阻力较大，锅炉辅机的运行费用较常规空气燃烧高约 450 万元/年。在不计空气分离装置运行费用条件下，富氧湿循环新建方案年运行费用最低，富氧湿循环兼容方案最高。

表 9-5　　　　　　　　　各方案运行费用比较（1 台炉）　　　　　　　　　万元

序号	项目	空气燃烧基准方案	富氧燃烧干循环新建方案	富氧燃烧湿循环新建方案	富氧燃烧干循环兼容方案	富氧燃烧湿循环兼容方案
1	锅炉设备年运行费用	17620	17338	17247	17358	17266
2	脱硝系统年运行费用	455	364	364	455	455
3	锅炉主要辅机设备年运行费用	534	979	961	985	940
4	脱硫系统年运行费用	516	511	408	511	679
5	年运行费用总计	19126	19193	18980	19310	19341

注　表中运行费用未考虑富氧燃烧空气分离系统运行费用。

3. 富氧燃烧工程经济指标

综合考虑初投资和运行费用来看，在富氧燃烧的几个方案中，富氧湿循环新建方案的初投资和运行费用均为最低，是最优方案。对"富氧燃烧湿循环新建+100%CO_2 压缩纯化方案"与常规空气燃烧方案的工程经济指标进行了计算，结果见表 9-6。

表 9-6　　　　　　　　　富氧燃烧与空气燃烧方案工程经济指标

序号	项目	单位	富氧燃烧湿循环新建+100%CO_2 压缩纯化方案	常规空气燃烧方案
1	静态总投资	万元	198621	116621
2	静态单位造价	元/kW	9931	5931
3	动态总投资	万元	206836	120838
4	动态单位造价	元/kW	10342	6042
5	含税电价（项目投资内部收益率8%）	元/MWh	714	351

参 考 文 献

［1］郑楚光，赵永椿，郭欣. 中国富氧燃烧技术研发进展［J］. 中国电机工程学报，2014，34（23）：3856-3864.

［2］T. Wall，Y. Liu，C. Spero.，et al. An Overview on Oxy Fuel Coal Combustion-state of the Art Research and Technology Development［J］. Chemical Engineering Research and Design，2009，87（8）：1003-1016.

［3］郑楚光. 温室效应及其控制对策［M］. 北京：中国电力出版社，2001.

［4］Al-Abbas AH，Naser J，Dodds D. CFD modelling of air-fired and oxy-fuel combustion in a large-scale furnace at Loy Yang A brown coal power station［J］.Fuel 2012;102：6460-6465.

［5］Zheng Ligang. Oxy-fuel combustion for power generation and carbon dioxide（CO_2）capture［M］. Sawston, UK：Woodhead Publishing Limited，2011.

［6］The Future of R&D Requirements for Oxyfuel Combustion. Ken OKAZKI，Takashi IGA，Capricorn Resort Yepoon，Australia 13th September，2011.

［7］Oxy-fuel technology for CCS：The course and oxy-fuel pf/CFB overview，Tokyo Institute of Technology, September 2/3 2012.

［8］Testing in the CIUDEN Oxy-CFB Boiler Demonstration Project，Presented at The 37th International Technical Conference on Clean Coal & Fuel Systems Clearwater，Florida，USA，June 3-7，2012.

［9］Johansson Robert，Leckner Bo，AnderssonKlas，Johnsson Filip："Account for variations in the H_2O to CO_2 molar ratio when modelling gaseous radiative heat transfer with the weighted-sum-of-grey-gases model", Combustion and Flame 158（2011）893-901.

［10］Modest MF，Zhang H. The full-spectrum correlated-k distribution for thermal radiation from molecular gas-particulate mixtures. ASME J Heat Transfer 2002，124（1）：30-38.

［11］Gray J K K A M M. Heat Transfer from Flames［M］. London：Eleck Science，1976.

［12］C J L. Principles of Combustion Engineering for Boiler［M］. Academic Press，1987.

［13］吴海波. 不同O_2与CO_2配比下锅炉的富氧燃烧特性研究［J］. 锅炉技术，2017，48（2）：50-53.

［14］王鹏，柳朝晖，廖海燕，等. 基于修正辐射模型的富氧燃烧传热对比分析［J］. 电站系统工程，2014（5）：6-8.

［15］Guo Junjun，et al. "Experimental and numerical investigations on oxy-coal combustion in a 35 MW large pilot boiler." Fuel187.1（2017）：315-327.

［16］Chuguang Zheng，Zhaohui Liu，Jun Xiang. Fundamental and Technical Challenges for a Compatible Design Scheme of Oxyfuel Combustion Technology［J］. Engineering 2015，1（1）：139-149.

［17］吴海波，王鹏，柳朝晖，等. 神华煤富氧燃烧的结渣特性研究［J］. 热能动力工程，2016，31（4）：51-59.

［18］Wu Haibo，Liu Zhaohui，Liao Haiyan. The Study on the Heat Transfer Characteristics of Oxygen Fuel

Combustion Boiler. Journal of Thermal Science Vol.25，No.5（2016）470-475.

［19］刘毅，仲兆平，赵凯，等．富氧燃烧模拟烟气石灰石-石膏湿法脱硫试验研究［J］．中国电力，2016（11）：159-164.

［20］Hu Y，Li H，Yan J. Numerical investigation of heat transfer characteristics in utility boilers of oxy-coal combustion. Appl Energy 2014；130：543-51.

［21］Laribi S，Dubois L，De Weireld G，Thoma D. Optimization of the Sour Compression Unit（SCU）process for CO_2 Purification Applied to Flue Gases Coming from Oxy-combustion Cement Industries. Energy Procedia 2017；114：458-470.

［22］Posch S，Haider M. Optimization of CO_2 compression and purification units（CO_2 CPU）for CCS power plants. Fuel 2012；101：254-263.

［23］Yin C，Yan J. Oxy-fuel combustion of pulverized fuels：Combustion fundamentals and modeling. Appl Energy 2016；162：742-762.

［24］李延兵，赵瑞，陈寅彪，等．富氧燃烧 CO_2 压缩纯化试验研究［J］．动力工程学报，2016（12）.

［25］Gibbins J，Chalmers H. Carbon capture and storage. Energy Policy 2008；36：4317-4322.

［26］C Kunze，H Spliethoff. Assessment of oxy-fuel，pre- and post-combustion-based carbon capture for future IGCC plants. Appl Energy 2012；94：109-116.

［27］Jin B，Zhao H，Zheng C. Optimization and control for CO_2 compression and purification unit in oxy-combustion power plant. Energy 2015；83：416-430.

［28］Y. Hu，J. Yan. Characterization of flue gas in oxy-coal combustion processes for CO_2 capture. Applied Energy，90（2012）：113-121.

［29］I. Guedea，et al. Control system for an oxy-fuel combustion fluidized bed with flue gas recirculation. Energy Procedia，4（2011）：972-979.

［30］R. Preusche，et al. Comparison of data-based methods for monitoring of air leakagesinto oxyfuel power plants. International Journal of Greenhouse Gas Control，5S（2011）：S186-S193.

［31］熊杰．氧燃烧系统的能源-经济-环境综合分析评价［D］．博士学位论文，武汉，华中科技大学，2005.

［32］Guo，Junjun，et al. "Numerical investigation on oxy-combustion characteristics of a 200 MW e tangentially fired boiler." Fuel140.2（2015）：660-668.

［33］Wu Haibo，Liu Zhaohui. Economic Research of 200MWe Oxy-Fuel Combustion Power Plant. Greenhouse Gases：Science and Technology. 2018，1-9.